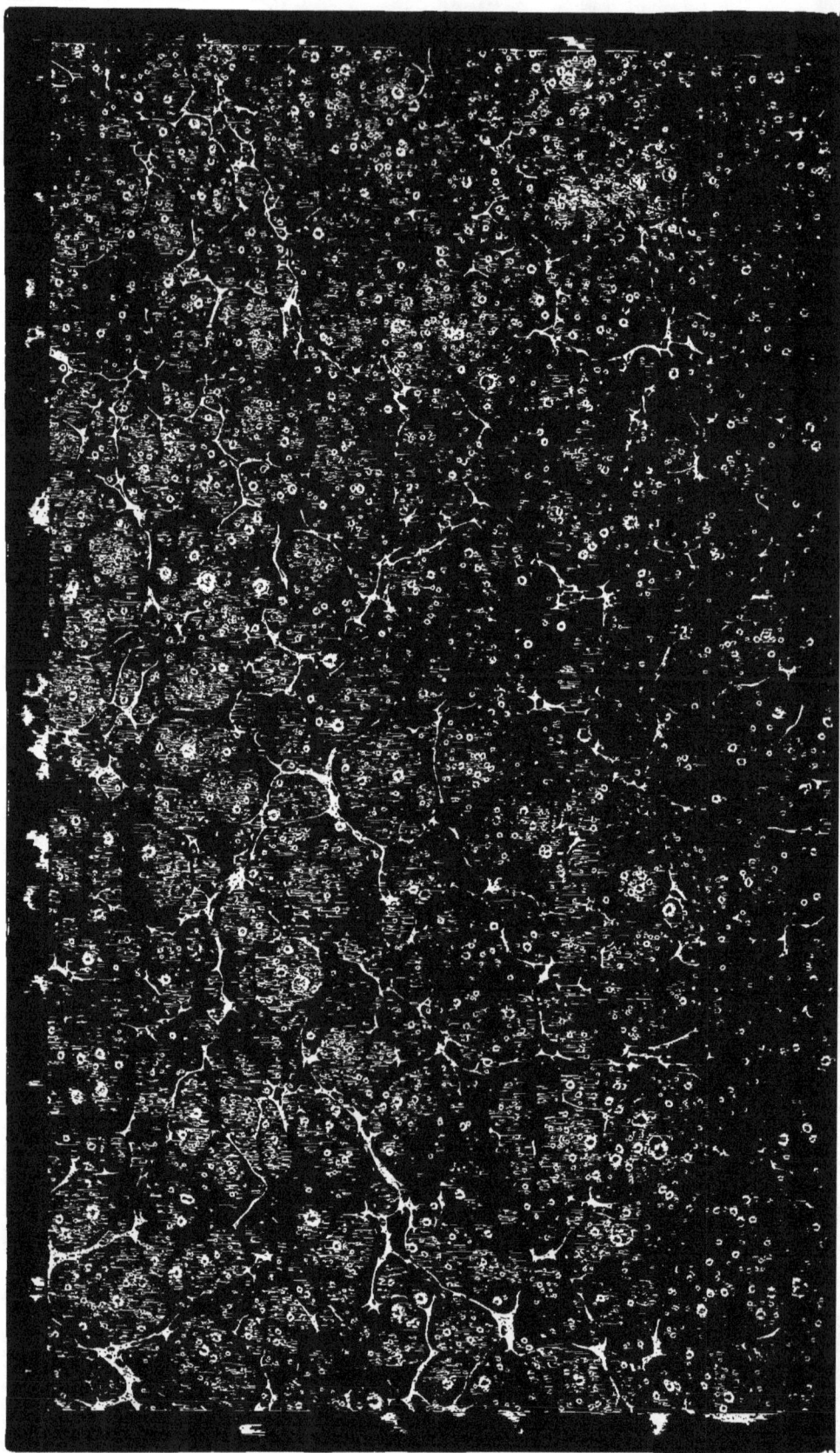

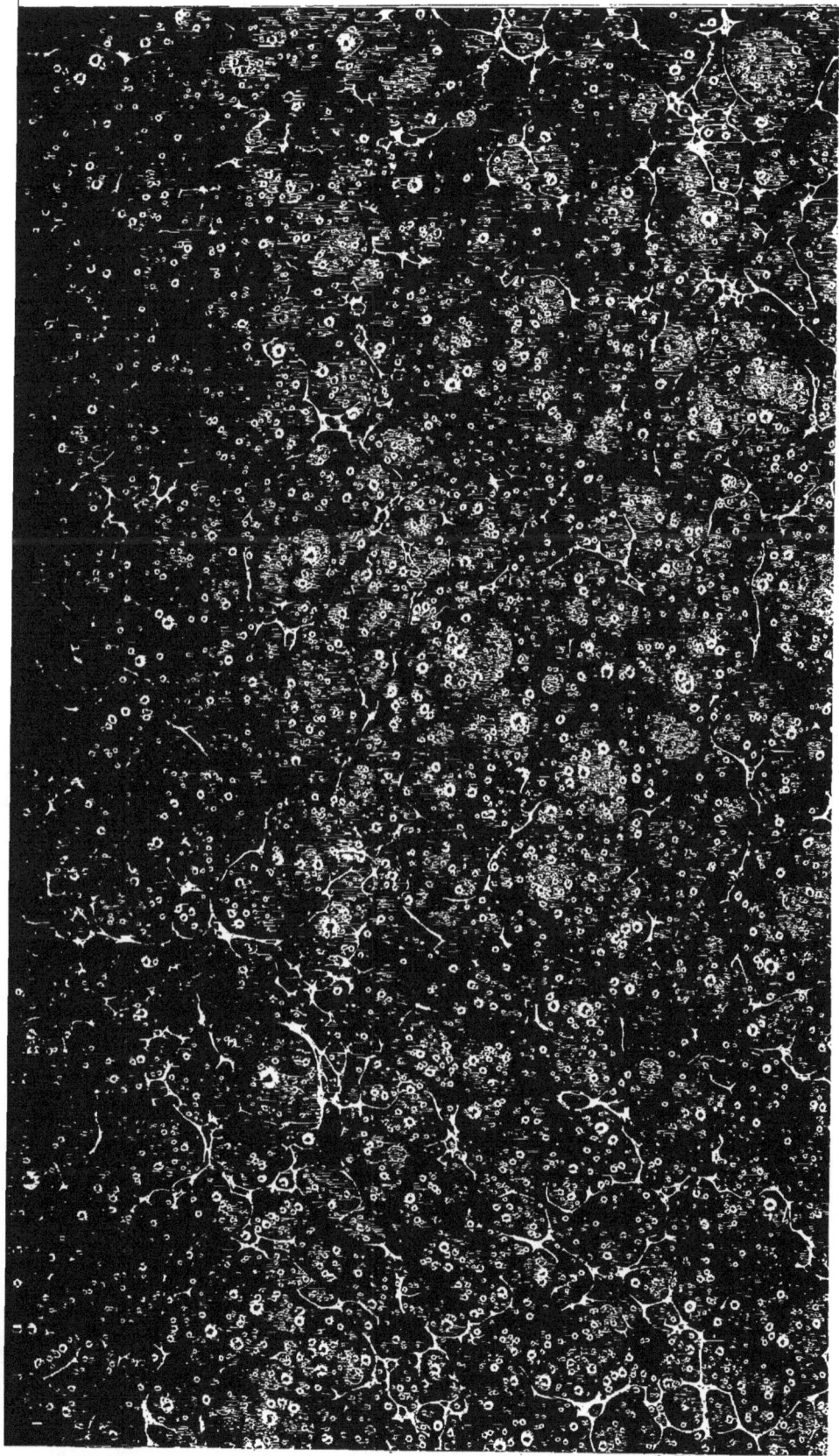

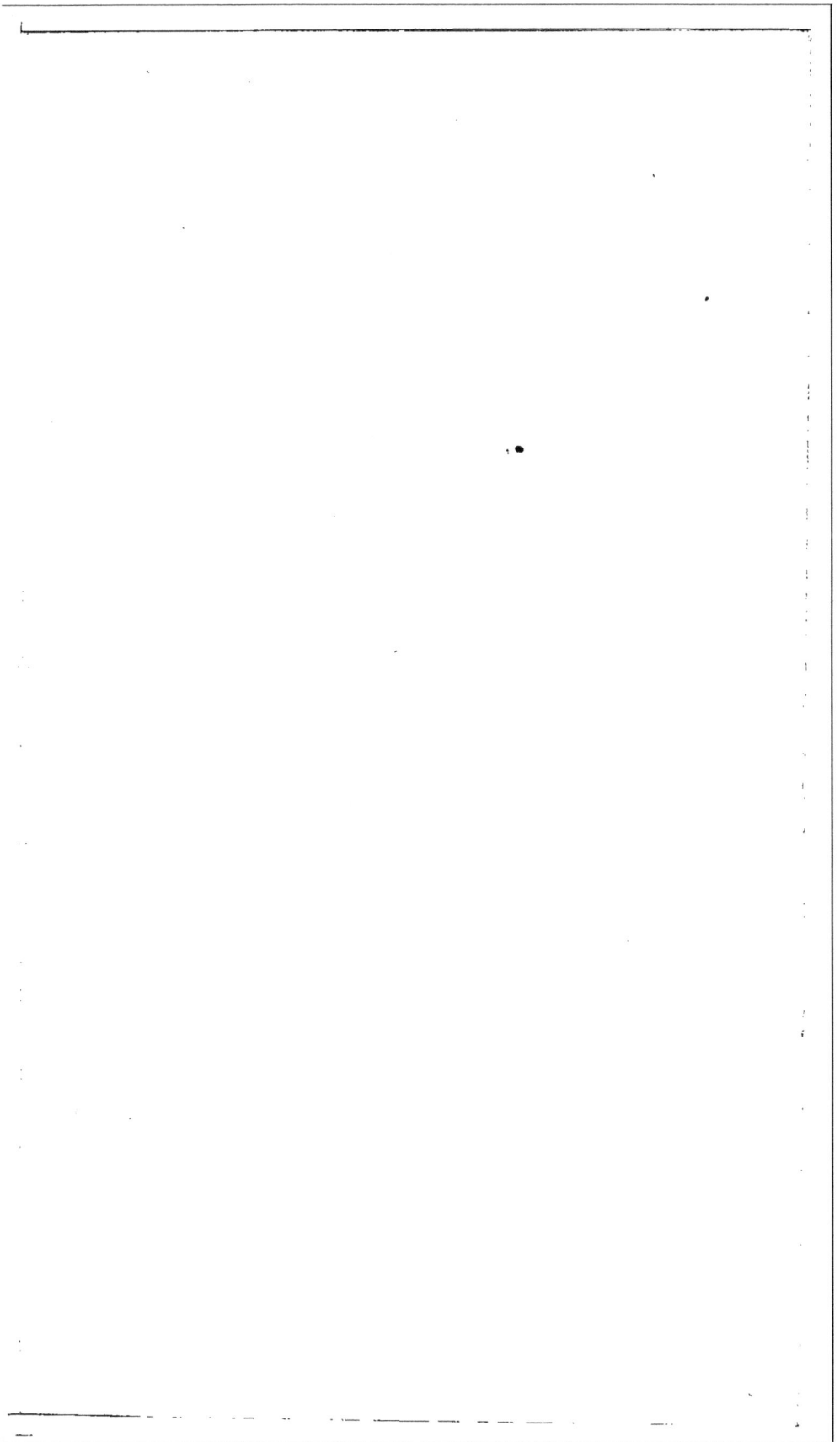

30170

ÉLÉMENTS

DE

GÉOMÉTRIE.

ÉLÉMENTS

DE

GÉOMÉTRIE

RÉDIGÉS D'APRÈS LE NOUVEAU PROGRAMME DE L'ENSEIGNEMENT

SCIENTIFIQUE DES LYCÉES

PAR A. AMIOT

PROFESSEUR DE MATHÉMATIQUES AU LYCÉE SAINT-LOUIS, A PARIS

PARIS

DEZOBRY, E. MAGDELEINE ET Cᴵᴱ, LIB.-ÉDITEURS

RUE DU CLOITRE S.-BENOIT, Nᵒ 10

Quartier de la Sorbonne

—

1855

ERRATA.

Page 16, ligne 13, au lieu de AC, lisez : BC.

— 17, ligne *avant-dernière*, au lieu de *donc l'angle* CDO , lisez : *donc l'angle* CDO'.

— 18, lignes 5, 6 et 7, au lieu de EF, lisez : AB.

— 42, ligne 5 en remontant, au lieu de *l'une*, lisez: *à l'une*.

— 53, ligne *dernière*, au lieu de point A, lisez : point A'.

— 79, ligne 2, au lieu de $\frac{3}{5}$, lisez : $\frac{5}{3}$.

— 93, ligne *avant-dernière*, au lieu de *côté* ABB, lisez : *côté* AB.

GÉOMÉTRIE

FIGURES PLANES

COURS DE TROISIÈME SCIENTIFIQUE.

PREMIÈRE LEÇON.

Programme. — Ligne droite et plan. — Ligne brisée. — Ligne courbe.

Lorsque deux droites partent d'un même point suivant des directions différentes, elles forment une figure qu'on appelle *angle*. — Génération des angles par la rotation d'une droite autour d'un de ses points.

Angles droit, aigu, obtus. — Par un point pris sur une droite, on ne peut élever qu'une seule perpendiculaire à cette droite.

DÉFINITIONS.

1. On appelle *corps* une portion limitée de l'*étendue*.

Tout corps a trois dimensions : la *longueur*, la *largeur* et la *profondeur* ou la *hauteur*.

La *surface* d'un corps, c'est-à-dire ce qui le limite en tous sens, n'a que deux dimensions, la longueur et la largeur. On étudie, en général, les surfaces indépendamment des corps dont elles déterminent la forme, et l'on dit alors qu'*une surface est l'étendue considérée seulement avec deux dimensions, la longueur et la largeur*.

Lorsque deux surfaces se pénètrent, on donne le nom de *ligne* à leur intersection. *Une ligne n'a qu'une dimension, la longueur*.

Si deux lignes se rencontrent, leur intersection est appelée *point*. *Le point n'a aucune dimension.*

La *Géométrie* a pour objet l'étude des propriétés des corps, des surfaces et des lignes, c'est-à-dire qu'elle *est la science de l'étendue.*

2. Il y a deux espèces de lignes : la ligne *droite* et la ligne *courbe.*

La ligne *droite* est la ligne qui tend constamment vers un seul et même point, c'est-à-dire qu'elle va d'un de ses points à un autre par le chemin le plus court.

Il résulte de cette définition que, 1° *on ne peut mener qu'une ligne droite d'un point à un autre;* 2° *si l'on applique deux points d'une droite sur une autre droite, ces deux lignes coïncident dans toute leur étendue.*

On désigne un point par une lettre quelconque. Pour nommer une ligne droite, on énonce deux points de cette ligne. Ainsi la droite AB est celle qui passe par les points A et B.

Une ligne *brisée* est une ligne composée de portions finies de lignes droites.

On appelle ligne *courbe* la ligne décrite par un point qui, dans son mouvement, se détourne infiniment peu à chaque pas. De cette définition il résulte qu'une ligne courbe n'est ni droite ni brisée. Il y a une infinité d'espèces de lignes courbes; chacune à sa définition propre.

3. On distingue parmi les surfaces, la *surface plane* ou le *plan.*

Le *plan* est une surface telle que la droite, menée par deux points quelconques de cette surface, coïncide avec elle dans toute son étendue.

4. On désigne les corps les surfaces et les lignes sous le nom commun de *figures.*—Une figure est *plane* lorsque tous ses éléments sont compris dans un même plan.

Deux figures sont *égales* lorsqu'on peut les faire coïncider en appliquant l'une sur l'autre. Dans la superposition de deux figures planes on admet ce principe qui sera démontré plus loin : *si l'on applique trois points d'un plan sur un autre plan, ces deux surfaces coïncident dans toute leur étendue.*

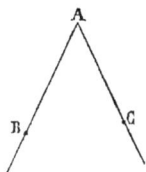

5. Lorsque deux droites partent d'un même point A suivant des directions différentes AB, AC, elles forment une figure qu'on appelle *angle*.

Les droites AB, AC, sont les *côtés* de l'angle ; le point A en est le *sommet*. On désigne un angle par son sommet s'il est seul en ce point ; dans le cas contraire, on marque un point sur chaque côté, et l'on énonce le sommet entre ces deux points. Ainsi l'angle BAC a le point A pour sommet, et ses côtés passent par les points B, C.

La grandeur d'un angle, par exemple BAC, ne dépend que de l'écartement de ses côtés, qu'il faut toujours concevoir prolongés indéfiniment. Pour se faire une idée de cette grandeur, on suppose le côté AC d'abord appliqué sur AB, puis on le fait tourner autour du sommet A jusqu'à ce qu'il ait repris sa position primitive. La quantité dont la droite AC a tourné est précisément ce qui constitue la grandeur de l'angle BAC.

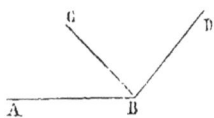

Deux angles ABC, CBD, sont *adjacents* lorsqu'ils ont le même sommet B, un côté commun BC et qu'ils sont placés de part et d'autre de ce côté.

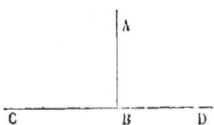

Une droite AB est *perpendiculaire* ou *oblique* à une autre droite CD, selon qu'elle fait avec celle-ci deux angles adjacents ABC, ABD égaux ou inégaux. Dans les deux cas le point d'intersection B des deux droites est appelé le *pied* de la perpendiculaire ou de l'oblique.

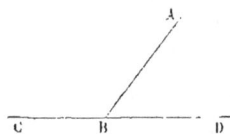

On nomme *angle droit* tout angle dont l'un des côtés est perpendiculaire à l'autre.

6. Un *théorème* est la proposition d'une vérité qu'il faut démontrer.

L'énoncé d'un théorème renferme deux parties, savoir : une *hypothèse* faite sur un certain sujet et une *conclusion* qui est la conséquence de l'hypothèse. Le raisonnement que l'on fait pour déduire la conclusion de l'hypothèse, lorsque leur dépendance n'est pas évidente, est appelé la *démonstration* du théorème.

Si, dans l'énoncé d'un théorème, on ajoute une négation à l'hypothèse et à la conclusion, on forme le théorème *contraire*.

Deux théorèmes sont réciproques, lorsque l'hypothèse et la conclusion de l'un sont la conclusion et l'hypothèse de l'autre.

Soit le théorème : « *si deux angles sont droits, ils sont égaux.* » Le théorème contraire est : « *si deux angles ne sont pas droits, ils ne sont pas égaux,* » et le théorème réciproque : « *si deux angles sont égaux, ils sont droits.* »

Un théorème étant donné, le théorème contraire et le théorème réciproque ne sont pas toujours vrais, parce que la conclusion convient quelquefois à plus de cas que l'hypothèse ; nous en avons un exemple dans le théorème précédemment énoncé, car deux angles peuvent être égaux sans être droits.

On appelle *corollaire* d'un théorème une conséquence de ce théorème non comprise dans son énoncé.

THÉORÈME.

Par un point O pris sur une droite AB, on peut mener une perpendiculaire à cette droite, et on ne peut en mener qu'une.

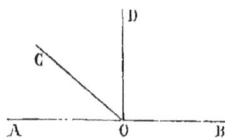

Je trace par le point O une droite quelconque OC; si les angles adjacents AOC, BOC sont égaux, la droite OC est perpendiculaire à AB. Dans le cas contraire, et, en admettant que l'angle AOC soit moindre que BOC, je fais tourner la droite OC autour du point O jusqu'à ce qu'elle coïncide avec OB. Dans ce mouvement, l'angle AOC croît d'une manière continue, tandis que BOC, d'abord plus grand que AOC, décroît aussi d'une manière continue jusqu'à devenir nul. Donc la droite OC passe par une position OD dans laquelle elle fait avec AB des angles adjacents AOD, BOD égaux entre eux ;

et cette position est unique, puisqu'avant de l'atteindre, et après l'avoir dépassée, la droite OC fait avec AB des angles inégaux. Par conséquent OD est la seule perpendiculaire qu'on puisse mener à la droite AB par le point O pris sur cette droite.

COROLLAIRE I.— *Tous les angles droits sont égaux.*

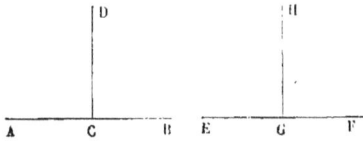

Soient la droite CD perpendiculaire à AB et la droite GH perpendiculaire à EF, je dis que l'angle droit ACD est égal à l'angle droit EGH.

Je transporte l'angle ACD sur l'angle EGH et j'applique la droite AB sur EF, de telle sorte que le point C coïncide avec le point G. Alors la droite CD perpendiculaire à AB prend la direction de la droite GH perpendiculaire à EF, et l'angle ACD coïncide avec l'angle EGH.

COROLLAIRE II.—On dit qu'un angle est *aigu* ou *obtus* lorsqu'il est plus petit ou plus grand qu'un angle droit.

L'angle droit étant seul de son espèce, on l'a pris pour unité d'angle, de sorte que pour mesurer un angle il faut déterminer son rapport à l'angle droit. La comparaison directe de deux angles étant peu commode, on verra plus loin comment on l'a remplacée par celle de deux lignes qui ont avec les angles une relation remarquable.

DEUXIÈME LEÇON.

DÉFINITIONS.

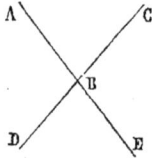

On dit que deux angles ABC, DBE, sont opposés par le sommet, lorsque les côtés de l'un
sont les prolongements des côtés de l'autre.

Deux angles sont *complémentaires* lorsque
leur somme égale un angle droit ; on dit que
deux angles sont *supplémentaires* s'ils valent
ensemble deux angles droits.

THÉORÈME I.

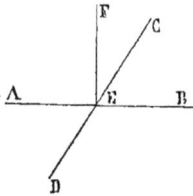

Lorsqu'une ligne droite AB *en rencontre une autre* CD, *la somme de deux
angles adjacents* AEC, BEC, *faits par
ces lignes, égale deux angles droits.*

Si la droite CD est perpendiculaire à
AB, le théorème est évident puisque
chacun des angles AEC, BEC, est droit.

Dans le cas contraire, je trace par le point E la perpendiculaire EF à la droite AB, et je fais remarquer que l'angle obtus
AEC est plus grand que l'angle droit AEF de l'angle FEC,
tandis que l'angle aigu BEC est moindre que l'angle droit
BEF du même angle FEC. Donc la somme des deux angles
adjacents AEC, BEC, égale la somme des deux angles droits
AEF, BEF.

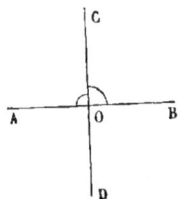

COROLLAIRE I.—*Lorsque l'un des quatre angles faits par deux droites* AB, CD, *est droit, les trois autres sont aussi droits.*

En effet, si l'angle AOC est droit, l'angle COB qui lui est adjacent est aussi droit, puisque ces angles sont supplémentaires. Pareillement, de ce que l'angle COB est droit il résulte que son supplément BOD égale aussi un angle droit. Enfin l'angle AOD est droit, parce qu'il est le supplément de l'angle droit BOD.

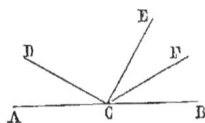

COROLLAIRE II. — *La somme des angles adjacents* ACD, DCE, ECF, FCB, *faits d'un même côté d'une ligne droite* AB, *égale deux angles droits.*

Car la somme de ces angles égale celle des deux angles adjacents ACD, DCB, que la droite CD fait avec AB.

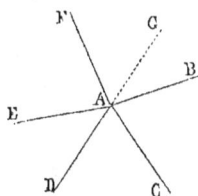

COROLLAIRE III.—*La somme des angles adjacents* BAC, CAD, DAE, EAF, FAB *faits autour d'un point* A *par les droites* AB, AC, AD, AE, AF, *tracées de ce point, égale quatre angles droits.*

Je prolonge l'une de ces droites, par exemple DA, au delà du point A et je remplace l'angle BAF par les deux angles BAG, GAF, dont il est la somme. Les angles adjacents, faits de chaque côté de la droite DG, valent ensemble deux angles droits; donc la somme de tous les angles faits autour du point A égale quatre angles droits.

THÉORÈME II.

Si deux angles adjacents ABC, CBD, *sont supplémentaires, leurs côtés non communs* AB, BD, *sont en ligne droite.*

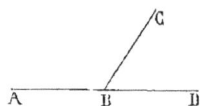

En effet, le prolongement de la droite. AB forme avec BC un angle égal au supplément de l'angle

ABC (I)*, c'est-à-dire égal à l'angle CBD ; donc il coïncide avec la droite BD.

THÉORÈME III.

Si deux droites AB, CD, *se rencontrent, les angles* AEC, BED, *opposés par le sommet sont égaux.*

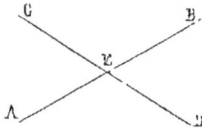

Les angles adjacents AEC, CEB, faits par les droites AB, CE, sont supplémentaires (1). Pareillement, les angles adjacents BED, CEB, faits par les droites CD, EB, valent ensemble deux angles droits. Donc les angles AEC, BED, opposés par le sommet, ont pour supplément le même angle CEB et sont égaux entre eux.

PROBLÈMES.

I. Les bissectrices de deux angles adjacents et supplémentaires sont perpendiculaires l'une à l'autre.

II. Lorsque quatre angles adjacents valent ensemble quatre angles droits, si le premier est égal au troisième et le deuxième égal au quatrième, les côtés de ces angles sont deux à deux en ligne droite.

---

* Les nombres mis entre parenthèse indiquent les théorèmes sur lesquels s'appuie la démonstration que l'on fait. Un seul nombre écrit en chiffres romains, comme (I), indique le théorème I de la leçon actuelle : deux nombres, l'un en chiffres arabes et l'autre en chiffres romains, par exemple (20, III), indiquent le théorème III de la 20ᵉ leçon.

TROISIÈME ET QUATRIÈME LEÇONS.

Programme : Triangles. — Cas d'égalité les plus simples.

DÉFINITIONS.

Un *triangle* est la portion de plan terminée par trois lignes droites qu'on appelle ses *côtés*.

Les angles que ces trois droites font deux à deux et leurs sommets sont les *angles* et les *sommets* du triangle.

THÉORÈME I.

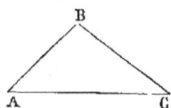

Dans tout triangle un côté quelconque est moindre que la somme des deux autres.

En effet, la ligne droite AC étant la plus courte distance des deux points A et C, le côté AC du triangle ABC est moindre que la somme des deux autres côtés AB, BC.

Corollaire.—De l'inégalité

$$AB + BC > AC$$

résulte la suivante :

$$AB > AC - BC$$

qui conduit à cet autre énoncé du théorème précédent : *dans tout triangle un côté quelconque est plus grand que la différence des deux autres.*

THÉORÈME II.

Deux triangles sont égaux lorsqu'ils ont un côté égal adjacent à deux angles égaux chacun à chacun.

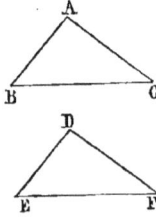

Soient deux triangles ABC, DEF, qui ont le côté BC égal à EF, l'angle ABC égal à DEF et l'angle ACB égal à DFE ; je dis que ces triangles sont égaux entre eux.

En effet, je transporte le triangle DEF sur le triangle ABC et je fais coïncider le côté EF avec le côté CB qui lui est égal, en plaçant le point E sur le point B et le point F sur le point C. Alors le côté ED prend la direction de BA, parce que les angles DEF, ABC sont égaux entre eux ; de même, le côté FD prend la direction de CA, à cause de l'égalité des angles DFE, ACB. Par conséquent le point D, commun aux deux droites ED, FD, vient se placer sur le point d'intersection A des deux droites BA, CA, et les triangles ABC, DFE, coïncident dans toute leur étendue.

CorollAire. — Lorsque deux triangles ont un côté égal adjacent à deux angles égaux chacun à chacun, les côtés opposés aux angles égaux sont aussi égaux ; il en est de même des angles opposés aux côtés égaux.

THÉORÈME III.

Deux triangles sont égaux lorsqu'ils ont un angle égal compris entre deux côtés égaux chacun à chacun.

Soient deux triangles ABC, DEF qui ont l'angle A égal à l'angle D, le côté AB égal au côté DE et le côté AC égal au côté DF ; je dis que ces triangles sont égaux.

En effet, je transporte le triangle DEF sur le triangle ABC et je fais coïncider les côtés égaux AB, DE, en posant le point D sur le point A et le point E sur le point B. Le côté DF prend alors la direction de AC à cause de l'égalité des angles EDF,

BAC, et le point F se place sur le point C puisque les deux côtés DF, AC, sont égaux; le côté EF se confond par suite avec BC qui a les mêmes extrémités, et les triangles ABC, DEF, coïncident dans toute leur étendue.

COROLLAIRE. — Lorsque deux triangles ont un angle égal compris entre deux côtés égaux chacun à chacun, les angles opposés aux côtés égaux sont aussi égaux entre eux. Il en est de même des côtés opposés aux angles égaux.

THÉORÈME IV.

Si deux triangles ont un angle inégal compris entre deux côtés égaux chacun à chacun, les troisièmes côtés de ces triangles sont inégaux, et le plus grand de ces côtés est opposé au plus grand angle.

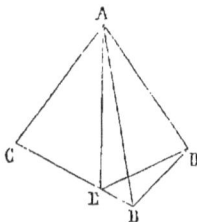

Je place les deux triangles de manière à ce qu'ils aient un côté commun et qu'ils se trouvent de part et d'autre de ce côté. Soient ABC, ABD, ces triangles ainsi disposés; ils ont le côté AB commun, le côté AC égal à AD, l'angle BAC plus grand que l'angle BAD, et je dis que le côté BC opposé à l'angle BAC est plus grand que le côté BD opposé à l'angle BAD.

Pour le démontrer, je divise l'angle CAD en deux parties égales par la droite AE. Cette ligne, située dans le plus grand des deux angles CAB, DAB, c'est-à-dire dans l'angle CAB, rencontre le côté BC au point E que je joins à D par la droite ED. Les triangles CAE, DAE ont un angle égal compris entre deux côtés égaux chacun à chacun, savoir : l'angle CAE égal à DAE par construction, le côté AC égal à AD par hypothèse et le côté AE commun. Donc ces triangles sont égaux (III), et le côté CE est égal à DE. Or on a, dans le triangle BDE (I),

$$BD < BE + ED, \text{ ou } BD < BE + EC$$

donc BD est moindre que BC.

Corollaire.—Les deux théorèmes précédents prouvent que *si deux triangles ont deux côtés égaux chacun à chacun, les troisièmes côtés de ces triangles ont entre eux la même relation que les angles qui leur sont opposés*, c'est-à-dire que ces côtés ne sont égaux ou inégaux qu'autant que les angles opposés sont eux–mêmes égaux ou inégaux et que, dans le cas de l'inégalité, le plus grand côté est opposé au plus grand angle.

THÉORÈME V.

Deux triangles sont égaux lorsqu'ils ont les trois côtés égaux chacun à chacun.

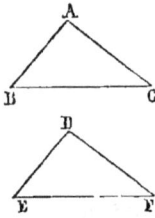

Soient les triangles ABC, DEF, qui ont le côté AB égal à DE, le côté AC égal à DF et le côté BC égal à EF. Je dis d'abord que deux angles, tels que A et D, opposés à des côtés égaux BC, EF, sont égaux entre eux.

En effet, les deux côtés AB, AC, du triangle ABC étant égaux respectivement aux côtés DE, DF, du triangle DEF, les troisièmes côtés BC, EF, de ces triangles ont entre eux la même relation que les angles A et B qui leur sont opposés (IV, c.). Or BC égale par hypothèse EF, donc l'angle A égale aussi l'angle D. Les triangles ABC, DEF, qui ont alors un angle égal compris entre deux côtés égaux chacun à chacun, sont égaux entre eux (III).

Corollaire.—Si deux triangles ont trois côtés égaux chacun à chacun, les angles opposés aux côtés égaux sont égaux.

PROBLÈMES.

1. La somme des droites qui joignent un point, pris à l'intérieur d'un triangle, aux extrémités d'un même côté, est moindre que la somme des deux autres côtés.

2. La somme des droites qui joignent un point, pris à l'intérieur d'un triangle, aux trois sommets, est moindre que le

périmètre du triangle et plus grande que la moitié de ce périmètre.

3. La droite qui joint le sommet d'un triangle au milieu
du côté opposé est moindre que la moitié de la somme des
deux autres côtés.—Conclure de ce problème que la somme
des droites qui joignent les sommets d'un triangle aux milieux
des côtés opposés est moindre que le périmètre du triangle.

CINQUIÈME LEÇON.

DÉFINITIONS.

Un triangle *isocèle* est un triangle qui a deux côtés égaux.

Un triangle *équilatéral* ou *équiangle* est un triangle dont les trois côtés ou les trois angles sont égaux entre eux.

On prend pour *base* d'un triangle un côté quelconque de ce triangle, et pour *sommet* le sommet de l'angle opposé à la base. La *hauteur* du triangle est la perpendiculaire tracée de son sommet sur sa base.

On choisit ordinairement pour la base d'un triangle isocèle celui de ses trois côtés qui n'est pas égal à l'un des deux autres.

THÉORÈME I.

Dans un triangle isocèle, les angles opposés aux deux côtés égaux sont égaux entre eux.

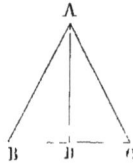

Soit ABC un triangle dont les côtés AB, AC sont égaux, je dis que l'angle ACB opposé au côté AB égale l'angle ABC opposé au côté AC.

En effet, je joins le sommet A du triangle au milieu D de sa base BC par la droite AD. Cette ligne divise le triangle ABC en deux triangles ABD, ACD, qui ont les trois côtés égaux chacun à chacun, car le côté AD leur est commun, les côtés AB, AC, sont égaux d'après l'hypothèse, et le côté BD égale CD puisque le point D est le milieu de BC. Donc les triangles ABD, ACD, sont égaux entre eux (4, V) et l'angle ABD opposé au côté AD du triangle ABD est égal à l'angle ACD opposé au côté AD du triangle ACD.

COROLLAIRE 1.—De l'égalité des triangles ABD, ACD, on peut aussi conclure l'égalité des angles BAD, DAC, et celle des angles ADB, ADC qui sont supplémentaires. Par conséquent *la droite qui joint le sommet d'un triangle isocèle au milieu de sa base, divise l'angle du sommet en deux parties égales, et est perpendiculaire à la base du triangle.*

COROLLAIRE II.—*Un triangle équilatéral est équiangle.*

THÉORÈME II.

Si un triangle a deux angles égaux, les côtés opposés à ces angles sont aussi égaux et le triangle est isocèle.

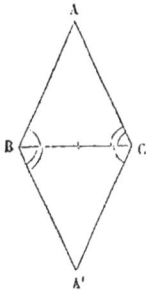

Soit ABC un triangle dont les angles ABC, ACB, sont égaux, je dis que le côté AC opposé à l'angle ABC égale le côté AB opposé à l'angle ACB.

Je fais à l'extrémité B du côté BC l'angle CBA' égal à ACB, et à l'autre extrémité C l'angle BCA' égal à ABC. Les deux triangles ABC, A'CB, qui ont un côté commun BC, adjacent à deux angles égaux chacun à chacun, sont égaux (3, II); donc le côté AC opposé à l'angle ABC égale le côté A'B opposé à l'angle A'CB. Cela posé, je plie la figure suivant la droite BC et je rabats le triangle A'BC sur ABC. Le côté BA' prend la direction de BA parce que les deux angles ABC, A'BC, dont l'un et l'autre est égal à l'angle ACB, sont égaux entre eux. Pour une raison analogue le côté CA' prend la direction de CA; donc le point A' vient coïncider avec le point A, et le côté BA' ou CA égale le côté AB.

COROLLAIRE.—*Un triangle équiangle est équilatéral.*

THÉORÈME III.

Si un triangle a deux angles inégaux, le côté opposé au plus grand de ces angles est plus grand que le côté opposé à l'autre angle.

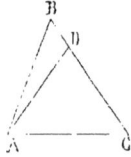

Soit ABC un triangle dans lequel l'angle BAC est plus grand que l'angle BCA ; je dis que le côté BC opposé à l'angle BAC est plus grand que AB opposé à l'angle BCA.

Je fais au point A l'angle CAD égal à l'angle BCA ; le triangle DAC ayant deux angles égaux, les côtés AD, CD, opposés à ces angles , sont égaux entre eux (II). Or, le côté AB du triangle ABD est moindre que la somme AD + DB des deux autres, donc AB est aussi moindre que BD + DC ou que AC.

Corollaire.—Les deux théorèmes précédents prouvent que *deux côtés d'un triangle ont entre eux la même relation que les angles qui leur sont opposés,* c'est-à-dire que ces côtés ne sont égaux ou inégaux qu'autant que les angles opposés sont eux-mêmes égaux ou inégaux et que, dans le cas de l'inégalité, le plus grand côté et le plus grand angle sont toujours opposés l'un à l'autre.

PROBLÈMES.

1. Les perpendiculaires menées des sommets d'un triangle équilatéral aux côtés opposés sont égales.

2. Si l'on prend, sur les côtés égaux d'un triangle isocèle, des points également éloignés du sommet et qu'on les joigne par des lignes droites aux extrémités opposées de la base, ces lignes se coupent sur la droite qui va du sommet au milieu de la base.

SIXIÈME LEÇON.

PROGRAMME : Propriétés de la perpendiculaire et des obliques menées d'un même point à une droite.—Cas d'égalité des triangles rectangles.

DÉFINITIONS.

Un triangle *rectangle* est un triangle qui a l'un de ses angles droit. On appelle *hypoténuse* le côté opposé à cet angle.

THÉORÈME I.

D'un point O, situé hors d'une droite AB, on peut tracer une perpendiculaire à cette droite, et on ne peut en tracer qu'une.

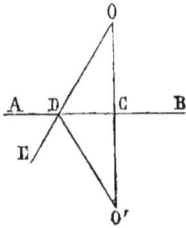

Je fais tourner la partie supérieure du plan de la figure autour de la droite AB jusqu'à ce qu'elle coïncide avec la partie inférieure. Soit alors O' la position du point O; je relève le plan , je trace ensuite la droite OO' et je dis que cette droite est perpendiculaire à AB qu'elle rencontre au point C.

En effet, si je replie le plan suivant AB, la droite CO prend la direction de CO', puisque le point O vient s'appliquer par hypothèse sur le point O'. Donc les angles adjacents ACO, ACO', coïncident et la droite OO' est perpendiculaire à AB.

Toute autre droite OD , menée par le point O jusqu'à la rencontre de AB, est oblique à cette ligne ; car si je trace la droite DO' dans l'angle BDE et que je plie la figure suivant AB, le point O vient se placer sur le point O' et la droite DO coïncide avec DO'. L'angle CDO égale donc l'angle CDO ; par conséquent il est moindre que l'angle CDE, et la droite OD

2

qui forme des angles inégaux avec AB lui est oblique.

Remarque I. Les deux angles CDE, ODA, étant égaux comme opposés au sommet, l'angle ODC est, par suite, moindre que ODA; donc, si d'un point O pris hors d'une droite EF on trace la perpendiculaire OC et une oblique quelconque OD à EF, la perpendiculaire est située dans l'angle aigu ODC que l'oblique fait avec la droite EF.

Remarque II. La perpendiculaire et différentes obliques étant tracées d'un point extérieur à une droite sur cette ligne, on dit que deux obliques sont également ou inégalement éloignées de la perpendiculaire lorsque leurs pieds sont à des distances égales ou inégales de celui de la perpendiculaire.

THÉORÈME II.

Si d'un point pris hors d'une droite on trace la perpendiculaire et différentes obliques à cette droite,

1° *La perpendiculaire est plus courte que toute oblique.*

2° *Deux obliques, également éloignées de la perpendiculaire, sont égales.*

3° *De deux obliques, inégalement distantes de la perpendiculaire, la plus éloignée est la plus grande.*

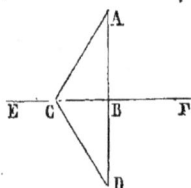

1° Je mène du point A la perpendiculaire AB et l'oblique AC à la droite EF, et je dis que AB est moindre que AC.

Car, si je prends sur le prolongement de AB la longueur BD égale à AB et que je trace la droite DC, les deux triangles ABC, DBC, ont un angle égal compris entre deux côtés égaux chacun à chacun, savoir : les angles ABC, DBC, égaux parce qu'ils sont droits par hypothèse, le côté BC commun et les côtés AB, BD, égaux d'après la construction de la figure. Donc ces triangles sont égaux (3, III) et le côté AC égale le côté DC.

Or la droite AD est moindre que la ligne brisée AC + CD, donc la moitié de AD, c'est-à-dire la perpendiculaire AB, est moindre que la moitié de AC + CD, ou que l'oblique AC.

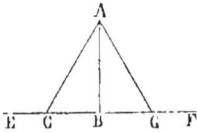

2°. Je prends sur EF, de chaque côté de la perpendiculaire AB, des longueurs égales BC, BG; je trace les obliques AC, AG, qui s'écartent également de AB, et je dis que ces droites sont égales.

En effet, les deux triangles ABC, ABG, ont un angle droit compris entre deux côtés égaux chacun à chacun, ils sont donc égaux (3, III), et le côté AC opposé à l'angle droit ABC égale le côté AG opposé à l'angle droit ABG.

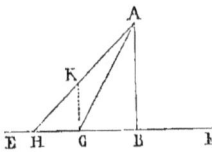

3° Soient AC, AH, deux obliques inégalement distantes de la perpendiculaire AB. Je trace par le point C la droite CK perpendiculaire à EF; cette droite se trouve dans l'angle ACE qui est plus grand que ACF (I, R), elle rencontre donc l'oblique AH entre les points A et H. Or la droite AC est moindre que la ligne brisée AK + KC et la perpendiculaire KC est plus courte que l'oblique KH, donc la droite AC est, *à fortiori*, moindre que AK + KH ou que AH.

Corollaire I. On mesure la distance d'un point à une droite par la longueur de la perpendiculaire menée du point à cette droite, parce qu'elle est la plus courte ligne qu'on puisse tracer de ce point à la droite.

Corollaire II. On ne peut mener d'un point à une droite que deux obliques égales.

Corollaire III. Les réciproques du théorème précédent sont évidentes.

Car ce théorème démontre que deux obliques ont entre elles la même relation que les distances de leurs pieds à celui de la perpendiculaire.

THÉORÈME III.

Si du milieu C de la droite AB, on trace sur cette ligne la perpendiculaire DE, 1° tout point de DE est également éloigné

*des extrémités de AB ; 2° tout point extérieur à DE est inégale-
ment distant des mêmes extrémités A et B.*

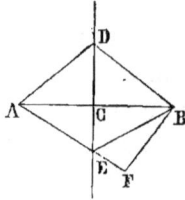

1° Je joins les extrémités de AB à un
point quelconque D de la perpendiculaire
DE par les droites AD, BD. Le point C
étant par hypothèse le milieu de AB, les
obliques AD, BD, s'écartent également de
la perpendiculaire DE, donc elles sont
égales (II), et le point D est situé à la
même distance des points A et B.

2° Soit F un point extérieur à DE, je trace les droites FA,
FB; les points A et F étant placés de différents côtés de DE,
la droite FA rencontre DE en un point E dont les distances
aux points A et B sont égales. Or on a dans le triangle BEF

$$FB < FE + EB$$
ou
$$FB < FE + EA$$

donc le point F est moins éloigné du point B que du point A.

Remarque. On appelle *lieu géométrique* une ligne, droite ou
courbe, dont tous les points jouissent d'une même propriété.

La perpendiculaire DE est le lieu des points également distants du point A et du point B.

THÉORÈME IV.

*Deux triangles rectangles sont égaux s'ils ont l'hypoténuse
égale et un angle aigu égal.*

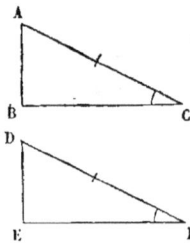

Soient ABC, DEF, deux triangles dont
les angles B et E sont droits. Je suppose
l'hypoténuse AC égale à l'hypoténuse
DF, l'angle C égal à l'angle F, et je dis
que ces triangles sont égaux.

Je transporte le triangle DEF sur le
triangle ABC et, pour appliquer l'hypoté-
nuse DF sur AC qui lui est égale, je place le point F sur le

point C, le point D sur le point A. L'angle F étant égal par hypothèse à l'angle C, le côté FE prend alors la direction de CB, et la droite DE perpendiculaire à EF s'applique (I) sur la droite AB perpendiculaire à BC. Donc les triangles rectangles DEF, ABC, dont les côtés coïncident sont égaux entre eux.

THÉORÈME V.

Deux triangles rectangles sont égaux s'ils ont l'hypoténuse égale et un autre côté égal.

Soient ABC, DEF, deux triangles dont les angles B et E sont droits et qui ont l'hypoténuse AC égale à DF, le côté AB égal à DE; je dis qu'ils sont égaux.

Pour le démontrer, je transporte le triangle DEF sur le triangle ABC et je fais coïncider les côtés égaux DE, AB, en plaçant le point E sur le point B, le point D sur le point A. Le côté EF prend alors la direction de BC à cause de l'égalité des angles droits E, B, et l'hypoténuse DF s'applique sur AC (II, c.), parce que ces droites égales sont obliques à BC et situées du même côté de la perpendiculaire AB. Donc les triangles DEF, ABC, coïncident et sont égaux.

PROBLÈMES.

1. Les perpendiculaires menées des extrémités de la base d'un triangle isocèle sur les côtés opposés sont égales.

2. Trouver sur une droite un point tel que la somme ou la différence des lignes qui le joignent à deux points donnés soit *minimum* ou *maximum.*—Remarquer que ces droites sont également inclinées sur la droite donnée.

3. Les perpendiculaires menées aux côtés d'un triangle par leurs milieux se rencontrent au même point.

4. La bissectrice d'un angle est le lieu des points également éloignés des côtés de cet angle.

5. Les bissectrices des angles d'un triangle concourent au même point.

6. Trouver sur une droite un point également distant de deux points donnés ou de deux droites qui se coupent.

SEPTIÈME ET HUITIÈME LEÇONS.

PROGRAMME : Droites parallèles. — Lorsque deux droites parallèles sont rencontrées par une sécante, les quatre angles aigus qui en résultent sont égaux entre eux, ainsi que les quatre angles obtus. — Dénominations attribuées à ces divers angles.—Réciproques.

DÉFINITION.

Deux droites sont *parallèles*, lorsqu'étant situées dans un même plan et prolongées indéfiniment elles ne se rencontrent pas.

THÉORÈME I.

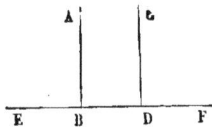

Deux lignes droites AB, CD, *perpendiculaires à la même droite* EF *sont parallèles.*

En effet, les droites AB, CD, ne peuvent se rencontrer, puisqu'on ne peut mener par aucun point du plan deux perpendiculaires à la droite EF (6, I).

THÉORÈME II.

D'un point A, *donné hors d'une droite* BC, *on peut mener une parallèle à cette droite, mais on ne peut en mener qu'une.*

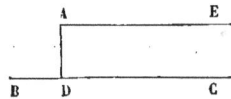

Je trace du point A la perpendiculaire AD à la droite BC, et la perpendiculaire AE à la droite AD. Les lignes AE, BC, sont parallèles, puisque l'une et l'autre est perpendiculaire à AD (I); on peut donc mener par le point A une parallèle à la droite BC ; *j'admettrai qu'on ne peut en mener qu'une seule.*

COROLLAIRE.—*Si deux droites sont parallèles, toute droite qui rencontre l'une rencontre aussi l'autre.*

THÉORÈME III.

Si deux droites AB, CD, sont parallèles, toute droite EK perpendiculaire à l'une est aussi perpendiculaire à l'autre.

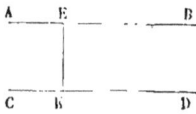

Je suppose la droite EK perpendiculaire à AB, et je dis qu'elle l'est aussi à CD.

En effet, la droite menée d'un point quelconque de CD perpendiculairement à EK est parallèle à AB (I) ; donc elle coïncide avec CD (II) qui est aussi parallèle à AB par hypothèse. Par conséquent la droite EK est perpendiculaire à CD.

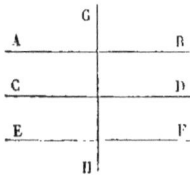

COROLLAIRE.—*Deux lignes droites AB, CD, parallèles à une troisième EF, sont parallèles entre elles.*

Car, si je trace la droite GH perpendiculaire à EF, cette droite est aussi perpendiculaire à chacune des lignes AB, CD, parallèles à EF; donc AB et CD sont parallèles entre elles.

THÉORÈME IV.

Lorsque deux droites parallèles AB, CD, sont rencontrées par une sécante EF, les quatre angles aigus qui en résultent sont égaux entre eux, ainsi que les quatre angles obtus.

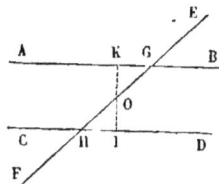

Soient G et H les points où la droite EF rencontre les parallèles AB, CD. Les angles aigus AGH, EGB, sont égaux puisqu'ils sont opposés au sommet; il en est de même des deux angles aigus GHD, CHF. Pour démontrer l'égalité des quatre angles aigus formés par les droites AB, CD, EF, il suffit donc de prouver que l'angle AGH égale

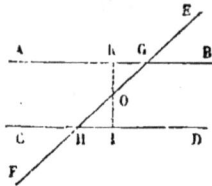

GHD. Pour cela, je trace du milieu O de la droite GH la perpendiculaire JK aux deux parallèles AB, CD. Les triangles rectangles GKO, IHO, sont égaux entre eux (6, IV), parce qu'ils ont les hypoténuses OG, OH, égales et les angles aigus GOK, IOH, égaux comme opposés au sommet. Donc l'angle OGK est égal à l'angle OHI.

Il résulte de l'égalité des quatre angles aigus que les quatre angles obtus sont égaux entre eux. Car chaque angle obtus a pour supplément l'un des quatre angles aigus.

Remarque. Pour distinguer et énoncer plus facilement les divers cas d'égalité auxquels conduit le théorème précédent, on a donné des noms particuliers aux huit angles formés par les parallèles AB, CD, et la sécante EF. Voici ces dénominations qui sont applicables aux angles que deux droites quelconques AB, CD, font avec une troisième EF.

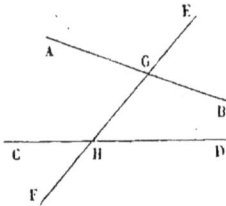

Les quatre angles AGH, BGH, DHG, CHG, compris entre les deux droites AB, CD, sont appelés pour cette raison angles *internes*.

Au contraire, on nomme angles *externes* les quatre angles AGE, BGE, DHF, CHF, qui ne sont pas situés entre les droites AB, CD.

Lorsque l'on considère deux angles internes qui ne sont pas adjacents, on les appelle *alternes-internes* ou *internes du même côté* selon qu'ils sont placés des deux côtés de la sécante EF ou du même côté de cette droite. Ainsi les angles AGH, DHG, sont alternes-internes, et les angles AGH, CHG, sont internes du même côté.

Pareillement on appelle angles *alternes-externes* ou *externes du même côté* deux angles externes, non adjacents et situés des deux côtés de la sécante EF ou du même côté de cette droite. Ainsi les angles AGE, DHF, sont alternes-externes, tandis que les angles AGE, CHF, sont externes du même côté.

On donne le nom d'angles *internes-externes* ou *correspon-dants* à deux angles dont l'un est interne et l'autre externe sans être adjacents. Les angles BGE, DHE, sont correspondants.

De là résulte ce nouvel énoncé du théorème IV :

Si deux droites sont parallèles, elles font avec une sécante quelconque :

1º *des angles alternes-internes égaux ;*
2º *des angles alternes-externes égaux ;*
3º *des angles correspondants égaux ;*
4º *des angles internes du même côté, supplémentaires ;*
5º *des angles externes du même côté, supplémentaires.*

Car deux angles alternes-internes, ou alternes-externes, ou correspondants, sont à la fois aigus ou obtus, et par conséquent égaux entre eux ; mais de deux angles internes ou externes du même côté, l'un est aigu et l'autre obtus ; donc ils sont supplémentaires.

THÉORÈME V.

Réciproquement, *deux droites* AB, CD, *sont parallèles, lors-qu'elles font avec une sécante* MN :

1º *des angles alternes-internes égaux ;*
2º *des angles alternes-externes égaux ;*
3º *des angles correspondants égaux :*
4º *des angles internes du même côté, supplémentaires ;*
5º *des angles externes du même côté, supplémentaires.*

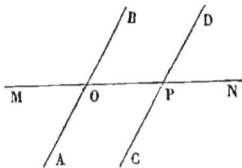

Je suppose les angles alternes-internes AOP, DPO, égaux entre eux, et je dis que les droites AB, CD, sont parallèles.

En effet, la droite AB et sa parallèle, menée par le point P où la sécante MN rencontre CD, font avec MN des angles alternes-internes égaux (IV). Or l'un de ces angles est AOP, donc l'autre est DPO qui égale par hypothèse AOP. Par conséquent la parallèle menée du point P à la droite AB n'est autre que la droite CD.

Je démontrerais chacun des quatre autres cas par un raisonnement analogue.

Corollaire.—Les propositions contraires aux deux précédentes sont vraies. Elles comprennent ce théorème particulier : *deux lignes droites se rencontrent lorsqu'elles font avec une sécante deux angles internes du même côté, dont la somme est moindre que deux angles droits*. Dans son célèbre traité de géométrie, *Euclide* demande qu'on admette ce théorème comme évident, et il en fait la base de sa théorie des lignes parallèles ; aussi ce théorème est connu sous le nom de *postulatum* d'Euclide. Nous l'avons remplacé dans ces leçons par celui-ci : *on ne peut mener d'un point donné qu'une parallèle à une droite* (II).

PROBLÈMES.

1. Si la bissectrice d'un angle d'un triangle divise le côté opposé en deux parties égales, ce triangle est isocèle.

2. Si par le point de rencontre des bissectrices des angles d'un triangle on mène une parallèle à l'un des côtés, cette droite est égale à la somme des segments interceptés sur les deux autres côtés par les deux parallèles.

3. Si par les sommets d'un triangle on trace des parallèles à ses côtés, ces droites déterminent un second triangle égal au quadruple du premier.—Quel est le rapport des côtés parallèles ?

4. Les perpendiculaires menées des sommets d'un triangle sur les côtés opposés se rencontrent au même point.

NEUVIÈME LEÇON.

PROGRAMME : Angles dont les côtés sont parallèles ou perpendiculaires. — Somme des angles d'un triangle et d'un polygone quelconque.

DÉFINITIONS.

On nomme *polygone* une portion de plan terminée par des lignes droites. Ces lignes sont les *côtés* du polygone et leur ensemble forme le contour ou le *périmètre* de cette figure plane.

Un polygone qui n'a que trois côtés est un *triangle*. Un polygone de quatre côtés se nomme *quadrilatère*; celui de cinq côtés, *pentagone*; celui de six côtés, *hexagone*, etc.

Un polygone est *convexe* lorsqu'il est tout entier du même côté de chacune des droites prolongées indéfiniment qui le terminent. Dans le cas contraire on dit qu'il est *concave*.

On appelle *diagonale* d'un polygone la droite qui joint deux sommets non consécutifs de ce polygone.

THÉORÈME. I.

Deux angles qui ont leurs côtés parallèles chacun à chacun, sont égaux si les côtés parallèles sont dirigés deux à deux dans le même sens ou en sens contraire. Ils sont supplémentaires, lorsque deux côtés parallèles ont la même direction et les deux autres une direction contraire.

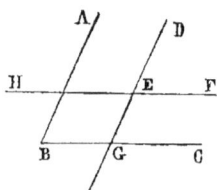

1° Soient les deux angles ABC, DEF dont les côtés BA, ED, sont parallèles et dirigés dans le même sens, ainsi que les côtés BC et EF ; je dis qu'ils sont égaux.

Je prolonge la droite DE jusqu'à la rencontre de BC ; les angles ABC, DGC, sont égaux (7, IV) comme correspondants par rapport aux parallèles AB, DE, et à la sécante BC ; les angles DEF, DGC, sont égaux aussi comme correspondants par rapport aux parallèles BC, EF, et à la sécante DG ; donc l'angle ABC est égal à DEF.

2° Les angles ABC, GEH, qui ont les côtés parallèles et dirigés deux à deux en sens contraire sont égaux entre eux.

En effet, si je prolonge les côtés de l'angle GEH au delà de son sommet E, l'angle ABC égale DEF parce que leurs côtés sont parallèles et dirigés deux à deux dans le même sens ; donc il égale aussi l'angle GEH, puisque GEH et DEF sont opposés au sommet.

3° Les angles ABC, DEH, qui ont les côtés BA, ED, parallèles et dirigés dans le même sens, et les côtés BC, EH, parallèles mais dirigés en sens contraire, sont supplémentaires.

Je prolonge le côté HE au delà du sommet E ; l'angle DEF est égal à l'angle ABC parce qu'ils ont leurs côtés parallèles et dirigés deux à deux dans le même sens. Or l'angle DEH est le supplément de DEF ; donc il est aussi le supplément de ABC.

THÉORÈME II.

Deux angles qui ont leurs côtés perpendiculaires chacun à chacun sont égaux s'ils sont à la fois aigus ou obtus ; mais ils sont supplémentaires si l'un est obtus et l'autre aigu.

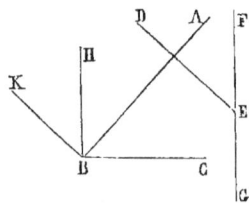

1° Soient ABC, DEF, deux angles de même espèce, par exemple aigus, dont les côtés BA, ED, sont perpendiculaires, ainsi que les côtés BC, EF. Je dis que ces angles sont égaux.

En effet, du sommet B de l'angle ABC je trace les droites BH, BK, parallèlement aux côtés EF, ED, de l'angle DEF et dans le même sens; ces lignes forment un angle HBK égal à DEF (1). Or la droite BH parallèle à EF est perpendiculaire à BC (7, III), et la droite BK parallèle à ED est perpendiculaire à BA; donc les angles HBK, ABC, ont pour complément le même angle ABH et sont égaux entre eux. Par suite, l'angle DEF est égal à ABC.

2° L'angle DEG, supplément de DEF, et l'angle ABC ont aussi leurs côtés perpendiculaires chacun à chacun; mais l'un est aigu et l'autre obtus. Ces angles sont supplémentaires, car l'angle ABC est égal à DEF qui est le supplément de DEG.

THÉORÈME III.

La somme des angles d'un triangle est égale à deux angles droits.

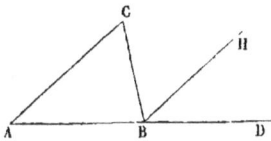

Soit le triangle ABC; je prolonge le côté AB et je trace par le sommet B la droite BH parallèle au côté opposé AC.

L'angle ACB est égal à l'angle CBH, parce qu'ils sont alternes-internes par rapport aux parallèles AC, BH, et à la sécante BC (7, IV). Pareillement l'angle CAB est égal à l'angle HBD, parce qu'ils sont correspondants par rapport aux mêmes parallèles et à la sécante AB. Donc la somme des trois angles ABC, ACB, CAB, du triangle est égale à la somme des trois angles adjacents ABC, CBH, HBD, formés sur la droite AD, c'est-à-dire qu'elle est égale à deux angles droits (2, I).

Corollaire I.—L'angle CBD, formé par le côté BC et le prolongement BD du côté AB, est appelé *extérieur*. De là résulte ce théorème : *un angle CBD, extérieur à un triangle ABC, est égal à la somme des angles intérieurs CAB, ACB, qui ne lui sont pas adjacents.*

Corollaire II.—Un triangle ne peut avoir qu'un seul angle

droit ou obtus; les deux autres angles sont aigus.—Les angles aigus d'un triangle rectangle sont complémentaires.

Corollaire III.—Chaque angle d'un triangle équilatéral est égal aux deux tiers d'un angle droit.

Corollaire IV.—Si deux angles d'un triangle sont respectivement égaux à deux angles d'un autre triangle, le troisième angle du premier triangle égale aussi le troisième angle du second.

THÉORÈME IV.

La somme des angles d'un polygone convexe est égale à autant de fois deux angles droits qu'il y a de côtés moins deux dans le polygone.

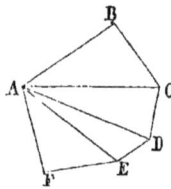

Soit le polygone ABCDEF ; je trace de son sommet A des diagonales à tous les autres sommets, excepté B et F qui sont déjà joints à A par les côtés AB, AF. Je décompose de cette manière le polygone en autant de triangles qu'il a de côtés moins deux ; car chaque triangle n'a qu'un côté commun avec le polygone, à l'exception des deux triangles extrêmes ABC, AEF, qui en ont deux. Or la somme des angles d'un triangle égale deux angles droits (III) ; donc la somme des angles de tous les triangles dans lesquels le polygone est décomposé vaut autant de fois deux angles droits que le polygone a de côtés moins deux. Mais la somme des angles du polygone est la même que celle des angles de tous les triangles ; par conséquent elle est égale à autant de fois deux angles droits qu'il y a de côtés moins deux dans le polygone.

Corollaire I.—n étant le nombre des côtés du polygone, la somme de ses angles est égale à $2(n-2)$ ou $(2n-4)$ angles droits.

Corollaire II.—La somme des angles d'un quadrilatère est égale à quatre angles droits. Par suite, si les angles d'un quadrilatère sont égaux entre eux, chacun d'eux est droit.

THÉORÈME V.

*La somme des angles qu'on forme à l'extérieur d'un poly-
gone, en prolongeant ses côtés dans le même sens, est égale à
quatre angles droits.*

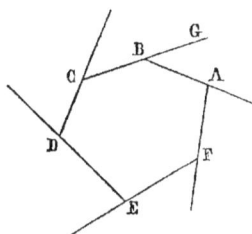

Chaque angle extérieur au polygone ABCDEF, tel que l'angle ABG,
étant le supplément de l'angle intérieur ABC qui lui est adjacent (2, I),
la somme des angles extérieurs et
intérieurs est égale à autant de fois
deux angles droits que le polygone
a de sommets ou de côtés. Cette somme vaut donc $2n$ droits,
n étant le nombre des côtés du polygone. Mais les angles
intérieurs valent ensemble $(2n-4)$ angles droits (IV); par conséquent la somme des angles extérieurs est égale à l'excès de
$2n$ angles droits sur $(2n-4)$, c'est-à-dire égale à quatre angles
droits.

Corollaire.—Un polygone convexe n'a pas plus de trois
angles intérieurs qui soient aigus, car il ne peut avoir plus
de trois angles extérieurs obtus.

PROBLÈMES.

1. Les bissectrices des angles d'un quadrilatère forment un
autre quadrilatère dont les angles opposés sont supplémentaires.

Quelle est la nature du deuxième quadrilatère, lorsque le
premier est un parallélogramme ou un rectangle?

2. Le nombre des diagonales d'un polygone qui a n côtés
est égal à $\dfrac{n(n-3)}{2}$.

DIXIÈME LEÇON.

PROGRAMME : Parallélogrammes. — Propriétés de leurs côtés, de leurs angles et de leurs diagonales.

DÉFINITIONS.

Le *parallélogramme* est un quadrilatère dont les côtés opposés sont parallèles.

Le *losange* est un quadrilatère qui a tous ses côtés égaux. On démontrera dans cette leçon que le losange est un parallélogramme.

Le *rectangle* est un parallélogramme dont tous les angles sont droits.

Le *carré* est un rectangle dont tous les côtés sont égaux, ou un losange dont tous les angles sont droits.

THÉORÈME I.

Les côtés opposés d'un parallélogramme sont égaux, les angles opposés le sont aussi.

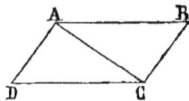

Je trace la diagonale AC du parallélogramme ABCD; cette droite partage le parallélogramme en deux triangles ABC, ADC, égaux entre eux (3, II), car le côté AC leur est commun, les angles BAC, ACD, sont égaux comme alternes-internes par rapport aux parallèles AB, CD, et à la sécante AC (7, IV); les angles ACB, CAD, sont égaux aussi comme alternes-internes par rapport aux parallèles BC, AD, et à la même sécante AC. Donc le côté

AB opposé à l'angle ACB est égal au côté CD opposé à l'angle CAD, et le côté BC opposé à l'angle BAC, égal au côté AD opposé à l'angle ACD.

De l'égalité des triangles ABC, ADC, il résulte aussi que l'angle ABC opposé au côté AC est égal à l'angle ADC opposé au même côté AC, et que l'angle BAD est égal à BCD, parce qu'ils sont composés de deux angles égaux chacun à chacun.

COROLLAIRE I. — *Les parallèles* AB, CD, *comprises entre deux droites parallèles* AD, BC, *sont égales.*

Car le quadrilatère ABCD est un parallélogramme.

COROLLAIRE II. — *Deux parallèles* AB, CD, *sont partout également distantes.*

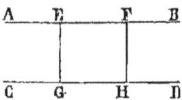

En effet, je trace de deux points quelconques E, F, de AB les droites EG, FH, perpendiculaires à CD ; ces droites sont parallèles (7, I) et égales comme étant comprises entre les deux parallèles AB, CD. Donc les points E et F de la droite AB sont également distants de sa parallèle CD.

THÉORÈME II.

Un quadrilatère dont les côtés ou les angles opposés sont égaux est un parallélogramme.

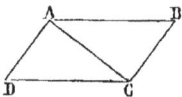

1° Soit le quadrilatère ABCD dont le côté AB est égal à DC et le côté BC égal à AD ; je dis que les côtés opposés de ce quadrilatère sont parallèles.

La diagonale AC divise la figure ABCD en deux triangles égaux parce qu'ils ont les trois côtés égaux chacun à chacun (4, V) ; donc l'angle BAC opposé au côté BC est égal à l'angle ACD opposé au côté AD. Or ces deux angles sont alternes-internes par rapport aux deux droites AB, CD, et à la sécante AC ; donc AB est parallèle à CD (7, V) ; pareillement BC est parallèle à AD.

2° Le quadrilatère ABCD dont les angles opposés sont égaux est aussi un parallélogramme.

3

Car la somme des angles consécutifs DAB et ABC est égale par suite de l'hypothèse à la moitié de la somme des quatre angles du quadrilatère, c'est-à-dire à deux angles droits (9, IV). Or ces angles sont internes par rapport aux deux droites AD, BC, et situés du même côté de la sécante AB, donc AD est parallèle à BC (7, V). De même AB est parallèle à DC.

COROLLAIRE. — Le losange est un parallélogramme puisque ses côtés opposés sont égaux.

THÉORÈME III.

Un quadrilatère qui a deux côtés opposés égaux et parallèles est un parallélogramme.

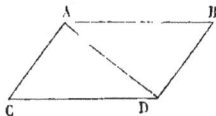

Soit le quadrilatère ABCD dont le côté AB est égal et parallèle à DC. Je trace la diagonale AD; cette droite divise le quadrilatère en deux triangles ABD, ADC, égaux entre eux (3, III), car le côté AD leur est commun, le côté AB est égal à DC par hypothèse, et les angles BAD, ADC, sont égaux comme alternes-internes par rapport aux parallèles AB, CD, et à la sécante AD. Donc l'angle DAC opposé au côté DC égale l'angle ADB opposé au côté AB. Mais ces angles sont alternes-internes par rapport aux droites AC, BD, et à la sécante AD; par conséquent AC est parallèle à BD (7, V), et le quadrilatère ABCD est un parallélogramme.

THÉORÈME IV.

Les diagonales d'un parallélogramme sont inégales et se divisent mutuellement en deux parties égales.

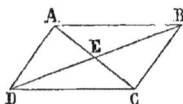

1° Je trace les diagonales AC, BD, du parallélogramme ABCD. Les deux triangles ADC, BDC, ont un angle inégal compris entre deux côtés égaux : car les angles ADC, BCD, sont supplémentaires (7, IV), comme angles internes par rapport aux parallèles AD, BC, et du même côté de la sécante DC; le côté DC est commun à ces triangles, et les côtés AD, BC, sont égaux comme étant opposés dans le parallélogramme ABCD (11). Donc le côté BD opposé à l'angle obtus BCD est plus grand que le côté AC opposé à l'ange aigu ADC (3, IV).

2º Soit E le point d'intersection des diagonales AC, BD; les triangles ABE, CDE, ont le côté AB égal à CD, l'angle ABE égal à CDE parce qu'ils sont alternes-internes par rapport aux parallèles AB, CD, et à la sécante BD, et l'angle BAE égal à DCE parce qu'ils sont aussi alternes-internes par rapport aux mêmes parallèles AB, CD, et à la sécante AC. Ces triangles sont donc égaux (3, 11), et le côté AE opposé à l'angle ABE est égal à CE opposé à l'angle CDE. De même le côté BE est égal à DE.

Corollaire I. — *Les diagonales d'un rectangle* ABCD *sont égales entre elles.*

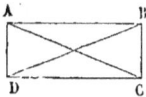

Car les triangles ADC, BCD, qui ont un angle droit compris entre deux côtés égaux chacun à chacun, sont égaux (3, III), et la diagonale AC opposée à l'angle droit ADC est égale à la diagonale BD opposée à l'angle droit BCD.

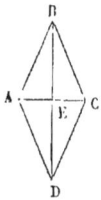

Corollaire 11. — *Les diagonales d'un losange* ABCD *sont perpendiculaires l'une à l'autre.*

En effet, la diagonale BD qui a chacun de ses points B, D, également distant des extrémités de la diagonale AC, est perpendiculaire à cette droite (6, III), et la divise en deux parties égales.

Corollaire III. — *Les diagonales d'un carré sont égales et perpendiculaires l'une à l'autre.*

Car le carré est à la fois un rectangle et un losange.

PROBLÈMES.

1. Deux parallélogrammes sont égaux s'ils ont un angle égal compris entre deux côtés égaux chacun à chacun.

Quelles sont les conditions analogues pour l'égalité de deux rectangles, de deux losanges, de deux carrés?

2. Le parallélogramme que l'on forme en traçant, par les extrémités de chaque diagonale d'un quadrilatère, des parallèles à l'autre diagonale est équivalent au double de ce quadrilatère.

Déduire de ce théorème que deux quadrilatères sont équivalents, si leurs diagonales sont égales chacune à chacune et également inclinées l'une sur l'autre.

3. Toute droite qui passe par le point d'intersection des diagonales d'un parallélogramme est divisée par ce point en deux parties égales, et cette droite divise à son tour le parallélogramme en deux parties égales. — Pour cette raison, on donne au point d'intersection des diagonales le nom de *centre* du parallélogramme.

4. La somme des perpendiculaires tracées d'un point quelconque de la base d'un triangle isocèle sur les deux autres côtés est constante. — La différence des perpendiculaires, menées d'un point quelconque des prolongements de la base sur les deux autres côtés, est constante.

5. La somme des perpendiculaires, menées d'un point pris à l'intérieur d'un triangle équilatéral sur les trois côtés, est constante.

Comment faut-il modifier l'énoncé pour un point extérieur au triangle?

ONZIÈME LEÇON.

Programme : De la circonférence du cercle.—Dépendance mutuelle des arcs
et des cordes.

DÉFINITIONS.

La *circonférence* est une ligne courbe dont tous les points
sont également distants d'un même point qu'on appelle *centre*.

Le *cercle* est la portion de plan limitée par la circonférence.

On nomme *rayon* une droite quelconque menée du centre
à la circonférence. Tous les rayons d'une circonférence sont
égaux entre eux. On désigne ordinairement une circonférence
par l'un de ses rayons.

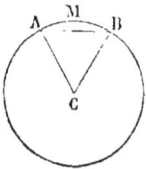

Un *arc* est une portion quelconque de la
circonférence; il a pour *corde* ou *sous-ten-
dante* la droite qui joint ses extrémités. Ainsi
la droite AB est la corde de l'arc AMB de la
circonférence CA. Une corde appartient à
deux arcs dont la réunion forme la circonfé-
rence ; on ne considère, en général, que le plus petit de ces
arcs.

On donne le nom de *diamètre* à toute corde qui passe par le
centre. Tous les diamètres sont égaux, puisque chacun d'eux
est le *double du rayon*.

THÉORÈME I.

*Une droite ne peut rencontrer une circonférence en plus de
deux points.*

Car on ne peut mener du centre de la circonférence à la
droite que deux obliques égales au rayon (6, II).

THÉORÈME II.

1° *Le diamètre est la plus grande corde du cercle.*

2° *Il divise en deux parties égales la circonférence et le cercle.*

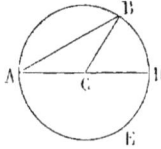

1° Soit AB une corde qui ne passe pas par le centre C du cercle CA; je trace les rayons CA, CB, et le diamètre AD. Le côté AB du triangle ABC est moindre que la somme des deux autres côtés CA, CB, c'est-à-dire moindre que le diamètre AD.

2° Je superpose les deux parties ABD, AED du cercle, en faisant tourner la première autour du diamètre AD; l'arc ABD coïncide avec l'arc AED, parce que leurs points sont également distants du centre C. Donc le diamètre AD divise la circonférence et le cercle en deux parties égales.

THÉORÈME III.

Dans le même cercle ou dans des cercles égaux, les arcs égaux ont des cordes égales. Réciproquement, deux arcs sont égaux s'ils ont des cordes égales, et que l'un et l'autre soit moindre ou plus grand qu'une demi-circonférence.

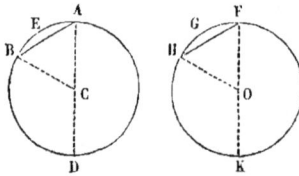

Soient le cercle CA égal au cercle OF et l'arc AEB égal à l'arc FGH; je dis que les cordes AB, FH, de ces arcs sont égales.

Je superpose les deux cercles en plaçant le centre C de l'un sur le centre O de l'autre, et le point A sur le point F. Alors les deux circonférences coïncident et le point B s'applique sur le point H, puisque les arcs AEB, FGH, sont égaux par hypothèse. Par conséquent les cordes AB, HF, qui ont les mêmes extrémités coïncident et sont égales.

Réciproquement. Soient les arcs AEB, FGH, moindres qu'une

demi-circonférence et sous-entendus par des cordes égales AB, FH; je dis qu'ils sont égaux.

En effet, les rayons CA, CB, OF et OH, menés aux extrémités des cordes égales AB, FH, déterminent deux triangles CAB, OFH, qui ont les trois côtés égaux chacun à chacun; par conséquent l'angle CAB opposé au côté CB égale l'angle OFH opposé au côté OH. Cela posé, j'applique le cercle OF sur le cercle CA en plaçant le centre O sur le centre C et le point F sur le point A; alors les circonférences coïncident, et la corde FH prend la direction de AB à cause de l'égalité des angles OFH, CAB. Le point H se trouve par suite sur le point B et l'arc FGH égale l'arc AEB.

THÉORÈME IV.

Dans le même cercle ou dans les cercles égaux, le plus grand de deux arcs inégaux qui sont moindres qu'une demi-circonférence est sous tendu par la plus grande corde, et réciproquement.

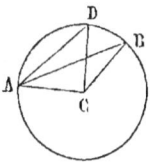

Soient le cercle CA égal au cercle OL, et l'arc AB plus grand que l'arc LM, mais moindre qu'une demi-circonférence; je dis que la corde AB est plus grande que la corde LM.

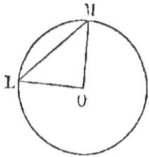

Je prends sur l'arc AB une partie AD qui soit égale à l'arc LM, et je mène la droite AD; les arcs AD, LM, étant égaux, leurs cordes AD, LM, sont égales (III). Je vais démontrer que la corde AB est plus grande que la corde AD; pour cela, je trace les rayons qui aboutissent aux extrémités des cordes AB, AD. L'arc AD étant moindre que AB, le rayon CD est situé dans l'angle ACB, et par suite, l'angle ACB est plus grand que ACD; les deux triangles ACB, ACD, ont donc un angle inégal compris entre deux côtés égaux chacun à chacun, et le côté AB opposé à l'angle ACB est plus grand que le côté AD opposé à l'angle ACD.

Réciproquement. Dans le même cercle ou dans des cercles égaux, deux arcs moindres qu'une demi-circonférence sont inégaux si leurs cordes sont inégales, et celui qui a la plus grande corde est le plus grand.

Cette réciproque est évidente, car d'après les deux théorèmes précédents, *il existe entre deux cordes la même relation qu'entre les arcs, moindres qu'une demi-circonférence qu'elles sous-tendent.*

Remarque. — La corde d'un arc plus grand qu'une demi-circonférence diminue lorsque cet arc croît. Aussi, le théorème précédent et sa réciproque ne sont vrais dans toutes leurs parties que si les arcs considérés sont moindres qu'une demi-circonférence.

PROBLÈMES.

1. La plus grande et la plus petite de toutes les droites qu'on peut mener d'un point à une circonférence passent par le centre.

2. Une droite et un point étant donnés, tracer avec un rayon donné une circonférence dont le centre soit situé sur la droite de telle sorte que la somme des distances maxima et minima du point à cette circonférence égale une longueur donnée.

DOUZIÈME LEÇON.

PROGRAMME : Le rayon perpendiculaire à une corde divise cette corde et l'arc sous-tendu, chacun en deux parties égales.

THÉORÈME I.

Le rayon CD, *perpendiculaire à une corde* AB, *divise en deux parties égales cette corde et l'arc* ADB *qu'elle sous-tend.*

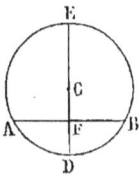

Je plie le cercle CD suivant le diamètre DCE, et j'applique le demi-cercle DAE sur le demi-cercle DBE; l'arc DAE coïncide alors avec l'arc DBE, et la droite FA prend la direction de FB à cause de l'égalité des angles droits CFA, CFB. Le point A se place donc sur le point B; par suite, la droite FA égale la droite FB et l'arc DA égale l'arc DB, c'est-à-dire que le point F est le milieu de la corde AB et le point D le milieu de l'arc ADB.

COROLLAIRE I. *Le centre d'un cercle, le milieu d'une corde et le milieu de l'arc que cette corde sous-tend, sont situés sur une même droite, perpendiculaire à la corde.*

Comme une ligne droite est déterminée par deux points, ou par un seul point à la condition qu'elle sera perpendiculaire à une droite donnée, ce corollaire donne lieu aux six énoncés suivants :

1° Le rayon, perpendiculaire à une corde divise en deux parties égales cette corde et l'arc qu'elle sous-tend.

2° La perpendiculaire, menée du milieu d'une corde à cette droite elle-même, passe par le centre et le milieu de l'arc sous-tendu par la corde.

3° La perpendiculaire, menée du milieu d'un arc à sa corde, passe par le centre et le milieu de la corde.

4° Le rayon, mené du milieu d'une corde, lui est perpendiculaire et divise en deux parties égales l'arc que cette corde sous-tend.

5° Le rayon, passant par le milieu d'un arc, divise la corde de cet arc en deux parties égales et lui est perpendiculaire.

6° La droite, tracée par les milieux d'un arc et de sa corde, passe par le centre et est perpendiculaire à la corde.

Corollaire II. — Le lieu des milieux des cordes d'un cercle, parallèles à une droite donnée, est le diamètre perpendiculaire à cette droite.

THÉORÈME II.

Trois points A, B, C, *qui ne sont pas en ligne droite déterminent une circonférence.*

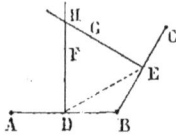

Je trace les droites AB, BC, puis je mène, des milieux D, E, de ces lignes, la droite DF perpendiculaire à AB et la droite EG perpendiculaire à BC. Les droites DF, EG, se rencontrent, car elles font avec la sécante DE des angles internes du même côté FDE, GED, qui sont l'un et l'autre aigus, et dont la somme est conséquemment moindre que deux angles droits.

Soit H l'intersection de ces deux droites ; ce point, situé sur la droite DF perpendiculaire au milieu de AB, est également distant des points A et B ; il est aussi à la même distance des deux points B et C, puisqu'il se trouve sur la droite EG perpendiculaire au milieu de BC ; il est donc également éloigné des trois points A, B, C. De plus, c'est le seul point qui jouisse de cette propriété, car tout autre, étant extérieur au moins l'une des droites DF, EG, n'est pas à la même distance des points A, B, C.

La circonférence, décrite du point H comme centre avec le rayon AH, passe donc par les points A, B, C ; et c'est la seule, puisqu'il n'y a qu'un point également distant des points A, B, C.

CorollAIRE. — Deux circonférences qui ont trois points communs coïncident.

PROBLÈMES.

1. Tracer, avec un rayon donné, une circonférence qui passe par deux points donnés.

2. Tracer, par un point donné, une circonférence qui passe à la même distance de trois points donnés non en ligne droite.

3. Tracer, avec un rayon donné, une circonférence qui passe à la même distance de trois points donnés non en ligne droite.

4. Étant donnés sur une carte quatre points dont trois ne sont pas en ligne droite, tracer sur cette carte une route circulaire qui passe à égale distance de chacun de ces points. (Concours de troisième, 1853).

5. Tracer, avec un rayon donné, une circonférence qui intercepte sur deux lignes droites des cordes dont la longueur soit donnée.

TREIZIÈME LEÇON.

Programme : Dépendance mutuelle des longueurs des cordes et de leurs distances aux centres. — Condition pour qu'une droite soit tangente à une circonférence.—Arcs interceptés par des cordes parallèles.

DÉFINITIONS.

On donne le nom de *sécante* à toute ligne droite qui a deux points communs avec une circonférence.

Une ligne droite est *tangente* à une circonférence lorsqu'elle n'a qu'un point commun avec cette courbe. Ce point est appelé *point de contact*.

THÉORÈME I.

Dans le même cercle ou dans des cercles égaux, 1° deux cordes égales sont également éloignées du centre, 2° de deux cordes inégales la plus grande est la plus rapprochée du centre.

1° Soient AB et CD deux cordes égales de la circonférence OB, je dis qu'elles sont également éloignées du centre O.

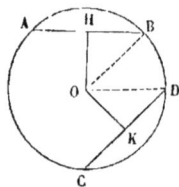

Je mène du centre la perpendiculaire OH à la corde AB et la perpendiculaire OK à la corde CD, puis je trace les rayons OB, OD. Les triangles rectangles OBH, ODK ont l'hypoténuse égale et un côté de l'angle droit égal chacun à chacun, car les hypoténuses OB, OD, sont deux rayons de la circonférence et les côtés BH, DK, sont respectivement (12, I) les moitiés des cordes égales AB, CD. Donc ces triangles sont égaux et la perpendiculaire OH qui mesure la distance du centre à

la corde AB égale la perpendiculaire OK qui mesure aussi la
distance du centre à l'autre corde CD.

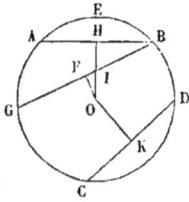

2° Soit la corde BG plus grande que
la corde CD, je dis qu'elle est plus rapprochée du centre O que CD.

Sur l'arc BAG qui est par hypothèse
plus grand que l'arc CD ; je prends une
portion AB égale à CD et je trace la
droite AB. Les cordes AB, CD, sont éga-
les et, par suite, également éloignées du centre; la question
est donc ramenée à démontrer que la corde BG est plus rapprochée du centre que la corde BA.

Cela posé, je mène du centre la droite OF perpendiculaire à
BG et la droite OH perpendiculaire à BA ; le milieu H de la
corde BA et le centre O étant situés des deux côtés de la corde
BG, la droite OH coupe BG en un point I, et la droite OF perpendiculaire à BG est plus courte que l'oblique OI. Donc, *à
fortiori*, OF est moindre que IH + IH, ou que OH.

COROLLAIRE.— Les réciproques des deux parties du théorème
précédent sont évidemment vraies. Car il résulte de ce théorème que *les distances du centre d'un cercle à deux cordes ont
entre elles la même relation que les cordes elles-mêmes.*

THÉORÈME II.

*La perpendiculaire, menée à l'extrémité d'un rayon, est tan-
gente à la circonférence.*

Réciproquement, *toute droite, tangente à une circonférence,
est perpendiculaire au rayon mené au point de contact.*

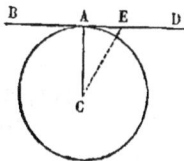

1° Je trace, par l'extrémité A du rayon
CA, la perpendiculaire BD à cette droite,
et je dis qu'elle est tangente à la circonférence CA.

En effet, la distance CE du centre C à un
point quelconque E de la droite BD, autre
que le point A, est plus grande que le rayon CA perpendicu-

laire à BD (6, II). Donc le point E est extérieur à la circonférence CA, et, par suite, la droite BD n'a que le point A commun avec cette circonférence.

Réciproquement, si la droite BD touche la circonférence CA au point A, elle est perpendiculaire au rayon CA.

Car tout point E de la droite BD, autre que le point A, étant par hypothèse extérieur à la circonférence CA, le rayon CA est la ligne la plus courte qu'on puisse mener du centre à la droite BD; donc il est perpendiculaire à cette droite.

COROLLAIRE I. — Par un point d'une circonférence, on ne peut tracer qu'une tangente à cette courbe.

COROLLAIRE II. — La tangente est parallèle aux cordes que le diamètre, mené au point de contact, divise en deux parties égales.

THÉORÈME III.

Deux droites parallèles interceptent sur une circonférence des arcs égaux entre eux.

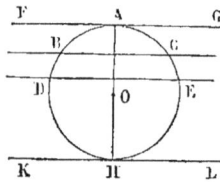

Les deux parallèles peuvent être à la fois sécantes ou tangentes, ou bien être l'une sécante et l'autre tangente. Je vais examiner successivement ces trois cas.

1° Si les deux parallèles sont les sécantes BC, DE, le diamètre AH qui leur est perpendiculaire divise en deux parties égales (12, I) chacun des arcs BAC, DAE, sous-tendus par ces droites. L'arc AB est donc égal à l'arc AC, et l'arc AD égal à l'arc AE; dès lors, la différence des arcs AD, AB, est égale à la différence des arcs AE, AC, c'est-à-dire que les arcs BD, CE, interceptés par les sécantes parallèles BC, DE, sont égaux entre eux.

2° Si l'une des parallèles est la sécante BC et l'autre la tangente FG, le rayon mené au point de contact A est perpendiculaire à la tangente et par suite à sa parallèle BC (7, III); donc il divise l'arc BAC en deux parties égales AB, AC (12, I).

3° Lorsque les deux parallèles FG, KL, sont tangentes, le

diamètre perpendiculaire à ces deux droites passe par leurs points de contact A et H (II, c); donc l'arc ABH égale l'arc ACH.

PROBLÈMES.

1. Quel est le lieu des milieux des cordes d'une circonférence égales à une droite donnée ?

2. Tracer, par un point donné, une circonférence qui touche une droite en un point donné

3. Tracer, par deux points donnés, une circonférence qui touche une parallèle à la droite menée par les points donnés.

4. Tracer une circonférence qui intercepte sur deux droites parallèles des cordes de longueur donnée.

5. Les droites qui joignent les extrémités de deux cordes parallèles se coupent sur le diamètre perpendiculaire à ces cordes.

6. Soit A le centre d'un cercle ; si l'on prolonge le rayon AB d'une quantité BC égal à AB, qu'on mène ensuite du point C la perpendiculaire à une tangente quelconque au cercle et que l'on tire la droite qui joint le pied D de cette perpendiculaire à l'extrémité B du rayon AB, l'angle ABD extérieur au triangle BCD est constamment égal au triple de l'angle intérieur BDC.

QUATORZIÈME LEÇON.

Programme : Conditions du contact et de l'intersection de deux cercles.

DÉFINITION.

Deux circonférences sont *tangentes* en un point qui leur est commun lorsqu'elles ont la même tangente en ce point.

THÉORÈME I.

Si deux circonférences se coupent, la droite qui joint leurs centres est perpendiculaire à la corde commune et la divise en deux parties égales.

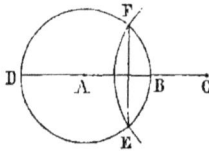

Soient les deux circonférences AE, CE qui se coupent aux deux points E et F ; chacun de leurs centres A et C étant également éloigné des deux points E et F, la droite AC est perpendiculaire au milieu de la corde commune EF.

Corollaire. — Si le point E coïncide avec le point B où la circonférence AE coupe la droite AC, le point F se confond aussi avec le point B, puisque la droite EF est perpendiculaire à AC. Alors les deux circonférences n'ont plus qu'un point commun B, et la droite EF est tangente à l'une et à l'autre. Donc, 1º *Lorsque deux circonférences* AB, CB, *n'ont qu'un point commun* B , *il est situé sur la droite* AC *qui joint leurs centres ;* 2º *Ces circonférences ont la même tangente* BD *en ce point, c'est-à-dire qu'elles sont tangentes .*

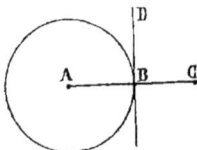

Lorsque deux circonférences sont tracées sur le même plan, elles ont deux points communs, ou un seul, ou bien elles n'en ont pas. Dans les deux derniers cas l'une des circonférences peut être extérieure ou intérieure à l'autre; par suite, ces lignes n'ont, l'une par rapport à l'autre, que cinq positions différentes auxquelles correspondent les cinq théorèmes suivants :

THÉORÈME II.

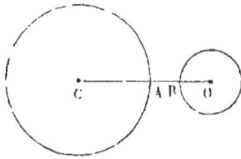

Si deux circonférences CA , OB, *qui n'ont aucun point commun sont extérieures l'une à l'autre , la distance de leurs centres* C *et* O *est plus grande que la somme de leurs rayons* CA *et* OB.

La droite CO qui joint les centres coupe l'une des circonférences au point A et l'autre au point B; elle est donc égale à la somme des rayons CA, OB, augmentée de la distance des deux points A, B, et l'on a CO > CA + OB.

THÉORÈME III.

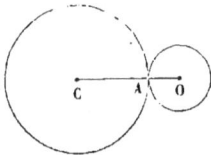

Si deux circonférences CA, OA, *se touchent extérieurement, la distance de leurs centres* C *et* O *est égale à la somme de leurs rayons* CA *et* OA.

Le point de contact A des deux circonférences est situé (I) sur la droite qui joint les centres C, O, et compris entre ces deux points, puisque les circonférences sont extérieures l'une à l'autre. Par conséquent la distance CO des deux centres est égale à la somme des rayons CA, OA.

THÉORÈME IV.

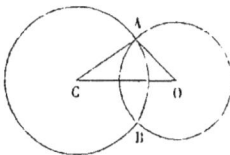

Lorsque deux circonférences CA, OA, *se coupent, la distance de leurs centres* C, O, *est moindre que la somme des rayons* CA, OA, *et plus grande que leur différence.*

Soit A l'un des points d'intersection des deux circonféren-

4

ces; ce point étant extérieur à la droite qui joint les centres C
et O (I), les rayons CA, OA, font avec la droite CO un triangle
dans lequel le côté CO est à la fois moindre que la somme des
deux autres côtés CA, OA, et plus grand que leur différence.

THÉORÈME V.

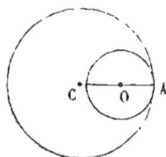

*Lorsque deux circonférences CA, OA, se
touchent intérieurement, la distance de leurs
centres C, O, est égale à la différence de leurs
rayons CA, OA.*

Le point de contact A des deux circonfé-
rences est situé (I) sur la droite qui passe par les centres C, O,
et du même côté de ces deux points, puisque les circonférences
sont intérieures l'une à l'autre. Donc la distance CO des deux
centres est égale à la différence des rayons CA, OA.

THÉORÈME VI.

*Si deux circonférences CA, OB, qui n'ont aucun point com-
mun sont intérieures l'une à l'autre, la distance de leurs centres
C et O est moindre que la différence de leurs rayons CA, OB.*

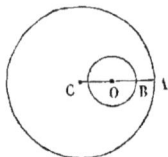

Je prolonge la droite CO qui joint les centres, au delà du centre O de la circonférence intérieure. Cette ligne rencontrant les
deux circonférences aux points B et A , la
distance CO est égale à la différence des
rayons CA, OB, diminuée de la distance des
deux points A et B; on a donc CO $<$ CA $-$ OB.

COROLLAIRE. — Les réciproques des cinq théorèmes précédents sont vraies et évidentes : en effet, pour chacune des cinq
positions que deux circonférences peuvent avoir l'une par
rapport à l'autre, leurs rayons et la distance de leurs centres
ont entre eux une relation différente ; par conséquent, l'une
de ces cinq relations étant donnée, on peut en conclure la
position correspondante des deux circonférences.

PROBLÈMES.

1. Lorsque deux circonférences n'ont aucun point commun,

la plus courte et la plus grande des droites qu'on peut mener d'une circonférence à l'autre passent par les centres de ces circonférences.

2. Si, par l'un des points d'intersection de deux circonférences, on trace une parallèle à la droite qui joint les centres, la somme des cordes interceptées sur cette parallèle est égale au double de la distance des centres. — Lorsqu'on fait tourner la sécante autour du point d'intersection des circonférences, comment varie la somme des cordes interceptées?

3. Quel est le lieu des centres des circonférences qui, décrites avec le même rayon, coupent sous un angle donné une circonférence donnée? — (L'angle de deux lignes courbes est l'angle de leurs tangentes au point où ces courbes se coupent.)

4. Quel est le lieu des centres des circonférences qui, décrites avec le même rayon, divisent en deux parties égales une circonférence donnée?

QUINZIÈME LEÇON.

PROGRAMME : Mesure des angles. — Si des sommets de deux angles ou décrit deux arcs de cercle d'un même rayon, le rapport des angles sera égal à celui des arcs compris entre leurs côtés.

Angles inscrits. — Évaluation des angles en degrés, minutes et secondes.

DÉFINITIONS.

1.[*] *Mesurer* une grandeur, c'est chercher combien elle contient d'unités de son espèce et de parties de l'unité.

Lorsqu'une grandeur est contenue un nombre exact de fois dans deux grandeurs de son espèce, on dit qu'elle est leur *commune mesure*.

Deux grandeurs de même espèce sont *commensurables* ou *incommensurables entre elles*, selon qu'elles ont une commune mesure ou qu'elles n'en ont pas.

2. Le *rapport* de deux grandeurs de même espèce est le nombre qui exprimerait la mesure de la première si l'on prenait la seconde pour unité.

Si deux grandeurs de même espèce A *et* B *sont commensurables entre elles, leur rapport est un nombre entier ou fractionnaire qu'on obtient en divisant l'un par l'autre les deux nombres qui expriment combien de fois ces grandeurs contiennent leur commune mesure* M. Soit, par exemple, $A = 25$ M et $B = 8$ M; la commune mesure M est alors $\frac{1}{8}$ de B; par suite, A égale les $\frac{25}{8}$ de B et le rapport de A à B est le nombre fractionnaire $\frac{25}{8}$.

Réciproquement, *lorsque le rapport de deux grandeurs* A *et* B *est un nombre entier ou fractionnaire, ces grandeurs sont commensurables entre elles.* En effet, si le rapport de A à B est égal

---

[*] Ces notions d'arithmétique doivent être rappelées au commencement de cette leçon pour bien préciser le sens des théorèmes qu'on va démontrer.

à $\frac{30}{7}$, le septième de B est contenu 30 fois dans A et les grandeurs A, B, ont une commune mesure égale au septième de B.

*Lorsque deux grandeurs A et B sont incommensurables entre
elles, il est impossible de mesurer la première en prenant la seconde B pour unité; mais on peut trouver une grandeur A′ qui
soit commensurable avec B et qui diffère de A aussi peu que l'on
veut.* En effet, si l'on divise B en un nombre très-grand, par
exemple, en un million de parties égales, et que l'on prenne
pour A′ le plus grand multiple de cette fraction de B contenu
dans A, la grandeur A′ ne différera pas de A d'un millionième
de B. Dans les applications numériques on remplace A par A′,
et, lorsqu'on parle du rapport de A à B, il faut entendre celui
de A′ à B. Aussi, *pour démontrer que le rapport de deux grandeurs de même espèce A et B égale celui de deux autres grandeurs de même espèce C et D, on ne doit considérer que des
valeurs de ces grandeurs qui soient commensurables entre elles.*

3. On appelle *angle au centre* un angle dont le sommet est
situé au centre d'un cercle.

Un angle est *inscrit* dans un cercle, lorsqu'il est formé par
deux cordes qui se coupent sur la circonférence de ce cercle.

Un *secteur* est la portion d'un cercle comprise entre deux
rayons. — Un *segment* de cercle est la portion du cercle comprise entre un arc et sa corde.

Un polygone est *inscrit* dans un cercle, lorsque ses sommets
sont situés sur la circonférence. — Réciproquement, le cercle
est *circonscrit* au polygone.

THÉORÈME I.

*Dans le même cercle ou dans des cercles égaux, deux angles
au centre égaux interceptent des arcs égaux, et réciproquement.*

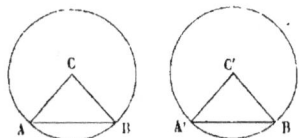

Soient deux cercles égaux CA,
C′A′; je dis que les arcs AB, A′B′,
interceptés par les deux angles au
centre égaux, ACB, A′C′B′, sont
aussi égaux entre eux.

En effet, je superpose les deux
cercles en plaçant le centre C′ sur le centre C et le point A

sur le point A; alors le rayon C'A' coïncide avec le rayon CA,
et la circonférence C'A' avec la circonférence CA. Mais, l'angle
A'C'B' étant égal par hypothèse à l'angle ACB, le rayon C'B'
s'applique sur CB; donc l'arc A'B' coïncide avec l'arc AB et lui
est égal.

Réciproquement, si les arcs AB, A'B', sont égaux, les angles
au centre ACB, A'C'B', qui les interceptent sont aussi égaux.

Car, en superposant les cercles C'A', CA, de manière à faire
coïncider les rayons CA, C'A', l'arc A'B' s'applique sur l'arc
AB qui lui est égal; par suite, le rayon C'B' prend la direction
du rayon CB et les angles au centre A'C'B', ACB, qui coïncident sont égaux.

THÉORÈME II.

*Dans le même cercle ou dans des cercles égaux, le rapport de
deux angles au centre est égal à celui des arcs qu'ils interceptent.*

Soient ACB, A'C'B', deux angles dont les sommets sont
situés aux centres C et C' de deux cercles égaux CA, C'A'; je
suppose les arcs AB, A'B', qu'ils interceptent, commensurables entre eux (déf. 2.), et je dis que leur rapport égale celui
des angles ACB, A'C'B'.

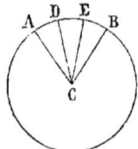

En effet, soit AD la commune mesure des
arcs AB, A'B'; je la suppose contenue trois
fois dans l'arc AB et cinq fois dans l'arc A'B',
de sorte que le rapport de AB à A'B' égale $\frac{3}{5}$.

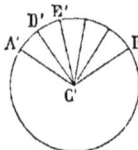

Cela posé, je mène les rayons CD, CE, aux points
de division de l'arc AB et les rayons C'D', C'E',
etc., aux points de division de l'arc A'B'; les arcs
AD, DE, etc., et A'D', D'E', etc., étant égaux, les
angles au centre ACD, DCE, etc., et A'C'D', D'C'E',
etc., qui interceptent ces arcs sont aussi égaux entre eux (I);
donc l'angle ACD est contenu dans les angles ACB, A'C'B',
autant de fois que l'arc AD dans les arcs AB, A'B', c'est-à-dire
trois fois dans ACB, et cinq fois dans A'C'B'. Dès lors le rapport
des angles ACB, A'C'B' égale $\frac{3}{5}$, ou le rapport des arcs AB, A'B'.

CorollAire I. On démontre de même que *le rapport des secteurs* ACB, A'C'B' *est égal à celui de leurs arcs* AB, A'B'.

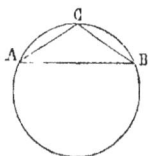

CorollAire II. — *Le rapport de deux arcs n'est pas égal à celui de leurs cordes.* En effet, je prends deux arcs AB, AC, dont le premier soit le double du second ; la corde AB est moindre que la ligne brisée AC+CB qui est le double de la corde AC.

THÉORÈME III.

Si l'on prend l'angle droit pour unité d'angle et le quart de la circonférence pour unité d'arc, tout angle a la même mesure que l'arc décrit, de son sommet comme centre avec un rayon quelconque, entre ses côtés.

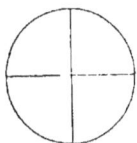

Je remarque d'abord que, si je trace par le centre d'une circonférence deux diamètres perpendiculaires l'un à l'autre, les quatre angles au centre sont égaux ainsi que les arcs qu'ils interceptent. Par conséquent, un angle droit dont le sommet est situé au centre d'un cercle intercepte un arc égal au quart de la circonférence.

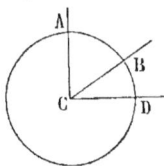

Cela posé, pour mesurer un angle quelconque ACB , je décris de son sommet C une circonférence avec un rayon arbitraire CA , et je trace du même point C la droite CD perpendiculaire au côté CA de l'angle donné. Le rapport des angles au centre ACB, ACD, est égal à celui des arcs AB, AD, qu'ils interceptent, c'est-à-dire que l'on a :

$$\frac{ACB}{ACD} = \frac{AB}{AD}.$$

L'angle au centre ACD étant droit, l'arc AD compris entre ses côtés est égal au quart de la circonférence CA. Par conséquent, si je prends l'angle droit pour unité et que je mesure les arcs de la circonférence CA au moyen de l'arc AD, le

rapport $\dfrac{ACB}{ACD}$ exprime la mesure de l'angle ACB, et le rapport

$\dfrac{AB}{AD}$, celle de l'arc AB.

L'angle au centre ACB a donc la même mesure que l'arc AB compris entre les côtés, puisque les rapports $\dfrac{ACB}{ACD}$ et $\dfrac{AB}{AD}$ sont égaux entre eux.

Remarque. — Au lieu de dire : *Cet angle a la même mesure que tel arc*, on se sert ordinairement de la locution inexacte mais plus courte : *cet angle a pour mesure tel arc.*

COROLLAIRE. — Pour exprimer plus simplement les arcs en nombres, on a divisé leur unité, c'est-à-dire le quart de la circonférence, en 90 parties égales appelées *degrés;* dès lors la circonférence entière en contient 4 fois 90, ou 360.

Chaque degré a été divisé en 60 parties égales qu'on appelle *minutes;* on a divisé aussi chaque minute en 60 parties égales nommées *secondes.* Par conséquent, le quart de la circonférence contient 5,400 minutes, ou 324,000 secondes.

On indique les degrés par la lettre ° que l'on écrit à droite et au-dessus du nombre qui les représente. Les minutes sont désignées par une virgule ('), les secondes par deux ("). Ainsi, le nombre 25° 15′ 12″ exprime 25 degrés, 15 minutes et 12 secondes.

On appelle angle de 28° 7′ 30″ un angle qui intercepterait sur une circonférence un arc de 28° 7′ 30″, si on plaçait son sommet au centre de cette circonférence. Pour évaluer le rapport de cet angle à l'angle droit, on divise le nombre de secondes contenues dans l'arc de 28° 7′ 30″ par le nombre de secondes dont est composé le quart de la circonférence, ou l'arc de 90°, et l'on trouve que l'angle proposé est égal aux $\frac{101250}{324000}$, ou aux $\frac{5}{16}$ de l'angle droit.

THÉORÈME IV.

Tout angle inscrit dans un cercle a pour mesure la moitié de l'arc compris entre ses côtés.

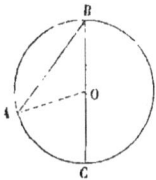

Le centre du cercle peut être sur l'un des côtés de l'angle, ou à l'intérieur de l'angle, ou bien à l'extérieur.

1. Soit ABC un angle inscrit dans le cercle OB, et tel que son côté BC passe par le centre O. Je trace le rayon OA ; le triangle OAB est isocèle, puisque les rayons OA, OB, sont égaux ; par suite les angles ABO, BAO, opposés à ces côtés, sont égaux (5, I). Mais la somme de ces deux angles égale l'angle AOC extérieur au triangle OAB (9, III), l'angle inscrit ABO est donc la moitié de l'angle au centre AOC. Or cet angle au centre a pour mesure l'arc AC compris entre ses côtés (III); par conséquent l'angle inscrit ABC a pour mesure la moitié du même arc AC, aussi compris entre ses côtés.

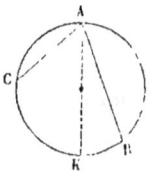

2. Si le centre est à l'intérieur de l'angle BAC, je trace le diamètre AK. L'angle BAC est la somme des deux angles inscrits BAK, CAK, dont le côté AK passe par le centre ; il a dès-lors pour mesure la somme de leurs mesures.

Or, le premier BAK est mesuré par la moitié de l'arc BK, et le second CAK par la moitié de l'arc CK ; l'angle inscrit BAC a donc pour mesure la moitié de la somme des arcs BK, CK, c'est-à-dire la moitié de l'arc BC compris entre ses côtés.

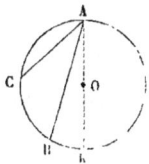

3. Je suppose le centre extérieur à l'angle BAC et je trace le diamètre AK. L'angle BAC est égal à la différence des angles inscrits CAK, BAK, dont le côté AK passe par le centre ; il a dès lors pour mesure la différence de leurs mesures. Or, le premier CAK est mesuré par la moitié de l'arc CK, et le second BAK par la moitié de l'arc BK ; l'angle inscrit BAC a donc pour mesure la moitié de la différence des

arcs CK, BK, c'est-à-dire la moitié de l'arc BC compris entre ses côtés.

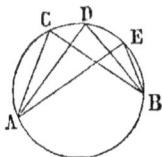

Corollaire I. — Les angles ACB, ADB, etc., inscrits dans le même segment de cercle sont égaux, puisqu'ils ont pour mesure la moitié du même arc AB compris entre leurs côtés.

Lorsque le segment est un demi-cercle, les angles inscrits sont droits; car ils ont pour mesure un quart de circonférence. Si le segment est plus grand ou moindre qu'un demi-cercle, les angles inscrits sont aigus ou obtus, puisque leur mesure est moindre ou plus grande qu'un quart de circonférence.

On dit qu'un segment de cercle est *capable d'un angle*, lorsque les angles inscrits dans ce segment sont égaux à cet angle.

Corollaire II. — Si l'on fait tourner l'un des côtés d'un angle inscrit autour du sommet jusqu'à ce qu'il devienne tangent au cercle, l'angle variable que le côté mobile fait avec le côté fixe est constamment mesuré par la moitié de l'arc compris entre ses côtés. Donc, *l'angle CAB formé par une tangente AC et une corde AB, issue du point de contact de la tangente, a pour mesure la moitié de l'arc AB compris entre ses côtés.*

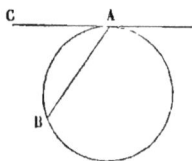

Corollaire III. — *Les angles opposés d'un quadrilatère* ABCD, *convexe et inscrit dans un cercle, sont supplémentaires.*

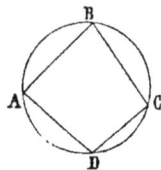

L'angle inscrit ABC a pour mesure la moitié de l'arc ADC compris entre ses côtés, et l'angle inscrit ADC qui est opposé à l'angle ABC a pour mesure la moitié de l'arc ABC. La somme des deux angles ABC, ADC, a donc pour mesure la moitié de la somme des arcs ADC, ABC, c'est-à-dire la moitié de la circonférence; dès lors ces deux angles sont supplémentaires.

PROBLÈMES.

1. Tout angle, formé par deux sécantes qui se rencontrent à l'intérieur du cercle, a pour mesure la moitié de la somme des arcs compris entre ses côtés et leurs prolongements.

2. Tout angle, formé par deux droites sécantes ou tangentes qui se rencontrent hors du cercle, a pour mesure la moitié de la différence des arcs compris entre les côtés.

3. Quel est le lieu des sommets des angles égaux à un angle donné, et tels que leurs côtés passent par deux points donnés?

4. Si les angles opposés d'un quadrilatère convexe sont supplémentaires, les quatre sommets sont situés sur la même circonférence, c'est-à-dire que le quadrilatère est *inscriptible*.

5. Si un polygone convexe et inscrit dans un cercle a un nombre pair de côtés, la somme de ses angles de rang pair égale la somme des angles de rang impair. — La réciproque n'est vraie que pour le quadrilatère.

6. Les bissectrices des angles que forment les côtés opposés d'un quadrilatère inscrit dans un cercle sont perpendiculaires l'une à l'autre.

7. Si, d'un point de la circonférence circonscrite à un triangle, on trace des perpendiculaires à ses côtés, les pieds de ces perpendiculaires sont en ligne droite.

8. Les pieds des perpendiculaires, même des sommets d'un triangle sur les côtés opposés, sont les sommets d'un second triangle dont les angles ont pour bissectrices les hauteurs du premier.

9. Si l'on trace quatre circonférences telles que chacune passe par deux sommets consécutifs d'un quadrilatère inscrit, ces courbes se coupent en quatre points, autres que les sommets du quadrilatère. Démontrer que ces points appartiennent à une même circonférence.

SEIZIÈME LEÇON.

Programme : Problèmes. — Usage de la règle et du compas dans les constructions sur le papier. — Vérification de la règle. — Problèmes élémentaires sur la construction des angles et des triangles.

DÉFINITIONS.

1. Pour tirer une ligne droite sur le papier, on se sert d'un instrument qu'on appelle *règle*. La règle est une barre de bois, ou de métal, dont les faces sont planes et les bords droits.

Lorsqu'on veut tracer la droite déterminée par deux points donnés sur un plan, on place une règle sur ce plan de manière à ce que l'un de ses bords passe par les deux points donnés; puis on fait glisser, d'un point à l'autre et le long de ce bord, la pointe d'un crayon ou le bec d'une plume trempée dans l'encre.

Pour s'assurer que le bord AB d'une règle ABCD est droit, on tire une ligne droite sur le papier en faisant glisser la pointe d'un crayon le long de AB, et l'on cherche ensuite à faire coïncider avec cette droite le même bord AB, en plaçant toutefois à gauche l'extrémité B de la règle qui était d'abord à droite et réciproquement; on reconnaît que cette coïncidence a lieu, c'est-à-dire que le bord AB est droit, lorsqu'en traçant une seconde ligne droite le long du bord AB on trouve que cette droite se confond avec la première. La règle est bien dressée si chacun de ses bords satisfait à cette condition.

2. Le *compas* est un instrument avec lequel on trace une circonférence sur un plan. Il est composé de deux tiges métalliques, appelées vulgairement branches ou jambes, lesquelles

sont terminées en pointes à l'une de leurs extrémités et jointes à l'autre extrémité par une char-
nière qui permet d'ouvrir plus ou moins l'angle
qu'elles forment.

Pour décrire une circonférence dont le centre
et le rayon sont donnés, on ouvre le compas de
telle sorte que la distance de ses pointes soit égale
au rayon ; on place ensuite l'une des pointes au
centre du cercle et l'on fait tourner l'autre autour
de celle-ci, en l'appuyant sur le papier. La branche
mobile est terminée par un crayon ou une plume
qui trace la circonférence.

PROBLÈME I.

Faire sur la droite MN *un angle qui ait le point* N *pour
sommet, et soit égal à un angle donné* ABC.

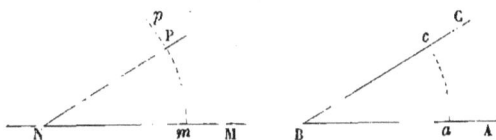

Du sommet B de l'angle ABC, comme centre, je trace avec un
rayon quelconque l'arc *ac* entre les côtés de cet angle; du point
N comme centre et avec le même rayon B*a*, je décris ensuite
un arc indéfini *pm* jusqu'à la rencontre de la droite MN, et, à
partir de leur intersection *m*, je prends avec un compas une
portion *m*P de l'arc *mp* égale à l'arc *ac*; puis je trace la droite NP.

L'angle MNP est égal à l'angle ABC; car ils sont mesurés
par des arcs égaux *m*P et *ac* (15, III).

PROBLÈME II.

Deux angles A *et* B *d'un triangle
étant donnés, construire le troisième.*

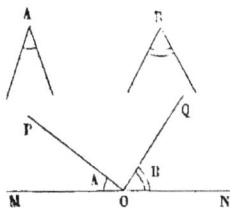

Je fais sur la droite indéfinie MN
l'angle MOP égal à A et l'angle NOQ
égal à B. Les trois angles adjacents et
consécutifs MOP, POQ, NOQ, qui sont
placés du même côté de la droite MN,

valent ensemble deux angles droits (2, 1) ; donc l'angle POQ, supplément de la somme des deux angles A et B, est égal au troisième angle du triangle proposé.

PROBLÈME III.

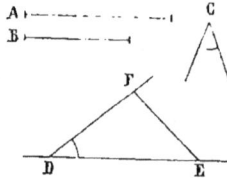

Étant donnés deux côtés A *et* B *d'un triangle et l'angle* C *qu'ils forment, tracer le triangle.*

Je fais sur la droite indéfinie DE l'angle EDF égal à l'angle donné C, et je prends sur ses côtés les longueurs DE, DF, égales respectivement aux droites données A, B ; puis je tire la droite EF. Le triangle EDF n'est autre que le triangle demandé.

Car ces deux triangles ont un angle égal compris entre deux côtés égaux chacun à chacun (3, III).

PROBLÈME IV.

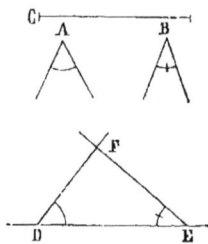

Étant donnés deux angles A, B, *d'un triangle et un côté* C, *construire le triangle.*

Si les deux angles donnés A et B sont adjacents au côté donné C, je prends sur une droite indéfinie une longueur DE égale à C ; puis je fais au point D l'angle EDF égal à A, et au point E l'angle DEF égal à B. Les côtés de ces deux angles se rencontrent au point F et forment avec DE un triangle qui n'est autre que le triangle demandé. Car ces deux triangles ont un côté égal adjacent à deux angles égaux chacun à chacun (3, II).

Lorsque les deux angles A et B ne sont pas adjacents au côté donné C, je ramène la question au cas précédent, en déterminant le troisième angle du triangle (II).

Remarque. — Le problème n'est possible qu'autant que la somme des deux angles donnés est moindre que deux angles droits.

PROBLÈME V.

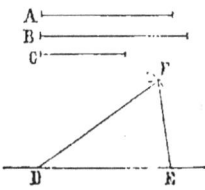

Les trois côtés A, B, C, *d'un triangle étant donnés, tracer le triangle.*

Je prends sur une droite indéfinie la longueur DE égale au côté A ; du point D comme centre je décris un arc de cercle avec un rayon égal au côté B ; je trace ensuite, du point E comme centre, avec un rayon égal au côté C, un autre arc de cercle jusqu'à la rencontre du premier, et je joins leur intersection F aux points D, E, par les droites DF, EF. La figure DEF n'est autre que le triangle demandé.

Car ces deux triangles ont les trois côtés égaux chacun à chacun (3, V).

Remarque. — Le triangle n'est possible qu'autant que les arcs décrits des points D et E comme centres, avec les rayons B et C, se coupent. Donc la distance de leurs centres, c'est-à-dire le côté A, doit être moindre que la somme des deux rayons B, C, et plus grande que leur différence (14, IV).

PROBLÈMES.

1. Construire un triangle dont on connaît un angle, l'un des côtés adjacents et la droite qui joint le milieu de ce côté au sommet opposé.

2. Construire un triangle dans lequel on donne deux côtés et la droite qui joint le milieu de l'un d'entre eux au sommet opposé.

3. Construire un triangle dont on connaît un côté, l'un des angles adjacents et la longueur de sa bissectrice.

4. Construire un triangle, étant donnés un angle, l'un des côtés adjacents et la somme ou la différence des deux autres côtés.

DIX-SEPTIÈME LEÇON.

Programme : Tracé des perpendiculaires et des parallèles. — Abréviations des constructions au moyen de l'équerre et du rapporteur. — Vérification de l'équerre.

PROBLÈME I.

Mener, d'un point donné A, *la perpendiculaire à une droite donnée* BC.

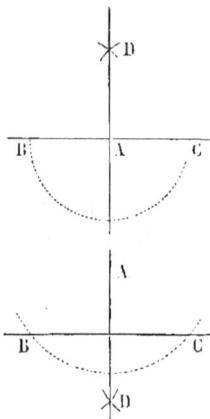

Le point A peut être donné sur la droite BC ou hors de cette ligne, mais la perpendiculaire se construit de la même manière dans l'un et l'autre cas.

En effet, je détermine sur la droite BC deux points B et C également distants du point A, en décrivant de ce point comme centre un arc de cercle qui coupe la ligne BC. De ces deux points B et C comme centres, et avec le même rayon que je prends plus grand que la moitié de la distance BC, je décris ensuite deux arcs qui se coupent au point D (14, IV), et je tire la droite AD.

Cette ligne est perpendiculaire à la droite BC, puisqu'elle a chacun de ses points A et D également distant des extrémités de BC (6, III); donc c'est la droite demandée.

THÉORÈME II.

Mener, d'un point donné O, *la parallèle à une droite donnée* MN.

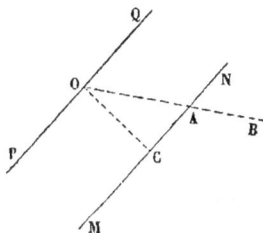

1ʳᵉ *solution.* Du point donné O je tire une droite OB qui coupe au point A la droite donnée MN, et je fais, au même point O, l'angle POA égal à l'angle NAO. La droite OP est parallèle à MN, car ces deux lignes font avec la sécante OA deux angles alternes-internes POA, NAO, égaux entre eux (7, V.)

2ᵉ *solution.* Je trace successivement du point O la perpendiculaire OC à la droite MN, et la perpendiculaire OP à la droite OC. La droite OP est parallèle à MN, puisque ces lignes sont perpendiculaires à la même droite OC (7, I).

On abrége les constructions des deux problèmes précédents, en faisant usage des instruments nommés *équerre* et *rapporteur.*

1. L'*équerre* est une petite planche de bois qui a la forme d'un triangle rectangle; pour qu'elle soit plus aisée à manier, on y pratique une ouverture circulaire qu'on appelle l'*œil* de l'équerre.

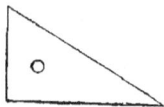

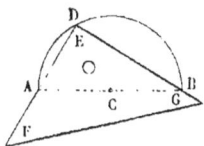

Lorsqu'on veut vérifier une équerre, c'est-à-dire reconnaître si le plus grand de ses angles est droit, on décrit un demi-cercle ADB avec un rayon arbitraire CA, et l'on inscrit un angle droit ADB en tirant les cordes DA, DB, d'un point quelconque D de la circonférence aux extrémités du diamètre AB. On applique ensuite le plus grand angle de l'équerre FEG sur ADB, de manière à ce que le sommet E coïncide avec D et le côté EF avec DA. Si le côté EG de l'équerre prend alors la direction de DB, l'angle FEG est égal à l'angle droit ADB et l'équerre est bonne; dans le cas contraire l'équerre est fausse.

PROBLÈME I.

Mener, avec l'équerre et d'un point donné O, *la perpendiculaire à une droite donnée* MN.

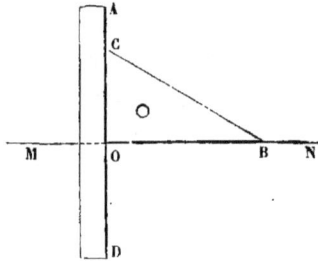

1. Si le point O se trouve sur la droite MN, je place un des côtés de l'angle droit d'une équerre sur cette ligne, de manière à ce que le sommet de cet angle coïncide avec le point O, et j'applique une règle AD contre l'autre côté OC de l'angle droit de l'équerre. J'ôte ensuite l'équerre, et je trace une ligne droite le long du bord de la règle qui passe par le point O.

Cette droite AD est perpendiculaire à MN, puisque l'angle AON est égal à l'angle BOC droit de l'équerre.

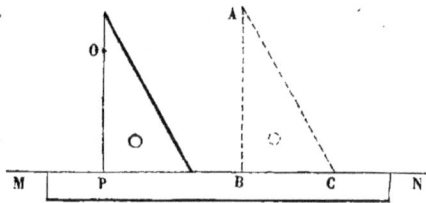

2. Si O n'est pas un point de la droite MN, j'applique sur cette droite le bord d'une règle, et, contre cette règle, le côté BC de l'angle droit ABC d'une équerre. Je fais glisser ensuite l'équerre le long de la règle immobile jusqu'à ce que l'autre côté AB de l'angle droit ABC passe par le point O, et je trace alors la perpendiculaire OP en suivant la direction AB.

PROBLÈME II.

Mener, avec l'équerre et d'un point donné O, la parallèle à une droite donnée MN.

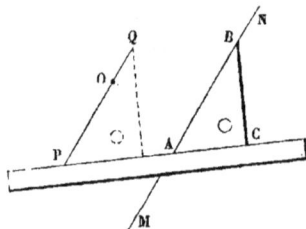

1. J'applique une règle contre le plus petit côté AC d'une équerre ABC. Je place ensuite le système de ces deux instruments de telle sorte que l'hypoténuse AB de l'équerre coïncide avec la droite MN, et que la distance du point O à la règle soit moindre que BC. Cette position étant trouvée, je fais glisser l'équerre le long de la règle que je tiens immobile, jusqu'à ce que son hypoténuse passe par le point donné O ; puis je trace la droite PQ en suivant ce côté de l'équerre.

Cette droite qui passe par le point O est parallèle à MN, puisque les angles correspondants QPC, BAC sont égaux. (7, V).

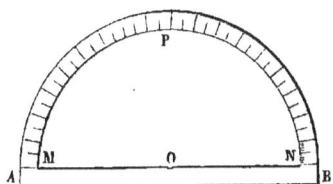

2. Le *rapporteur* est un instrument au moyen duquel on rapporte et l'on trace sur le papier des angles donnés. Il consiste en un demi-cercle MPN qui est de cuivre ou de corne. Son *limbe*, ou bord extérieur, est divisé en 180 degrés et terminé par le diamètre AB, au milieu duquel il y a une petite entaille O, appelée le *centre du rapporteur*.

PROBLÈME I.

Mesurer avec le rapporteur un angle donné AOK.

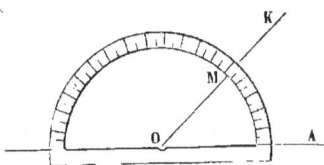

J'applique le centre du rapporteur sur le sommet O de l'angle AOK, et je dirige son diamètre suivant le côté OA de cet angle. Si l'autre côté OK passe par la trente-quatrième division du limbe, l'angle AOK est de 34 degrés. Au contraire, lorsque le côté OK rencontre le limbe entre deux divisions, par exemple, entre la trente-quatrième et la trente-cinquième, j'estime à la simple vue la distance de OK à la première de ces divisions ; si je l'évalue aux $\frac{3}{4}$ d'une division, l'angle AOK est de 34° 45'.

PROBLÈME II.

Construire, sur une droite OA, *un angle qui ait son sommet en un point donné* O *et soit d'une grandeur donnée.*

Je place le centre du rapporteur au point O et je dirige son diamètre suivant la droite OA ; je marque ensuite la divi-

sion M qui correspond à la grandeur de l'angle donné; j'ôte le
rapporteur et je trace la droite OM qui fait avec OA l'angle
demandé.

PROBLÈME III.

Tracer, avec le rapporteur et d'un point donné A, *la perpendiculaire à la droite donnée* BC.

1. Si le point A est l'un des points de la droite BC, je fais
sur cette droite, avec le rapporteur, un angle de 90 degrés qui
ait son sommet au point donné. Le second côté de cet angle
est évidemment la perpendiculaire demandée.

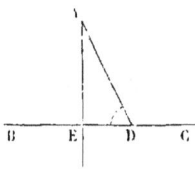

2. Lorsque le point A est situé hors de
la droite BC, je le joins à un point quelconque D de BC par la droite AD; je
mesure ensuite l'angle aigu ADB et je
fais au point A l'angle DAE égal au complément de ADB.

La droite AE est perpendiculaire à BC, car le troisième angle
AED du triangle ADE est droit (9, III.)

PROBLÈME IV.

Mener, avec le rapporteur et d'un point donné A, *la parallèle
à une droite donnée* BC.

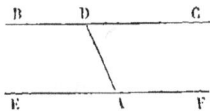

Je joins le point A à un point quelconque D de la droite BC, et je mesure
l'angle aigu ADC. Je fais ensuite au
point A l'angle DAE égal à ADC, et la
droite AE est la parallèle demandée.

Car cette droite et la ligne BC font avec la sécante AD deux
angles alternes-internes ADC, DAE, égaux entre eux (7, V).

PROBLÈMES.

1. Construire un parallélogramme dont on connaît un
angle et les deux côtés adjacents.

2. Construire un rectangle dont on connaît deux côtés
consécutifs.

3. Étant données les diagonales d'un losange, construire ce quadrilatère.

4. Construire un trapèze dont les quatre côtés sont donnés.

5. Deux droites parallèles et un point étant donnés, mener par le point une sécante telle que la portion de cette ligne comprise entre les deux parallèles soit d'une longueur donnée.

6. Construire un triangle dans lequel on donne la base, la hauteur et la droite qui joint le milieu de la base au sommet opposé.

7. Tracer entre deux circonférences une droite qui ait une longueur donnée et soit parallèle à une direction aussi donnée.

DIX-HUITIÈME ET DIX-NEUVIÈME LEÇONS.

PROGRAMME. — Division d'une droite et d'un arc en deux parties égales.—
Décrire une circonférence qui passe par trois points donnés.—D'un point
donné hors d'un cercle, mener une tangente à ce cercle. — Mener une
tangente commune à deux cercles.—Décrire, sur une droite donnée, un
segment de cercle capable d'un angle donné.

PROBLÈME I.

Diviser une ligne droite AB *en deux parties égales.*

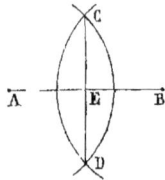

Des extrémités A et B de la droite AB,
comme centres je trace deux arcs de cercle
avec le même rayon que je prends plus
grand que la moitié de AB; ces arcs se
coupent aux points C et D que je joins par
la droite CD. Cette ligne rencontre la droite
AB au point E et la divise en deux parties égales.

En effet, la droite CD, ayant deux points C et D également
distants des extrémités de AB, est perpendiculaire au milieu
de cette ligne (6, III).

Remarque. — En appliquant ce procédé à la moitié, au
quart, au huitième, etc., de la droite AB, on la divise en 4, 8,
16, etc., parties égales.

PROBLÈME II.

Mener, par le milieu d'une ligne droite AB, *la perpendiculaire
à cette droite.*

On résoud ce problème par la même construction que le

précédent, puisque la droite CD est perpendiculaire au milieu de AB.

PROBLÈME III.

Diviser un arc de cercle BC *en deux parties égales.*

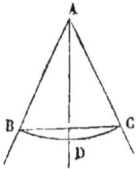

Je trace du centre A de l'arc BC la perpendiculaire AD à sa corde, et la droite AD divise au point D l'arc BC en deux parties égales (12, I).

On peut résoudre ce problème au moyen du rapporteur; mais alors on abrége la construction de la perpendiculaire AD, en mesurant l'angle au centre BAC et faisant, au point A, l'angle BAD égal à la moitié de BAC sans déplacer le rapporteur.

Remarque. — En appliquant ce procédé à la moitié, au quart, au huitième, etc., de l'arc BC, on le divise en 4, 8, 16, etc., parties égales.

PROBLÈME IV.

Diviser un angle BAC *en deux parties égales.*

Je décris du sommet A, comme centre, un arc BC avec un rayon quelconque AB; je trace ensuite la droite AD qui divise en deux parties égales l'arc BC (III). Cette droite divise aussi l'angle au centre BAC en deux parties égales (15, I).

Remarque. — En appliquant ce procédé à la moitié, au quart, au huitième, etc., de l'angle BAC, on le divise en 4, 8, 16, etc., parties égales.

PROBLÈME V.

Décrire la circonférence qui passe par trois points donnés A, B, C.

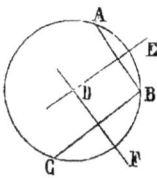

Par les milieux des droites AB, BC, je trace les perpendiculaires DE, DF, à ces droites (II). Les lignes DE, DF se coupent en un point D, si les trois points donnés A, B, C, ne sont pas en ligne droite. Je décris ensuite, du point D comme centre et avec le rayon DA, une circonférence qui passe par les points A, B et C.

Car le point D est également distant des points A, B, C, parce qu'il se trouve sur chacune des perpendiculaires DE, DF, menées par les milieux des droites AB, BC (6,III).

PROBLÈME VI.

Mener, d'un point A, *une tangente à un cercle donné* CB.

Le point A peut être donné sur la circonférence du cercle ou à l'extérieur du cercle; je vais examiner successivement ces deux cas.

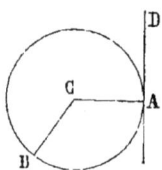

1° Si le point A se trouve sur la circonférence, je mène, par l'extrémité A du rayon CA, la perpendiculaire AD à ce rayon. La droite AD est évidemment la tangente demandée (13, II).

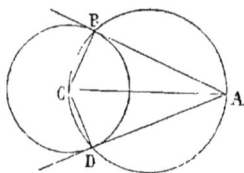

2° Soit le point A extérieur au cercle; je tire la droite CA, et, du milieu de cette ligne comme centre, avec un rayon égal à la moitié de CA, je décris une circonférence qui coupe la circonférence donnée aux points B et D. Je trace ensuite les droites AB, AD, et je dis qu'elles sont tangentes au cercle CB.

En effet, chacun des angles ABC, ADC est droit, parce qu'il est inscrit dans un segment du cercle AC égal à un demi-cercle (15, IV); donc la droite AB est perpendiculaire à l'extrémité du rayon CB, et la droite AD perpendiculaire à l'extrémité du rayon CD; c'est-à-dire que AB et AD sont tangentes au cercle CB (13, II).

COROLLAIRE. — *Les tangentes* AB, AD, *menées d'un même point* A *à un cercle* CB, *sont égales entre elles, et la droite* AC *qui joint ce point au centre divise en deux parties égales l'angle* BAD *des deux tangentes.*

Les triangles rectangles ABC, ADC, sont égaux entre eux, parce qu'ils ont l'hypoténuse AC commune, et les côtés CB, CD, égaux comme rayons du cercle CB (6, V). Donc le côté AB est égal à AD et l'angle BAC égal à DAC.

PROBLÈME VII.

Mener une tangente commune à deux cercles.

Les cercles peuvent toucher une même droite du même côté ou des deux côtés de cette ligne. On dit, dans le premier cas, que la tangente commune est *extérieure* aux deux cercles, et, dans le second cas, qu'elle leur est *intérieure*.

1° Soient O et C les centres des deux cercles OA, CB, que la droite AB touche extérieurement aux points A et B; je trace du centre C la parallèle CD à la droite AB, jusqu'à la rencontre de OA. Les rayons OA, CB, perpendiculaires à la tangente commune AB (13, II) et, par suite, à CD (7,II), sont parallèles; le quadrilatère ABCD est donc un rectangle et ses côtés opposés AD, BC, sont égaux (10,I). Dès lors la circonférence décrite du point O, comme centre, avec le rayon OD, égal à la différence des rayons OA, CB des deux cercles donnés, est tangente à la droite CD (13, II).

De là résulte cette construction de la tangente extérieure AB : je décris un cercle concentrique au cercle OA, avec un rayon OD égal à la différence des rayons OA, CB, et je trace du centre de l'autre cercle CB la tangente CD au cercle OD. Je tire ensuite le rayon OD du point de contact; ce rayon, prolongé au-delà du point D, coupe la circonférence OA au point A duquel je mène une parallèle à la droite CD. Cette parallèle n'est autre que la tangente AB, puisqu'on ne peut tracer du point A qu'une parallèle à CD (7, II).

Lorsque les cercles donnés OA, CB, sont extérieurs l'un à l'autre, ou tangents extérieurement, ou bien sécants, la distance OC de leurs centres est plus grande que la différence OD de leurs rayons (14), et le point C est extérieur au cercle OD. On peut donc mener du point C deux tangentes CD, CD′, à ce cercle; par suite, les cercles OA, CB ont deux tangentes AB, A′B′, communes et extérieures. — Si les cercles OA, CB, se touchent intérieurement, la distance OC de leurs centres est égale à la différence OD de leurs rayons (14, V), et la circonférence OD passe par le point C. Par conséquent, on ne peut mener de ce point qu'une tangente à la circonférence OD, et les deux cercles OA, CB, n'ont qu'une tangente commune qui leur soit extérieure. — Le problème est évidemment impossible si l'un des cercles est intérieur à l'autre.

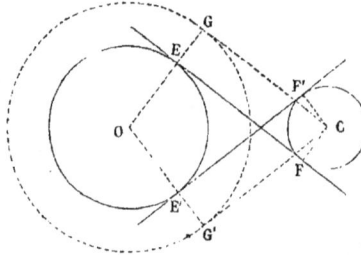

2° Soient O et C les centres de deux cercles OE, CF, que la droite EF touche intérieurement aux points E, F; je trace du centre C la parallèle CG à la droite EF, jusqu'à la rencontre de OE. Les rayons OE, CF, perpendiculaires à la tangente commune EF, et, par suite, à CG, sont parallèles; le quadrilatère EFGC est donc un rectangle et ses côtés opposés EG, CF, sont égaux. Dès lors la circonférence décrite du point O comme centre, avec le rayon OG égal à la somme des rayons OE, CF des deux cercles donnés, est tangente à la droite CG.

De là résulte cette construction de la tangente intérieure EF : je décris un cercle concentrique au cercle OE, avec un rayon égal à la somme OG des rayons OE, CF, des cercles donnés, et je trace du centre C de l'autre cercle CF la tangente CG au cercle OG. Je tire ensuite le rayon OG du point de contact; ce rayon coupe la circonférence OE au point E duquel je mène une parallèle à la droite CG. Cette parallèle n'est autre que la tangente EF, puisqu'on ne peut tracer du point E qu'une parallèle à CG.

Lorsque les deux cercles donnés OE, CF, sont extérieurs l'un à l'autre, la distance OC de leurs centres est plus grande que la somme OG de leurs rayons (14, II), et le point C est extérieur au cercle OG. Par conséquent, on peut mener du point C deux tangentes CG, CG' à ce cercle; par suite, les cercles donnés ont deux tangentes EF, E'F', communes et intérieures. — Si les cercles OE, CF, sont tangents extérieurement, la circonférence OG passe par le point C et l'on ne peut tracer de ce point qu'une tangente au cercle OG. Dès lors les cercles OE, CF n'ont plus qu'une tangente commune. — Pour toute autre position de ces cercles le problème est impossible.

En résumé : 1° On peut mener deux tangentes intérieures et deux tangentes extérieures à deux cercles qui sont extérieurs l'un à l'autre.

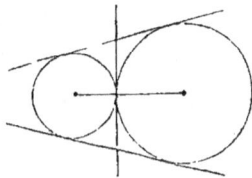

2° Deux cercles qui se touchent extérieurement ont deux tangentes communes extérieures et une seule tangente intérieure laquelle est perpendiculaire à la droite menée par les centres.

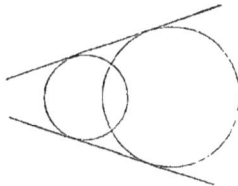

3° Si les cercles se coupent, ils n'ont que deux tangentes communes qui sont extérieures.

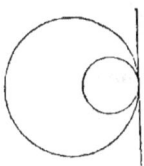

4° Deux cercles qui se touchent intérieurement n'ont qu'une tangente commune; elle leur est extérieure et est perpendiculaire à la droite menée par leurs centres.

5° Deux cercles intérieurs l'un à l'autre n'ont aucune tangente commune.

PROBLÈME VIII.

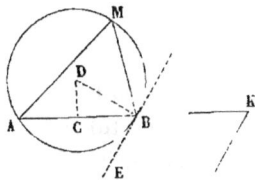

Décrire, sur une droite AB, un segment de cercle capable d'un angle donné K.

Je fais à l'extrémité B de la droite donnée AB l'angle ABE égal à l'angle donné K; je trace ensuite la perpendiculaire CD au milieu de AB, et je mène du point B la perpendiculaire BD à la droite BE. Les deux lignes CD, BD, se coupent au point D (7,V. c) ; de ce point comme centre, je décris un cercle avec le rayon DB, et je dis que le segment AMB qui ne se trouve pas du même côté de la droite AB que l'angle ABE est le segment demandé.

En effet, l'angle AMB inscrit dans ce segment a pour mesure la moitié de l'arc AB compris entre ses côtés (15, IV). Or l'angle donné ABE, dont le côté BE perpendiculaire au rayon BD est tangent au cercle, a aussi pour mesure la moitié du même arc AB (15, IV, c) ; donc l'angle AMB égale l'angle ABE et, par suite, le segment AMB est capable de l'angle donné.

PROBLÈMES.

1. Les diagonales d'un parallélogramme et leur angle étant donnés, construire ce quadrilatère.

2. Construire un triangle dont on connaît les angles et la somme de deux côtés.

3. Construire un triangle dont on connaît les angles et le périmètre.

4. Par un point donné dans un angle, tracer une droite telle que le périmètre du triangle formé par cette droite et les côtés de l'angle soit égal à une ligne donnée.

5. Tracer une sécante commune à deux circonférences, de telle sorte que les cordes interceptées soient égales à des lignes données.

6. Construire un triangle dans lequel on connaît deux côtés et l'angle opposé à l'un de ces côtés.

7. Construire un triangle dans lequel on donne un angle, le côté opposé et la somme ou la différence des deux autres côtés.

8. Deux circonférences concentriques étant données, tracer un triangle dont les angles soient donnés, et qui ait deux sommets sur l'une des circonférences et le troisième sur l'autre.

VINGTIÈME LEÇON.

PROGRAMME. — Lignes proportionnelles — Toute parallèle à l'un des côtés
d'un triangle, divise les deux autres côtés en parties proportionnelles.
Réciproque. — Propriétés de la bissectrice de l'angle d'un triangle.

DÉFINITIONS.

On dit qu'une ligne droite AB est divisée par le point C en
deux parties AC, CB, proportionnelles à deux nombres donnés, par exemple 3 et 5, lorsque le rapport de AC à CB égale
celui de 3 à 5.

Il n'y a qu'une manière de diviser la droite AB en deux
parties AC, CB, qui soient proportionnelles à deux nombres
donnés 3 et 5. Car, pour effectuer cette division, il faut par-
tager AB en $3+5$ ou 8 parties égales, et prendre pour AC les
trois premiers huitièmes à partir de l'extrémité A, et pour
CB les cinq autres huitièmes, c'est-à-dire le reste de AB.

Si l'on prend sur AB une longueur AC' égale à CB, les distances C'B, AC sont égales entre elles, et le point C' divise AB
en deux parties AC', C'B, inversement proportionnelles aux
nombres 3 et 5. Car leur rapport $\dfrac{AC'}{C'B}$ est l'inverse du rapport
$\dfrac{AC}{CB}$ qui égale $\dfrac{3}{5}$.

THÉORÈME I.

Toute parallèle à l'un des côtés d'un triangle divise les deux autres côtés en parties proportionnelles.

Je trace la droite DE parallèle au côté BC du triangle ABC ; pour démontrer que cette ligne divise, aux points D et E, les deux autres côtés AB, AC, en parties proportionnelles, je suppose le rapport de AD à DB égal à $\frac{3}{2}$. Les droites AD, DB, ont par suite une commune mesure AF, contenue 3 fois dans AD, et 2 fois dans DB. Soient F, G, D et H les points qui divisent le côté AB en 3+2, ou 5 parties égales à AF ; je dis que les droites FK, GL, DE, HM, menées de ces points parallèlement à BC, divisent aussi le côté AC en 5 parties égales.

En effet, de l'un des points de division de AB, par exemple du point G, je trace la droite GO parallèle à AC ; les triangles AFK, DGO, sont égaux entre eux, car leurs côtés AF, GD sont égaux par hypothèse ; leurs angles FAK, DGO sont aussi égaux comme correspondants, et il en est de même des angles AFK, GDO ; par conséquent, les côtés AK, GO, de ces triangles sont égaux ; or, le quadrilatère GOEL est un parallélogramme, donc le côté GO est égal au côté EL qui lui est opposé ; par suite, les divisions AK, EL de la droite AC sont égales entre elles.

Je prouverais de même l'égalité de AK et de toute autre division du côté AC ; il en résulte que la droite AK est une commune mesure des deux lignes AE, EC, et qu'elle est contenue 3 fois dans AE, 2 fois dans EC. Donc le rapport de AE à EC égale $\frac{3}{2}$; par conséquent, il égale aussi le rapport de AD à DB.

Corollaire I. — Le rapport du côté AB à l'une de ses parties, par exemple AD, est égal au rapport du côté AC à sa partie AE qui correspond à AD.

Car, dans l'hypothèse précédente, chacun de ces rapports est égal à $\frac{3}{5}$.

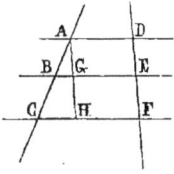

COROLLAIRE II. — *Les parallèles* AD, BE, CF, *etc., interceptent, sur deux lignes droites quelconques* AC, DF, *des parties proportionnelles.*

Je trace la droite AH parallèle à DF, jusqu'à la rencontre des lignes BE, CF; la droite BG, parallèle au côté CH du triangle ACH, divise les deux autres côtés AC, AH, en parties proportionnelles, c'est-à-dire que le rapport de AB à BC égale celui de AG à GH. Or, les droites AG, DE sont égales, parce qu'elles sont opposées l'une à l'autre dans le parallélogramme ADEG, et il en est de même des deux droites GH, EF. On a donc

$$\frac{AB}{BC} = \frac{DE}{EF}$$

et, par suite,

$$\frac{AB}{DE} = \frac{BC}{EF}$$

THÉORÈME II.

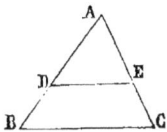

Toute droite DE *qui divise deux côtés* AB, AC, *d'un triangle* ABC *en parties proportionnelles, est parallèle au troisième côté* BC.

Soient D et E les points où la droite DE rencontre les côtés AB, AC, du triangle ABC; je suppose le rapport de AD à DB égal à celui de AE à EC, et je dis que la droite DE est parallèle au troisième côté BC du triangle.

En effet, la parallèle menée du point D à la droite BC divise le côté AC en deux parties proportionnelles à AD et DB, donc cette ligne passe par le point E et coïncide avec DE, puisqu'il n'y a qu'une manière de diviser AC, à partir du point A, en deux parties qui soient proportionnelles à AD et DB.

THÉORÈME III.

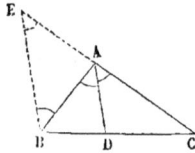

La bissectrice d'un angle d'un triangle divise le côté opposé en deux parties proportionnelles aux côtés adjacents.

Soit AD la bissectrice de l'angle BAC du triangle ABC; de l'extrémité B de l'un des deux côtés AB, AC, de cet angle je mène la droite BE parallèle à AD, jusqu'à la rencontre de l'autre côté AC prolongé.

La droite AD, parallèle au côté BE du triangle BCE, divise les deux autres côtés CB, CE, en parties proportionnelles, c'est-à-dire que l'on a (I) :

$$\frac{BD}{DC} = \frac{AE}{AC}.$$

Or, le triangle ABE est isocèle; en effet l'angle AEB égale l'angle DAC, moitié de BAC, parce qu'ils sont correspondants par rapport aux parallèles AD, EB; l'angle ABE égale aussi l'angle DAB, moitié de BAC, parce qu'ils sont alternes-internes par rapport aux mêmes parallèles. Donc les angles AEB, ABE du triangle ABE sont égaux; par suite, les côtés AB, AE, opposés à ces angles sont aussi égaux et l'on a,

$$\frac{BD}{DC} = \frac{AB}{AC}.$$

COROLLAIRE. — La réciproque de ce théorème est évidente, car il n'y a qu'une manière de diviser la droite BC en deux parties proportionnelles aux côtés adjacents AB, AC.

THÉORÈME IV.

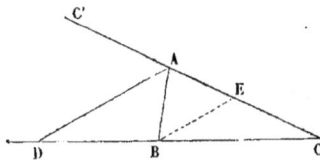

La bissectrice d'un angle, extérieur à un triangle, coupe le côté opposé en un point dont les distances aux extrémités de ce côté sont proportionnelles aux côtés adjacents.

Soit AD la bissectrice de l'angle BAC′ extérieur au triangle BAC; par l'extrémité B de l'un des côtés AB, AC, de cet angle je mène la droite BE, parallèle à AD, jusqu'à la rencontre de l'autre côté AC.

La droite BE, parallèle au côté AD du triangle ACD, divise les deux autres côtés CA, CD en parties proportionnelles, c'est-à-dire que l'on a (20, I):

$$\frac{DC}{DB} = \frac{AC}{AE}.$$

Or le triangle ABE est isocèle; en effet, l'angle ABE égale l'angle DAB, moitié de BAC′, parce qu'ils sont alternes-internes par rapport aux parallèles AD, BE; et l'angle AEB égale l'angle DAC′, moitié de BAC′, parce qu'ils sont correspondants par rapport aux mêmes parallèles. Donc les angles ABE, AEB, du triangle ABE sont égaux; par suite les côtés AE, AB, opposés à ces angles sont aussi égaux (5, II). On a dès lors:

$$\frac{DC}{DB} = \frac{AC}{AB}.$$

COROLLAIRE. — La réciproque de ce théorème est évidente. En effet, le rapport $\frac{DC}{DB}$ qui est plus grand que l'unité croît ou décroît, lorsque le point D se rapproche ou s'éloigne du point B; par conséquent il n'existe, sur le prolongement du côté CB, qu'un point D dont les distances aux points C et B soient proportionnelles aux côtés adjacents AC, AB.

THÉORÈME V.

Le lieu des points dont les distances à deux points fixes A et B sont proportionnelles à deux droites données M et N est une circonférence.

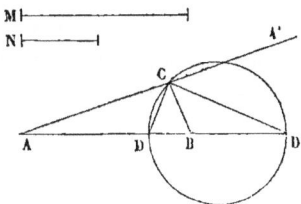

Soit C un point quelconque du lieu demandé; ses distances CA, CB aux deux points fixes A et B sont dès lors proportionnelles aux droites M et N. Je trace les bissectrices CD, CD′, de l'angle ACB et de son supplé-

6

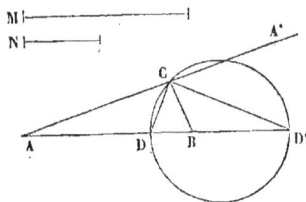

ment BCA'; la droite CD divise le côté AB du triangle ABC en deux parties DA, DB, proportionnelles aux côtés adjacents CA, CB (III), et, par suite, aux droites M et N; le point D fait donc partie du lieu demandé.

De même la droite CD' coupe le prolongement de AB en un point D' dont les distances aux points A, B, sont aussi proportionnelles aux côtés CA, CB (IV), et, par conséquent, aux droites M et N. Dès lors, le point D' fait aussi partie du lieu demandé.

Je remarque ensuite que les droites CD, CD', qui joignent à un point quelconque C de ce lieu aux points D et D' où il rencontre la droite AB, sont rectangulaires; car l'angle DCD' est la moitié de la somme des deux angles adjacents ACB, A'CB, formés sur la droite AA' (2, I). Par conséquent, le lieu du point C est la circonférence décrite sur la droite DD' comme diamètre.

PROBLÈMES.

1. La droite qui joint les milieux de deux côtés d'un triangle est parallèle au troisième côté et égale à la moitié de ce côté.

2. Les droites qui joignent les milieux des côtés consécutifs d'un quadrilatère forment un parallélogramme. — Dans quel cas ce parallélogramme est-il un rectangle, un losange, ou un carré?

3. Quel est le lieu des points d'un plan également éclairés par deux points lumineux situés sur ce plan, si les intensités de leur lumière à l'unité de distance sont proportionnelles à deux nombres donnés. (On démontre en physique que *l'intensité de la lumière qui provient d'un point éclairant décroît en raison inverse du carré de la distance.*)

VINGT ET UNIÈME ET VINGT-DEUXIÈME LEÇONS.

Programme : Polygones semblables. — En coupant un triangle par une parallèle à l'un de ses côtés, on détermine un triangle partiel semblable au premier. — Conditions de similitude des triangles.

Décomposition des polygones semblables en triangles semblables.— Rapport des périmètres.

DÉFINITIONS.

Deux polygones qui ont le même nombre de côtés sont *semblables*, si leurs angles sont égaux chacun à chacun et que leurs côtés, adjacents aux angles égaux, soient proportionnels et disposés dans le même ordre.

On dit que deux points, deux lignes, ou deux angles sont *homologues*, lorsqu'ils se correspondent dans deux figures semblables. Ainsi, les sommets de deux angles égaux sont des points homologues ; pareillement les diagonales déterminées par des sommets homologues sont des lignes homologues.

On appelle *rapport de similitude* de deux polygones le rapport constant de deux côtés homologues. Lorsque ce rapport est égal à l'unité, les deux polygones sont égaux; car ils ont toutes leurs parties (côtés et angles) égales chacune à chacune et disposées dans le même ordre.

THÉORÈME I.

En coupant un triangle par une parallèle à l'un de ses côtés, on détermine un triangle partiel semblable au premier.

Soit la droite DE parallèle au côté BC du triangle ABC ;

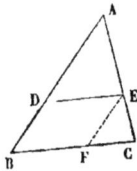

je dis que le triangle ADE est semblable au triangle ABC.

En effet, ces triangles ont l'angle A commun ; leurs angles ABC, ADE, sont égaux comme correspondants par rapport aux parallèles BC, DE, et il en est de même des deux angles ACB, AED. De plus, la droite DE étant parallèle à BC, le rapport de AD à AB égale celui de AE à AC(20, I). Pour démontrer que ce dernier rapport égale celui de DE à BC, je mène du point E la droite EF parallèle au côté AB ; cette ligne divise les deux autres côtés AC, BC, en segments proportionnels, et le rapport de AE à AC égale le rapport de BF à BC, ou celui de DE à BC, puisque BF et DE sont deux côtés opposés du parallélogramme BDEF. Les triangles ADE, ABC, ayant leurs angles égaux chacun à chacun et leurs côtés proportionnels, sont semblables.

THÉORÈME II.

Deux triangles qui ont les angles égaux chacun à chacun sont semblables.

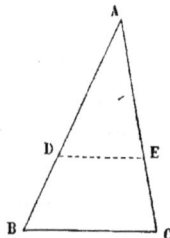

Soient ABC, *abc*, deux triangles tels que les angles *a*, *b*, *c*, de l'un égalent respectivement les angles A, B, C, de l'autre ; je dis que ces triangles sont semblables.

En effet, je prends sur AB une longueur AD égale à *ab* et sur AC une longueur AE égale à *ac*, puis je trace la droite DE. Les triangles ADE, *abc*, sont égaux, car ils ont un angle égal compris entre deux côtés égaux chacun à chacun ; il en résulte que l'angle ADE est égal à l'angle *abc* et, par suite, à l'angle ABC. Or les angles ADE, ABC, sont alternes-internes par rapport aux droites DE, BC, et à la sécante AB ; donc DE est parallèle à BC, et le triangle ADE, ou *abc*, est semblable au triangle ABC.

Corollaire. — *Deux triangles sont semblables s'ils ont deux angles égaux chacun à chacun.*

Car les troisièmes angles de ces triangles sont égaux (9, III c).

THÉORÈME III.

Deux triangles qui ont un angle égal compris entre deux côtés proportionnels sont semblables.

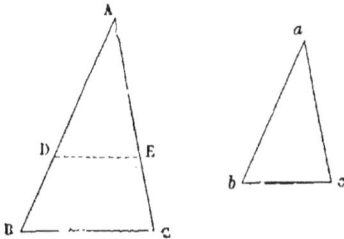

Soient ABC, *abc*, deux triangles qui ont les angles A et *a* égaux, et dont les côtés AB, AC sont proportionnels aux côtés *ab*, *ac*; je dis que ces triangles sont semblables.

En effet, je prends sur AB une longueur AD égale à *ab* et sur AC une longueur AE égale à *ac*, puis je trace la droite DE. Les triangles ADE, *abc*, sont égaux, car ils ont un angle égal compris entre deux côtés égaux chacun à chacun. Or les droites AB, *ab* ou AD, sont proportionnelles par hypothèse aux droites AC, *ac* ou AE; donc la ligne DE est parallèle à BC (20, II), et le triangle ADE, ou son égal *abc*, est semblable au triangle ABC.

THÉORÈME IV.

Deux triangles qui ont les côtés proportionnels sont semblables.

Soient ABC, *abc*, deux triangles qui ont les côtés AB, AC, BC, proportionnels respectivement aux côtés *ab*, *ac*, *bc*; je dis que ces triangles sont semblables.

Je prends sur AB une longueur AD égale à *ab* et sur AC une longueur AE égale à *ac*, puis je trace la droite DE. Cette ligne est parallèle à BC (20, II), puisque le rapport de AB à AD est, par hypothèse, égal à celui de AC à AE; le triangle ADE est donc semblable au triangle ABC (I), et l'on a :

$$\frac{DE}{BC} = \frac{AE}{AC};$$

mais il résulte aussi de l'hypothèse que

$$\frac{bc}{BC} = \frac{ac}{AC}.$$

En comparant les deux égalités précédentes et remarquant que les droites AE, ac, sont égales, je conclus que DE est égal à bc ; dès lors, les triangles ADE, abc, ayant les trois côtés égaux chacun à chacun, sont égaux entre eux, et le triangle abc est semblable au triangle ABC.

COROLLAIRE. — Les trois cas de similitude de deux triangles, démontrés dans les trois théorèmes qui précèdent, correspondent aux trois d'égalité énoncés dans la troisième leçon.

THÉORÈME V.

Deux triangles ABC, A'B'C', qui ont leurs côtés parallèles ou perpendiculaires chacun à chacun, sont semblables.

Les angles A et A', ayant leurs côtés parallèles ou perpendiculaires chacun à chacun, sont égaux ou supplémentaires (9, I) ; il en est de même des angles B, B' et des angles C, C'. Par conséquent, on ne peut faire sur ces angles que les quatre hypothèses suivantes :

1° A + A' = 2 dr., B + B' = 2 dr., C + C' = 2 dr.

2° A + A' = 2 dr., B + B' = 2 dr., C = C'.

3° A + A' = 2 dr., B = B', C = C'.

4° A = A', B = B', C = C'.

Aucune des deux premières n'est admissible, puisque la somme des six angles des deux triangles A B C, A'B'C' égale quatre angles droits (9, II). Quant à la troisième hypothèse, elle comprend implicitement que les angles A et A' sont droits ; car les triangles ABC, A'B'C', ayant deux angles égaux, le troisième angle de l'un est égal au troisième angle de l'autre (9, III, c). Cette hypothèse n'est donc qu'un cas particulier de la quatrième qui seule est vraie. — Par conséquent les triangles ABC, A'B'C', qui ont les angles égaux chacun à chacun, sont semblables (II).

THÉORÈME VI.

Les droites, issues d'un même point, interceptent sur deux droites parallèles des parties proportionnelles, et réciproquement.

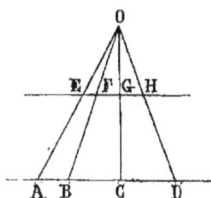

Soient AD, EH, deux droites parallèles; je trace du point O les sécantes OA, OB, OC, OD, et je dis qu'elles interceptent sur AD et EH des parties proportionnelles.

En effet, la droite EF étant parallèle au côté AB du triangle OAB, les triangles OEF, OAB, sont semblables (I), et le rapport de EF à AB égale celui de OF à OB. Pareillement, les triangles OFG, OBC, sont semblables, et le rapport de FG à BC égale aussi le rapport de OF à OB. On a donc

$$\frac{EF}{AB} = \frac{FG}{BC}.$$

Par un raisonnement analogue je prouverais que

$$\frac{FG}{BC} = \frac{GH}{CD},$$

donc les droites issues du point O divisent les parallèles EH, AD, en parties proportionnelles.

Réciproquement : *Si les droites AE, BF, CG, DH, divisent les parallèles AD, EH, en parties proportionnelles, elles concourent au même point.*

Soit O le point d'intersection de deux de ces droites, par exemple de BF et DH ; je trace la droite OG, et je dis que cette ligne prolongée passe par le point C.

Les trois droites OF, OG, OH, issues du point O divisent, d'après le théorème précédent, les parallèles FH, BD, en parties proportionnnelles. La droite OG prolongée passe donc par le point C qui divise, par hypothèse, la droite BD dans le rapport de FG à GH ; car il n'y a qu'une manière de diviser BD en deux parties proportionnelles à FG et GH, à partir de son extrémité B.

Je démontrerais de même que le prolongement de la droite AE passe aussi par le point O.

THÉORÈME VII.

Deux polygones semblables peuvent être décomposés en un même nombre de triangles semblables chacun à chacun et disposés dans le même ordre.

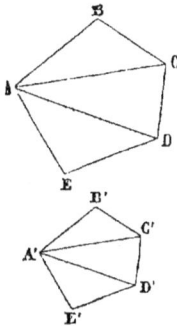

Soient les polygones semblables ABCDE, A'B'C'D'E'; de leurs sommets homologues A, A', je tire les diagonales homologues AC, A'C', AD, A'D'. Ces droites décomposent les polygones en un même nombre de triangles qui sont disposés dans le même ordre; je dis que ces triangles sont semblables deux à deux.

1° Les triangles ABC, A'B'C', ont les angles B, B', égaux par hypothèse et compris entre côtés proportionnels, car il résulte de la similitude des deux polygones que le rapport de AB à A'B' égale celui de BC à B'C'. Ces triangles sont donc semblables.

2° Les triangles ACD, A'C'D', sont aussi semblables, parce qu'ils ont un angle égal compris entre côtés proportionnels; en effet, l'angle ACD est la différence des deux angles BCD, BCA; or, l'angle BCD égale par hypothèse B'C'D', et l'angle BCA égale B'C'A' parce qu'ils sont homologues dans les triangles semblables ABC, A'B'C'; donc l'angle ACD égale la différence des angles B'C'D', B'C'A', c'est-à-dire l'angle A'C'D'.

De plus, le rapport de AC à A'C' égale celui de BC à B'C', à cause de la similitude des triangles ABC, A'B'C', et le rapport de BC à B'C' égale par hypothèse celui de CD à C'D'; donc les côtés AC, A'C' sont proportionnels aux côtés CD, C'D', et, par suite, les triangles ACD, A'C'D', sont semblables.

3° Je démontrerais, par un raisonnement analogue, la similitude des autres triangles. Donc les polygones ABCDE, A'B'C'D'E', sont décomposés en un même nombre de triangles semblables chacun à chacun et disposés dans le même ordre.

COROLLAIRE. — *Les diagonales homologues de deux polygones semblables sont proportionnelles à deux côtés homologues.*

THÉORÈME VIII.

Réciproquement : *Deux polygones, composés d'un même nombre de triangles semblables et disposés dans le même ordre, sont semblables.*

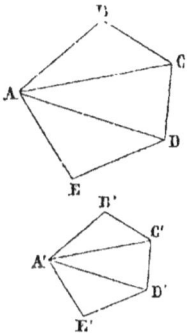

Soient les polygones ABCDE, A'B'C'D'E', que je suppose composés d'un même nombre de triangles semblables et disposés dans le même ordre; je dis qu'ils sont semblables.

Car 1° leurs angles sont égaux chacun à chacun, soit comme angles homologues de deux triangles semblables, soit parce qu'ils sont composés d'angles égaux : ainsi, les angles B et B' sont égaux comme angles homologues des triangles semblables ABC, et A'B'C' ; l'angle BCD est égal à la somme des angles BCA, ACD, qui sont respectivement égaux aux angles B'C'A', A'C'D' ; or, l'angle B'C'D' est aussi la somme des angles B'C'A', A'C'D', donc il égale l'angle BCD.

2° Le rapport de similitude des deux triangles ABC, A'B'C', est égal à $\dfrac{AC}{A'C'}$; il est donc le même que celui des triangles ACD, A'C'D', qui ont aussi pour côtés homologues les diagonales AC, A'C'. Le rapport de similitude des triangles ACD, A'C'D', et celui des triangles ADE, A'D'E', sont aussi égaux entre eux, car chacun d'eux est égal à $\dfrac{AD}{A'D'}$; par suite les polygones ABCDE, A'B'C'D'E', ont leurs côtés proportionnels. Mais leurs angles sont égaux chacun à chacun ; donc ces polygones sont semblables.

THÉORÈME IX.

Les périmètres de deux polygones semblables ABCDE, A'B'C'D'E', sont proportionnels à deux côtés homologues.

Les polygones étant semblables, leurs côtés homologues

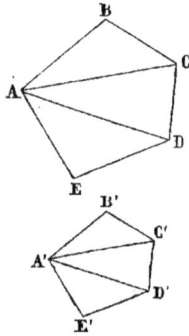

sont proportionnels, c'est-à-dire que les rapports $\dfrac{AB}{A'B'}$, $\dfrac{BC}{B'C'}$, $\dfrac{CD}{C'D'}$, etc., sont égaux entre eux, et l'on a, par un théorème d'arithmétique relatif à une suite de rapports égaux,

$$\frac{AB+BC+CD+\text{etc.}}{A'B'+B'C'+C'D'+\text{etc.}}=\frac{AB}{A'B'}.$$

Or, le numérateur $AB+BC+CD+\text{etc.}$, est la somme des côtés du polygone ABCDE, et le dénominateur $A'B'+B'C'+C'D'+\text{etc.}$, la somme des côtés de l'autre polygone A'B'C'D'E'; donc les périmètres de ces polygones sont proportionnels à deux côtés homologues AB, A'B'.

PROBLÈMES.

1. Étant donné un triangle quelconque ABC, on diminue le côté AC d'une quantité arbitraire AA', et l'on augmente le côté BC d'une quantité égale BB'. Démontrer que la nouvelle base A'B' est coupée par l'ancienne AB dans le rapport inverse des côtés primitifs AC, BC. (Concours de l'année 1854, classe de troisième.)

2. Étant donnés dans un même plan deux polygones semblables, démontrer qu'il existe dans ce plan un point tel, que les droites, menées de ce point à deux sommets homologues quelconques, font entre elles un angle constant; et, ensuite, construire ce point. (Concours de 1853, classe de logique scientifique.)

3. Inscrire un carré dans un demi-cercle.

4. Inscrire dans un cercle un triangle équilatéral dont la somme ou la différence de la base et de la hauteur égale une droite donnée.

5. Les droites menées par les sommets d'un triangle aux milieux des côtés opposés, concourent en un même point qui divise chacune de ces droites dans le rapport de 2 à 1, à partir de chaque sommet.

6. On fait glisser sur deux droites rectangulaires les extré-

mités de l'hypoténuse d'une équerre ; quel est le lieu décrit par le sommet de l'angle droit ?

7. Trouver le lieu des points tels que, de chacun d'entre eux, deux cercles donnés soient vus sous des angles égaux.

8. Si, d'un point donné, on trace des droites aux différents points d'une circonférence, et qu'on divise chacune de ces droites dans le rapport de deux lignes données m et n, quel sera le lieu des points de division ?

9. Si, pour construire le quadrilatère ABCD, on ne donne que les trois côtés AB, BC, CD, et la diagonale AC, le quadrilatère est indéterminé. 1° Quel est le lieu du quatrième sommet D ? 2° Quel est le lieu du milieu de la diagonale BD ? 3° Quel est le lieu du milieu de la droite qui joint les milieux des diagonales ?

VINGT-TROISIÈME ET VINGT-QUATRIÈME

LEÇONS.

PROGRAMME : Relations entre la perpendiculaire abaissée du sommet de l'angle droit d'un triangle rectangle sur l'hypoténuse, les segments de l'hypoténuse, l'hypoténuse elle-même et les côtés de l'angle droit.

Relations entre le carré du nombre qui exprime la longueur du côté d'un triangle opposé à un angle droit, aigu ou obtus, et les carrés des nombres qui expriment les longueurs des deux autres côtés.

Si, d'un point pris dans le plan d'un cercle, on mène des sécantes, le produit des distances de ce point aux deux points d'intersection de chaque sécante avec la circonférence est constant, quelle que soit la direction de la sécante. — Cas où elle devient tangente.

DÉFINITIONS.

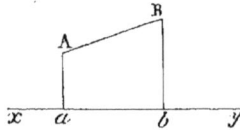

1. On appelle *projection* d'un point A sur une droite indéfinie xy, le pied a de la perpendiculaire Aa menée de ce point à la droite.

La *projection* de la distance de deux points A et B sur une droite indéfinie xy, est la portion de cette droite comprise entre les projections a, b, des points A et B.

2. Pour simplifier les énoncés des théorèmes suivants, j'appellerai *produit de deux lignes* le produit des nombres qui expriment les grandeurs de ces lignes mesurées avec la même unité ; *carré d'une ligne*, la seconde puissance du nombre qui mesure cette ligne.

3. Lorsque quatre nombres A, B, C et D sont tels que le

rapport $\frac{A}{B}$ du premier au second égale le rapport $\frac{C}{D}$ du troi-

sième au quatrième, on dit que le dernier D de ces nombres

est une *quatrième proportionnelle* aux trois autres A, B, C.

Si les deux nombres moyens B et C sont égaux, l'égalité

$$\frac{A}{B} = \frac{C}{D}$$

devient

$$\frac{A}{B} = \frac{B}{D},$$

et le quatrième terme D prend le nom de *troisième propor-*
tionnelle aux deux nombres A et B. Dans ce cas, le nombre

moyen B est *moyenne proportionnelle* aux nombres A et D.

Il résulte de l'égalité précédente que

$$B^2 = A \times D;$$

la moyenne proportionnelle B aux nombres A et D égale

donc la racine carrée du produit de ces nombres.

THÉORÈME I.

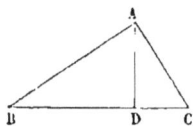

Si, du sommet A de l'angle droit
d'un triangle rectangle ABC, on mène la
perpendiculaire AD à l'hypoténuse BC,
1° chaque côté de l'angle droit est moyenne
proportionnelle à l'hypoténuse et au seg-
ment adjacent à ce côté;

2° *La perpendiculaire AD est moyenne proportionnelle aux*
deux segments BD, DC de l'hypoténuse.

1° Le triangle ABD est semblable au triangle ABC, parce

qu'ils ont les angles égaux chacun à chacun (21, II). En effet,

l'un et l'autre est rectangle, ils ont l'angle B commun et, par

suite, le troisième angle BAD du triangle ABD égale le troi-

sième angle ACB du triangle ABC. En comparant les côtés

homologues de ces triangles semblables, on trouve :

$$\frac{BC}{AB} = \frac{AB}{BD};$$

le côté ABB de l'angle droit est donc moyenne proportionnelle

à l'hypoténuse BC et au segment BD qui lui est adjacent.

Les triangles ADC, ABC, sont aussi semblables parce qu'ils ont deux angles égaux chacun à chacun, et la comparaison de leurs côtés homologues prouve que le côté AC est moyenne proportionnelle à·BC et CD.

2° Les triangles ABD, ACD, étant semblables au triangle ABC, sont semblables entre eux, et l'on a :

$$\frac{BD}{AD} = \frac{AD}{CD},$$

c'est-à-dire que la perpendiculaire AD est moyenne proportionnelle aux deux segments BD, CD de l'hypoténuse.

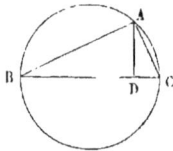

CorollAIRE. — Si l'on décrit une circonférence sur l'hypoténuse BC du triangle rectangle ABC, comme diamètre, cette courbe passe par le sommet A de l'angle droit BAC ; par suite, le théorème précédent peut être énoncé de la manière suivante :

1° *Toute corde AB est moyenne proportionnelle au diamètre BC qui passe par l'une de ses extrémités et à sa projection BD sur ce diamètre.*

2° *La perpendiculaire AD, menée d'un point quelconque A d'une circonférence sur un diamètre BC, est moyenne proportionnelle aux deux segments BD,CD du diamètre.*

THÉORÈME II.

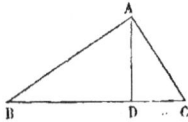

Le carré de l'hypoténuse BC d'un triangle rectangle ABC est égal à la somme des carrés des deux autres côtés AB,AC.

Soit AD la perpendiculaire menée du sommet A de l'angle droit à l'hypoténuse ; comme chaque côté de cet angle est moyenne proportionnelle à l'hypoténuse et au segment qui lui est adjacent, on a les égalités :

$$AB^2 = BC \times BD,$$

et $$AC^2 = BC \times DC ;$$

en les ajoutant membre à membre, il vient :

$$AB^2 + AC^2 = BC \times (BD + DC),$$

ou bien

$$AB^2 + AC^2 = BC^2,$$

c'est-à-dire que le carré de l'hypoténuse égale la somme des carrés des deux autres côtés du triangle rectangle.

COROLLAIRE I. — Ce théorème sert à calculer l'un des côtés d'un triangle rectangle dont les deux autres sont donnés.

1° Soient $AB = 4^m$ et $AC = 3^m$, on a :

$$BC^2 = 16 + 9 = 25,$$

et, par conséquent, $BC = 5^m$.

2° Soient $BC = 13^m$ et $AC = 5^m$, on a :

$$169 = AB^2 + 25.$$

Il en résulte

$$AB^2 = 169 - 25 = 144$$

et, par suite,

$$AB = 12^m.$$

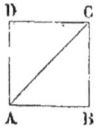

COROLLAIRE II. — *Le rapport de la diagonale AC d'un carré ABCD au côté AB de ce carré est égal* $\sqrt{2}$.

En effet, le triangle isocèle ABC étant rectangle et isocèle, on a :

$$AC^2 = AB^2 + BC^2 = 2AB^2 \cdot$$

et, par conséquent, $\dfrac{AC}{AB} = \sqrt{2}$.

On démontre, en arithmétique, qu'il n'existe aucun nombre entier ou fractionnaire dont la seconde puissance soit égale à 2 ; il en résulte que *la diagonale et le côté du carré sont deux lignes incommensurables entre elles.*

THÉORÈME III.

Dans tout triangle, le carré d'un côté opposé à un angle aigu est égal à la somme des carrés des deux autres côtés, diminuée de deux fois le produit de l'un de ces côtés par la projection de l'autre sur le premier.

Pour démontrer ce théorème et le suivant, je regarderai comme connues ces propositions d'arithmétique : 1° *Le carré de la somme de deux nombres est égal à la somme des carrés de ces nombres et du double de leur produit :*

2° *Le carré de la différence de deux nombres est égal à l'excès de la somme de leurs carrés sur le double de leur produit.*

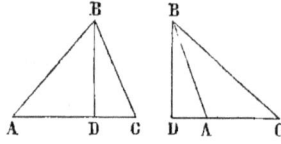

Soit ABC un triangle dans lequel le côté AB est opposé à l'angle aigu C. De l'extrémité B de ce côté je trace la droite BD perpendiculaire au côté opposé AC; cette droite se trouve à l'intérieur ou à l'extérieur du triangle, selon que l'angle BAC est aigu ou obtus. Dans les deux cas le triangle ABD est rectangle et donne :

$$AB^2 = BD^2 + AD^2.$$

Si l'angle BAC est aigu, la droite AD égale la différence AC—DC du côté AC et de la projection DC de l'autre côté BC sur AC; au contraire, si l'angle BAC est obtus, la droite AD égale DC—AC, puisque la projection de BC est plus grande que AC. Mais, dans l'un et l'autre cas, le carré de AD égale $AC^2 + DC^2 - 2\,AC \times DC$. On a donc :

$$AB^2 = BD^2 + AC^2 + DC^2 - 2\,AC \times DC,$$

quelle que soit la grandeur de l'angle BAC.

En remarquant que le triangle BCD est rectangle, et remplaçant $BD^2 + DC^2$ par BC^2 dans la valeur précédente de AB^2, on trouve enfin

$$AB^2 = BC^2 + AC^2 - 2\,AC \times DC.$$

THÉORÈME IV.

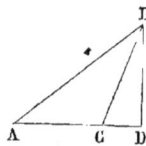

Dans tout triangle, le carré d'un côté opposé à un angle obtus est égal à la somme des carrés des deux autres côtés, augmentée de deux fois le produit de l'un de ces côtés par la projection de l'autre sur le premier.

Soit ABC un triangle dans lequel le côté AB est opposé à l'angle obtus ACB; par l'extrémité B de ce côté je trace la droite BD perpendiculaire au côté opposé AC. Le triangle ABD étant rectangle, on a

$$AB^2 = BD^2 + AD^2.$$

Mais la droite AD égale la somme AC + CD du côté AC et de la projection CD de l'autre côté BC sur AC, puisque la perpen-diculaire BD se trouve à l'extérieur du triangle ABC. On a donc

$$AD^2 = AC^2 + CD^2 + 2AC \times CD,$$

et, par suite,

$$AB^2 = BD^2 + AC^2 + CD^2 + 2AC \times CD.$$

En remarquant que le triangle BCD est rectangle, et rem-plaçant $BD^2 + CD^2$ par BC^2 dans la valeur précédente de AB^2, on trouve enfin

$$AB^2 = BC^2 + AC^2 + 2AC \times CD.$$

COROLLAIRE.—Il résulte des trois théorèmes précédents qu'*un angle d'un triangle ne peut être aigu, droit, ou obtus, sans que le carré du côté opposé ne soit moindre que la somme des car-rés des deux autres côtés, égal à cette somme, ou plus grand.*

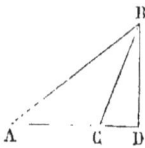

Lorsque les mesures des trois côtés d'un triangle sont données, les théorèmes qui précèdent servent à calculer la projection d'un côté sur l'un des deux autres, et, par suite, la perpendiculaire menée d'un sommet sur le côté opposé. Par exemple, soit proposé de calculer la hauteur BD du triangle ABC, dans lequel on a $AB = 4^m$, $BC = 3^m$ et $AC = 2^m$. On remarque d'abord que l'angle ACB opposé à AB est obtus, parce que le carré de AB, ou 16, est plus grand que la somme des carrés de BC et AC, ou $9 + 4$. On a donc l'égalité

$$AB^2 = BC^2 + AC^2 + 2AC \times CD,$$

c'est-à-dire

$$16 = 9 + 4 + 4 \times CD.$$

Il en résulte

$$CD = \frac{16 - 13}{4} = 0^m,75.$$

Cela posé, le triangle rectangle BCD donne

$$BD^2 = BC^2 - CD^2,$$

ou

$$BD^2 = 9 - 0,5625 = 8,4375.$$

Par conséquent, on a

$$BD = \sqrt{8,4375} = 2^m,904,$$

à moins d'un demi-millimètre.

7

THÉORÈME V.

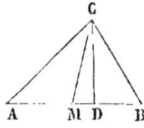

La somme des carrés de deux côtés d'un triangle est égale à deux fois la somme des carrés de la moitié du troisième côté et de la droite qui joint le milieu de ce côté au sommet opposé.

Soit M le milieu du côté AB du triangle ABC; la droite CM partage ce triangle en deux autres ACM, BCM, dont les angles adjacents AMC, BMC, sont supplémentaires. Du sommet C, opposé au côté AB, je trace la perpendiculaire CD à cette droite, et le triangle ACM dont l'angle AMC est obtus, donne (IV)

$$AC^2 = AM^2 + CM^2 + 2\ AM \times MD,$$

j'ai aussi (III), par la considération du triangle BCM dont l'angle BMC est aigu,

$$BC^2 = BM^2 + CM^2 - 2\ BM \times MD.$$

J'ajoute ensuite ces égalités membre à membre; en remarquant que BM est égale à AM par hypothèse, je trouve, toute réduction faite,

$$AC^2 + BC^2 = 2\ AM^2 + 2\ CM^2,$$

ce qui démontre le théorème énoncé.

COROLLAIRE. — Ce théorème sert à calculer la droite qui joint le sommet d'un triangle au milieu du côté opposé, lorsque les mesures des trois côtés sont données.

THÉORÈME VI.

Si, d'un point pris dans le plan d'un cercle, on mène des sécantes, le produit des distances de ce point aux deux points d'intersection de chaque sécante avec la circonférence est constant.

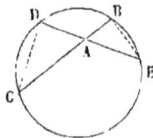

Le point donné A peut être intérieur ou extérieur au cercle. Je le suppose d'abord intérieur, et je trace de ce point deux droites quelconques AB, AD qui coupent la circonférence, l'une aux points D et E, l'autre aux points B et C; je tire ensuite les cordes BE, CD. Les triangles

ABE, ACD, ont les angles égaux chacun à chacun, car leurs angles BAE, DAC, sont opposés au sommet et leurs angles ABE, ADC sont inscrits dans le même segment CDBE (15,IV); ces triangles sont donc semblables (21,II). La comparaison de leurs côtés homologues donne l'égalité

$$\frac{AB}{AD} = \frac{AE}{AC}.$$

Il en résulte

$$AB \times AC = AD \times AE.$$

Par conséquent, le produit des distances du point A aux deux points B et C où la droite AB coupe la circonférence est égal au produit des distances du même point A aux points d'intersection D et E de la circonférence et de toute autre sécante AD.

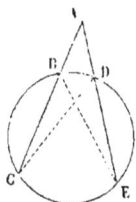

Soit, en second lieu, le point A extérieur au cercle; je mène les sécantes AC, AE, qui rencontrent la circonférence, l'une aux points D et E, l'autre aux points B et C; je trace ensuite les cordes BE et CD. Les triangles ABE, ACD, sont semblables, parce qu'ils ont l'angle A commun et que leurs angles AEB, ACD, sont égaux comme étant mesurés par la moitié du même arc BD compris entre leurs côtés (15, IV). En comparant les côtés homologues de ces triangles, j'ai l'égalité

$$\frac{AB}{AD} = \frac{AE}{AC},$$

de laquelle je conclus la suivante :

$$AB \times AC = AD \times AE$$

qui démontre le théorème énoncé.

COROLLAIRE. — Les segments AB, AC, de la sécante AC sont inversement proportionnels aux segments AD, AE, de l'autre sécante AE.

THÉORÈME VII.

Si, d'un point A extérieur à un cercle, on trace une tangente AB et une sécante quelconque AD, la tangente est moyenne proportionnelle à la sécante et à sa partie extérieure AC.

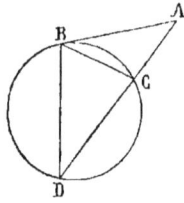

Ce théorème, qui est une conséquence évidente du théorème précédent, peut être démontré directement de la manière suivante : je joins, par les cordes BC, et BD, le point de contact B de la tangente aux points C et D où la sécante coupe la circonférence. Les triangles ABC, ABD, sont semblables, parce qu'ils ont l'angle A commun et que leurs angles ABC, ADB, sont égaux comme étant mesurés par la moitié du même arc BC compris entre leurs côtés (15,IV); il en résulte

$$\frac{AD}{AB} = \frac{AB}{AC},$$

c'est-à-dire que la tangente AB est moyenne proportionnelle à la sécante AD et à sa partie extérieure AC.

THÉORÈME VIII.

Lorsque deux lignes droites AD, BC, *prolongées s'il est nécessaire, se coupent en un point* E *tel que l'on ait*

$$AE \times DE = BE \times CE,$$

leurs extrémités **A, D, B** *et* **C,** *sont situées sur la même circonférence.*

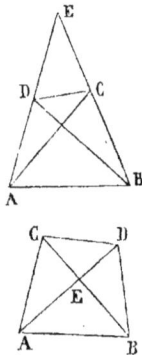

En divisant les deux membres de l'égalité

$$AE \times DE = BE \times CE$$

par le produit BE×DE, on a :

$$\frac{AE}{BE} = \frac{CE}{DE},$$

par suite, les triangles ACE, BDE ont, au point E, un angle égal compris entre côtés proportionnels, et sont semblables (21, III); donc leurs angles homologues CAE, DBE sont égaux. Dès lors, si l'on décrit sur la droite CD un segment de cercle capable de l'angle CAD, l'arc de ce segment passera par le sommet B et les quatre points A, B, C, D, seront situés sur la même circonférence.

PROBLÈMES.

1. Si, d'un point pris dans le plan d'un cercle, on trace deux sécantes perpendiculaires l'une à l'autre, la somme des carrés des distances de ce point aux quatre points d'intersection de la circonférence et des sécantes est constante.

2. Le lieu des points, tels que la somme des carrés des distances de chacun d'entre eux à deux points fixes soit constante, est une circonférence dont le centre coïncide avec le milieu de la droite qui joint les deux points fixes.

3. Le lieu des points, tels que la différence des carrés des distances de chacun d'entre eux à deux points fixes soit constante, est une droite perpendiculaire à celle qui joint les points fixes.

4. Tracer, par deux points donnés, une circonférence qui divise en deux parties égales une circonférence donnée.

5. Décrire une circonférence qui passe par deux points donnés et touche une droite donnée.

6. Tracer, par un point donné, une circonférence qui touche deux droites données.

7. Le lieu des points, tels que les tangentes menées de chacun d'entre eux à deux cercles donnés soient égales, est une droite perpendiculaire à la ligne du centre et connue sous le nom d'*axe radical des deux cercles*.

8. Les axes radicaux de trois cercles considérés deux à deux concourent au même point qu'on appelle le *centre radical des trois cercles*.

9. Tracer, par deux points donnés, un cercle qui touche un cercle donné.

VINGT-CINQUIÈME ET VINGT-SIXIÈME LEÇONS.

Programme : Diviser une ligne droite en parties égales ou en parties proportionnelles à des lignes données.—Trouver une quatrième proportionnelle à trois lignes, une moyenne proportionnelle à deux lignes.

Construire, sur une droite donnée, un polygone semblable à un polygone donné.

PROBLÈME I.

Diviser une ligne droite en un certain nombre de parties égales.

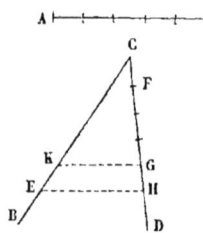

Soit à diviser la droite A en 5 parties égales ; je prends, sur le côté CB d'un angle quelconque BCD, la droite CE égale à A et je porte cinq fois de suite sur l'autre côté CD une longueur arbitraire CF. Soient G le quatrième point de division et H le cinquième ; je tire la droite EH, à laquelle je mène ensuite, du point G, la parallèle GK.

Cette ligne GK divise les deux côtés CE, CH du triangle CEH en segments proportionnels (20, I), puisqu'elle est parallèle au troisième. Or le segment GH est égal, par hypothèse, au cinquième du côté CH ; donc le segment EK est aussi le cinquième du côté CE ou de la droite A. Pour diviser A en cinq parties égales, il suffit dès lors de porter cinq fois de suite la droite EK sur cette ligne.

PROBLÈME II.

Diviser une ligne droite A en parties proportionnelles à des lignes données B, C, D.

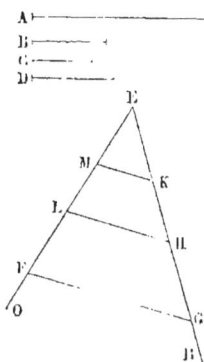

Je prends, sur le côté EO d'un angle quelconque OER, la droite EF égale à A, et, sur l'autre côté ER, les longueurs EK, KH, HG, égales respectivement aux lignes données B, C, D. Je tire la droite FG à laquelle je mène ensuite, des points H et K, les parallèles HL, KM.

Ces parallèles divisent la droite EF, ou A (20, I, c.), en segments proportionnels aux lignes EK, KH et HG, c'est-à-dire à B, C et D.

PROBLÈME III.

Construire la quatrième proportionnelle à trois droites données A, B, C.

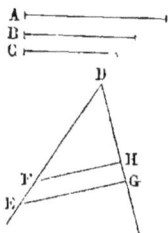

Je prends, sur le côté DE d'un angle quelconque EDG, les longueurs DE, DF, égales respectivement aux lignes données A, B, et sur l'autre côté la longueur DG égale à C. Je tire ensuite la droite EG à laquelle je mène, du point F, la parallèle FH.

La droite DH est la quatrième proportionnelle demandée; car, la ligne FH étant parallèle à EG, on a (20, I)

$$\frac{DE}{DF} = \frac{DG}{DH},$$

ou

$$\frac{A}{B} = \frac{C}{DH}.$$

Remarque. — Si les lignes B et C sont égales, la droite DH est la troisième proportionnelle à A et B.

PROBLÈME IV.

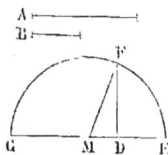

Construire la moyenne proportionnelle à deux droites données A et B.

Je prends, sur une droite indéfinie, les longueurs CD, DE, égales respectivement aux lignes données A et B; je décris

ensuite une demi-circonférence sur CE comme diamètre et
je mène, du point D, la droite DF perpendiculaire à CE, jusqu'à la rencontre de la circonférence.

Cette droite DF est la ligne demandée, car elle est moyenne
proportionnelle (23, I, c.) aux deux segments CD, DE, du diamètre CE, c'est-à-dire aux deux lignes données A, B.

Remarque. — La moyenne proportionnelle DF à deux lignes
inégales CD, DE, est moindre que leur demi-somme MF.

PROBLÈME V.

*Construire deux lignes droites dont la somme et le produit
soient donnés.*

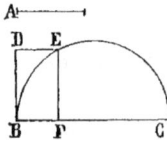

Soit BC la somme des deux lignes demandées dont le produit égale le carré de la
droite donnée A; je décris une demi-circonférence sur BC comme diamètre, je
trace du point B la perpendiculaire à ce
diamètre et je prends sur cette droite une longueur BD égale
à A. Je mène ensuite, du point D, la parallèle à BC; cette droite
coupe la circonférence au point E duquel je tire la perpendiculaire EF au diamètre BC.

Les deux segments BF, CF, de la droite BC sont les deux
lignes demandées, car leur somme est égale à BC et leur
produit égal à EF^2 ou A^2 (23, I, c.).

Remarque. — La droite DE ne rencontre la circonférence
qu'autant que la droite BD n'est pas plus grande que le rayon.
Le problème proposé n'est donc possible que si la droite A est
moindre que la moitié de la somme BC, ou au plus égale à
cette moitié.

PROBLÈME VI.

*Construire deux lignes droites dont la diffé-
rence et le produit soient donnés.*

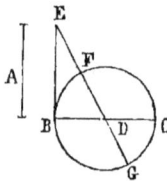

Soit BC la différence des deux droites demandées dont le produit égale le carré de la
droite donnée A; je décris une circonférence
sur BC comme diamètre, je trace du point B

la perpendiculaire à ce diamètre et je prends sur cette droite une longueur BE égale à A. Je tire ensuite la sécante EG par le point E et le centre D de la circonférence.

Cette sécante et sa partie extérieure EF sont les deux lignes demandées; car leur différence FG est égale à BC, et leur produit égal à DE² ou A² (24, VII).

PROBLÈME VII.

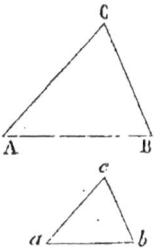

Construire, sur une droite donnée, un triangle ou un polygone semblable à un triangle ou à un polygone donné.

1° Pour construire sur la droite *ab* un triangle semblable au triangle ABC, je suppose que *ab* soit homologue au côté AB et je fais l'angle *bac* égal à BAC, l'angle *abc* égal à ABC. Le triangle *abc* est semblable au triangle ABC (21, II), puisqu'ils ont les angles égaux chacun à chacun.

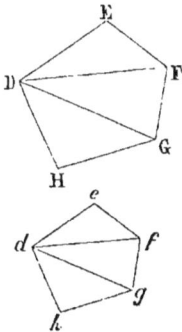

2° Soit à construire sur la droite *de* un polygone semblable à DEFGH ; je suppose que la droite *de* soit homologue au côté DE, et je décompose en triangles le polygone DEFGH en menant du sommet D les diagonales DF et DG. Je fais ensuite le triangle *def* semblable au triangle DEF, puis le triangle *dfg* semblable au triangle DFG, et enfin le triangle *dgh* semblable au triangle DGH.

Le polygone *defgh* est semblable au polygone DEFGH, car ils sont composés du même nombre de triangles semblables et disposés dans le même ordre (22, VIII).

PROBLÈMES.

1. D'un point pris dans le plan d'un angle, tracer une droite qui soit divisée dans un rapport donné par ce point et les côtés de l'angle, prolongés au delà du sommet s'il est nécessaire.

2. D'un point pris dans le plan d'un angle, tracer une droite qui soit divisée par ce point et les côtés de l'angle en deux segments dont le produit égale le carré d'une ligne donnée.

3. Inscrire dans un cercle un triangle tel que ses côtés, prolongés s'il est nécessaire, passent par deux points donnés A, B, et interceptent sur la circonférence un arc dont la corde soit parallèle à la droite AB.

4. De l'extrémité A du diamètre AB d'un cercle, tracer une sécante telle que la somme ou la différence des distances du point A aux deux points où cette sécante coupe le cercle et la tangente, menée à l'autre extrémité B du diamètre AB, soit égale à une ligne donnée.

5. Construire un polygone qui soit semblable à un polygone donné et dont le périmètre égale une droite donnée.

6. Construire un parallélogramme qui soit semblable à un parallélogramme donné, et dont les côtés coupent une droite donnée en quatre points donnés.

VINGT-SEPTIÈME LEÇON.

PROGRAMME : Polygones réguliers. — Tout polygone régulier peut être inscrit et circonscrit à un cercle. — Le rapport des périmètres de deux polygones réguliers, d'un même nombre de côtés, est le même que celui des rayons des cercles circonscrits[*].

Le rapport d'une circonférence à son diamètre est un nombre constant.

DÉFINITIONS.

1. On appelle *polygone régulier* tout polygone qui a ses côtés égaux et ses angles égaux. Le triangle équilatéral et le carré sont des polygones réguliers.

2. Un polygone est *inscrit* dans un cercle, lorsque ses sommets se trouvent sur la circonférence de ce cercle. On dit réciproquement que le cercle est *circonscrit* au polygone.

Un polygone est *circonscrit* à un cercle, lorsque ses côtés sont tangents à la circonférence de ce cercle. On dit alors que le cercle est *inscrit* dans le polygone.

THÉORÈME I.

Tout polygone régulier ABCD... peut être inscrit dans le cercle et lui être circonscrit.

Je dis 1° que la circonférence qui passe par trois sommets

[*] La longueur de la circonférence du cercle sera considérée, sans démonstration, comme la limite vers laquelle tend le périmètre d'un polygone inscrit dans cette courbe, à mesure que ses côtés diminuent indéfiniment.

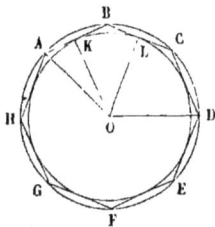

consécutifs, par exemple, A, B, C, passe aussi par le sommet suivant D.

Par les milieux K et L des côtés AB, BC du polygone, je trace les perpendiculaires à ces côtés ; ces droites se coupent au point O qui est le centre de la circonférence déterminée par les trois sommets A, B et C (12, II). Je vais démontrer que la droite OD est égale au rayon OA de cette circonférence. Pour cela, je superpose les deux quadrilatères OLBA, OLCD, en pliant la figure suivant la droite OL ; les angles droits OLB, OLC étant égaux, le côté LC prend la direction de LB et le point C s'applique sur le point B, puisque L est le milieu du côté BC. Pareillement, les angles LCD, LBA, du polygone régulier étant égaux, ainsi que ses côtés CD, BA, la droite CD prend la direction de BA et le point D se place sur le point A. Par conséquent, les droites OD, OA, dont les extrémités coïncident sont égales, et la circonférence décrite du point O comme centre, avec le rayon OA, passe par le sommet D.

Je prouverais de même que cette circonférence passe par les autres sommets du polygone ABCD...; ce polygone régulier peut donc être inscrit dans un cercle.

2° Les côtés AB, BC, etc., du polygone ABC..., sont des cordes égales du cercle circonscrit; par suite, les perpendiculaires OK, OL, etc., menées du centre O sur ces cordes, sont égales (13, I). La circonférence décrite du point O comme centre, avec le rayon OK, passe donc par les milieux K, L, etc., des côtés AB, BC, etc., et est tangente à chacune de ces droites (13, II). Par conséquent, le polygone régulier ABC... peut être circonscrit à un cercle.

Remarque. Le point O qui est à la fois le centre des cercles inscrit et circonscrit se nomme *centre* du polygone régulier.

On désigne sous les noms de *rayon* et d'*apothème* du polygone régulier le rayon du cercle circonscrit et celui du cercle inscrit.

On appelle *angle au centre* du polygone régulier l'angle de deux rayons consécutifs OA, OB. Les angles au centre sont égaux, puisqu'ils interceptent des arcs égaux (15,I) sur la circonférence circonscrite. Par conséquent (2, I, c.), chacun de ces angles est égal à $\left(\dfrac{4}{n}\right)$ dr., *n* étant le nombre des côtés du polygone.

THÉORÈME II.

Si l'on partage une circonférence en un nombre quelconque d'arcs égaux AB, BC, CD, *etc.*, 1° *Les cordes de ces arcs forment un polygone régulier inscrit dans la circonférence.*

2° *Les tangentes, menées par les points de division, forment aussi un polygone régulier circonscrit à la circonférence.*

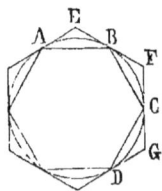

1° Les arcs AB, BC, CD, etc., étant égaux, leurs cordes sont égales (11, III), et le polygone inscrit ABC... a ses côtés égaux. Je dis que ses angles sont aussi égaux entre eux; en effet, l'angle inscrit ABC a pour mesure (15, IV) la moitié de la somme des arcs AD, CD, compris entre ses côtés; de même l'angle inscrit BCD a pour mesure la moitié de la somme des arcs BA, AD, compris entre ses côtés. Or les arcs CD et BA sont égaux, l'angle ABC est donc égal à l'angle BCD. Je démontrerais pareillement l'égalité des autres angles du polygone ABCD..... Par conséquent, ce polygone est régulier.

2° Le polygone EFG... formé par les tangentes menées à la circonférence par les points A, B, C, etc., est régulier.

Je remarque d'abord que chacun des triangles EAB, FBC, etc., est isocèle, puisque les deux tangentes menées à un cercle par un point extérieur sont égales (19, VI); et je dis que ces triangles sont égaux, comme ayant un côté égal adjacent à deux angles égaux chacun à chacun. Soient, par exemple, les deux triangles EAB, GCD ; leurs côtés AB, CD, sont égaux par suite de l'hypothèse, l'angle EAB qui a pour mesure la moitié de l'arc AB (15,IV) est égal à l'angle GCD mesuré par la moitié de l'arc CD. Il en est de même des angles EBA, GDC ; donc les triangles **EAB, GCD**, sont égaux. Il en résulte 1° l'égalité des angles **E, F, G**, etc., du polygone ; 2° l'égalité des tangentes **EB, FB, FC, GC**, etc., et, par suite, celle des côtés **EF, FG**, etc., du polygone qui dès lors est régulier.

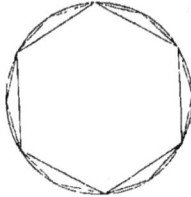

Remarque. Si l'on inscrit dans un cercle un polygone régulier quelconque, par exemple un hexagone, et ensuite les polygones réguliers dont le nombre des côtés est de deux en deux fois plus grand, c'est-à-dire les polygones de 12, 24, 48, etc., côtés, les périmètres de ces polygones vont en croissant, tout en restant moindres que la circonférence dans laquelle ils sont inscrits et dont ils s'approchent indéfiniment ; il en est de même de leurs surfaces qui diffèrent de moins en moins du cercle. On exprime ces faits en disant que *la circonférence et le cercle sont les limites vers lesquelles tendent le périmètre et la surface d'un polygone régulier inscrit dont le nombre des côtés augmente indéfiniment* ; et l'on regarde comme acquise au cercle ou à sa circonférence toute propriété démontrée pour la surface ou le périmètre d'un polygone régulier, indépendamment du nombre et de la grandeur de ses côtés.

THÉORÈME III.

1° *Deux polygones réguliers qui ont le même nombre de côtés sont semblables.*

2° *Le rapport de ces polygones est le même que celui de leurs rayons ou de leurs apothèmes.*

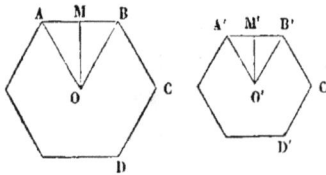

Soient les hexagones réguliers **ABC..., A'B'C'...**, je dis : 1° qu'ils sont semblables.

En effet, la somme des angles de l'hexagone **ABC** égale 2×4, ou 8 angles droits (9, IV), et, par suite, chaque angle de ce polygone régulier égale les $\frac{8}{6}$ d'un angle droit. Il en est de même de chacun des angles de l'hexagone régulier **A'B'C'** ; par conséquent, les polygones

ABC, A′B′C′, ont leurs angles égaux chacun à chacun. De plus, leurs côtés sont proportionnels, car les rapports $\dfrac{AB}{A'B'}$, $\dfrac{BC}{B'C'}$, etc., sont identiques d'après l'hypothèse; ces polygones sont donc semblables.

2⁰ Soient O et O′ les centres des hexagones ABC, A′B′C′; je trace les rayons OA, OB, O′A′, O′B′ et les apothèmes OM, O′M′. Ces polygones étant semblables, leurs périmètres sont proportionnels à deux côtés homologues quelconques, par exemple, AB, A′B′ (21,IX); or, les triangles isocèles OAB, O′A′B′ ont les angles O, O′ égaux et compris entre côtés proportionnels; ils sont donc semblables (21, IV), et le rapport de AB à A′B′ égale celui de OA à O′A′. Par suite, les périmètres ABC, A′B′C′ sont proportionnels aux rayons OA, O′A′.

Pareillement, les triangles rectangles OAM, O′A′M′ qui ont les angles aigus AOM, A′O′M′, égaux comme moitiés des angles au centre AOB, A′O′B′, sont semblables (21, II), et le rapport des rayons OA, O′A′ égale celui des apothèmes OM, O′M′. Donc, les périmètres ABC, A′B′C′ sont aussi proportionnels aux apothèmes OM, O′M′.

THÉORÈME IV.

Deux circonférences sont proportionnelles à leurs rayons.

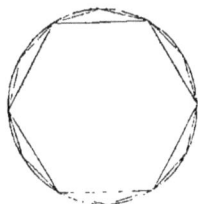

J'inscris, dans deux circonférences dont les rayons sont R et r, deux polygones réguliers ayant le même nombre de côtés, par exemple, deux hexagones; le rapport de leurs périmètres est égal à celui de leurs rayons R et r (III). Si j'inscris ensuite les polygones réguliers dont le nombre des côtés est deux fois plus grand, c'est-à-dire les polygones de 12 côtés, le rapport de leurs côtés est aussi égal à celui des rayons R et r. Cette relation entre les périmètres des polygones réguliers, semblables et inscrits dans les circonférences données, a donc lieu quels que soient le nombre et la grandeur de leurs côtés ; par conséquent elle existe aussi pour les limites de ces périmètres, c'est-à-dire que le rapport des circonférences R et *r* est le même que celui de leurs rayons.

Corollaire I. — *Le rapport d'une circonférence à son diamètre est constant.*

Car, les circonférences étant proportionnelles à leurs rayons ou à leurs diamètres, le rapport d'une circonférence quelconque R à son diamètre 2 R égale celui de toute autre circonférence *r* à son diamètre 2 *r*.

Ce rapport constant, que l'on désigne ordinairement par la lettre grecque π, est égal à 3,14159265358979...; un géomètre français, *Lambert*, a prouvé que ce nombre est irrationnel, mais sa démonstration ne peut être donnée dans ces leçons de géométrie élémentaire. *Archimède* a trouvé, pour la première fois, deux limites de π qui sont 3 $\frac{10}{70}$ et 3 $\frac{10}{71}$; on se sert généralement de la première qui surpasse π de moins d'un demi-centième. *Pierre Métius* a donné, pour valeur approchée du même rapport, le nombre $\frac{355}{113}$ qui n'en diffère pas d'un cent-millième.

Il résulte de ce que le diamètre d'une circonférence à son diamètre est constant que, *pour calculer la longueur d'une circonférence dont le diamètre est donné, il faut multiplier ce diamètre par le nombre* π ; et réciproquement, *pour calculer le diamètre d'une circonférence dont la longueur est donnée, on divise cette circonférence par le nombre* π. Ces deux règles sont comprises dans la même formule :

$$\text{Cir R} = 2\,\text{R} \times \pi,$$

ou

$$\text{Cir R} = 2\,\pi\,\text{R}.$$

Corollaire II.—*Calculer la longueur* l *d'un arc de* n *degrés, son rayon* R *étant donné.*

La circonférence décrite avec le rayon R étant égale à 2 π R, l'arc d'un degré qui en est la trois cent soixantième partie, a pour mesure $\dfrac{2\,\pi\,R}{360}$ ou $\dfrac{\pi\,R}{180}$; l'arc de n degrés a donc pour

mesure n fois $\dfrac{\pi\,R}{180}$ ou $\dfrac{\pi\,R\,n}{180}$. On a par suite la formule

$$l = \frac{\pi\,R\,n}{180}$$

qui sert à calculer l'une des trois quantités l, R, n, lorsque les deux autres sont données.

THÉORÈME V.

Deux arcs semblables, c'est-à-dire deux arcs qui ont le même nombre de degrés dans des circonférences différentes, *sont proportionnels à leurs rayons*.

Soient R, R' les rayons et l, l' les longueurs de deux arcs semblables dont le nombre des degrés est n; on a (IV) :

$$l = \frac{\pi\,R\,n}{180} \quad \text{et} \quad l' = \frac{\pi\,R'\,n}{180};$$

il en résulte

$$\frac{l}{l'} = \frac{R}{R'}.$$

PROBLÈMES.

1. Calculer, à moins d'un millimètre, et sans le secours des logarithmes, la circonférence qui a pour rayon la diagonale d'un carré de $0^m,5$ de côté, et faire voir que l'on a obtenu l'approximation demandée. (Concours de troisième, 1854.)

2. Calculer, à moins d'un kilomètre, le rayon de la circonférence de la terre.

3. Calculer, à moins d'une seconde, le nombre de degrés d'un arc égal à son rayon.

4. Lorsqu'on divise une circonférence en n parties égales, par les points A, B, C, etc., et qu'à partir de A on joint ces points de 2 en 2, de 3 en 3..., et, en général, de h en h, par des lignes droites, on forme un polygone régulier de n côtés, si les nombres n et h sont premiers entre eux.

8

Ce polygone régulier, qui est concave, a reçu le nom de *polygone étoilé*.

5. Il y a autant de polygones réguliers de n côtés que d'unités dans la moitié du nombre qui exprime combien il existe de nombres entiers moindres que n et premiers avec lui.

6. La somme des angles intérieurs formés par les côtés consécutifs d'un polygone régulier de n côtés, est égale à autant de fois 2 angles droits qu'il y a d'unités dans $n-2\,h$, h étant le nombre de fois que l'arc sous-tendu par le côté du polygone contient la n^{me} partie de la circonférence circonscrite.

La somme des angles extérieurs, formés par chaque côté et le prolongement du côté précédent, est égale à $4\,h$ angles droits.

VINGT-HUITIÈME ET VINGT-NEUVIÈME LEÇONS.

PROGRAMME : Inscrire dans un cercle de rayon donné un carré, un hexagone régulier. — Manière d'évaluer le rapport approché de la circonférence au diamètre, en calculant les périmètres des polygones réguliers de 4, 8, 16, 32..... côtés, inscrits dans un cercle de rayon donné.

PROBLÈME I.

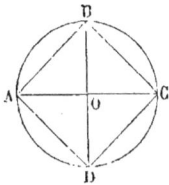

Inscrire un carré dans un cercle donné OA.
Je trace deux diamètres AC, BD. perpendiculaires l'un à l'autre, et je joins leurs extrémités par les cordes AB, BC, CD, DA. Le quadrilatère ABCD est un carré (27, II), car la circonférence OA est divisée en quatre parties égales par les quatre angles au centre AOB, BOC, COD, DOA, qui sont droits.

Pour calculer le rapport du côté AB au rayon AO, il suffit de remarquer que le triangle ABO est rectangle, et qu'il donne :

$$AB^2 = AO^2 + BO^2 = 2\, AO^2;$$

car il en résulte

$$\frac{AB}{AO} = \sqrt{2}.$$

Cette égalité montre que le rapport du côté d'un carré au rayon du cercle circonscrit est irrationnel. Elle sert à calculer l'une de ces deux lignes, lorsque l'autre est donnée.

COROLLAIRE. — Si l'on divise en deux parties égales les arcs sous-tendus par les côtés du carré ABCD, les points de division et les sommets du carré partageront la circonférence OA en

huit arcs égaux ; on inscrira donc l'octogone régulier en traçant les cordes de ces arcs.

Pour inscrire le polygone régulier de 16 côtés, on divisera
en deux parties égales les arcs sous-tendus par les côtés de
l'octogone régulier, et l'on tracera les cordes des demi-arcs.
En continuant ainsi cette bissection, on obtiendra les polygones réguliers de 32, 64... côtés.

PROBLÈME II.

*Inscrire un hexagone régulier, un triangle équilatéral dans
un cercle donné* OA.

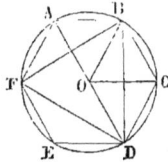

1° Soit AB une corde égale au rayon OA ;
je dis qu'elle est le côté de l'hexagone régulier inscrit.

La corde AB fait avec les rayons OA, OB,
un triangle équilatéral dont l'angle AOB est
égal au tiers de deux angles droits (9, III), ou au sixième de
quatre angles droits. Par suite, cet angle ayant son sommet
situé au centre de la circonférence OA, l'arc AB qu'il intercepte est la sixième partie de cette circonférence, et la corde
AB est le côté de l'hexagone régulier inscrit. Donc, pour construire ce polygone, il suffit de tracer dans le cercle six cordes
consécutives qui soient égales au rayon.

2° On inscrit le triangle équilatéral BDF en traçant les
cordes BD, DF, FB, qui joignent de deux en deux les sommets
de l'hexagone régulier. Car les trois points B, D, F, divisent
évidemment la circonférence en trois parties égales.

Pour calculer le rapport du côté BD au rayon OA, je trace
le diamètre AD ; l'angle ABD du triangle BAD étant droit (15,
IV), j'en conclus successivement :

$$BD^2 = AD^2 - AB^2 = 4 \ AO^2 - AO^2,$$

ou
$$BD^2 = 3 \ AO^2 ;$$

et, par suite,

$$\frac{BD}{AO} = \sqrt{3}.$$

Cette égalité prouve que le rapport du côté du triangle équilatéral au rayon du cercle circonscrit est irrationnel. — Elle sert à calculer l'une de ces deux lignes, lorsque l'autre est donnée.

Corollaire.— Pour inscrire dans le cercle OA les polygones réguliers de 24, 48, 96, etc., côtés, il suffit de diviser en 2, 4, 8, etc., parties égales les arcs sous-tendus par les côtés de l'hexagone régulier inscrit.

Remarque. — Les deux théorèmes qui précèdent donnent le moyen d'inscrire dans un cercle les polygones réguliers qui ont 4, 8, 16, 32..... côtés et ceux qui en ont 3, 6, 12, 24, etc. Pour circonscrire au même cercle un polygone régulier quelconque, il suffit d'inscrire le polygone régulier du même nombre de côtés et de mener des tangentes par ses sommets (27,II).

THÉORÈME III.

Le rayon AB d'un cercle et le côté BC d'un polygone régulier inscrit étant donnés, calculer le côté du polygone régulier inscrit qui a deux fois plus de côtés que le précédent.

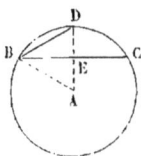

Je trace le rayon AD perpendiculaire au côté BC du polygone donné, et je mène la corde BD; cette droite est le côté du polygone demandé, puisque l'arc BD est la moitié de l'arc BC (12, I). Je commence par calculer l'apothème AE du polygone donné; le triangle ABE étant rectangle, il en résulte que

$$AE = \sqrt{AB^2 - BE^2};$$

or la droite BE est la moitié de la corde BC (12, I), par conséquent j'ai la formule :

$$AE = \sqrt{AB^2 - \frac{BC^2}{4}}.$$

J'obtiens ensuite le côté BD du polygone demandé, en remarquant qu'il fait partie du triangle ABD, et que l'angle opposé BAD est toujours aigu comme moitié de l'angle au centre BAC du polygone (27, I, Rem.). En effet, j'ai l'égalité (23, V)

$$BD^2 = AB^2 + AD^2 - 2\,AD \times AE,$$

ou $$BD^2 = 2\,AB^2 - 2\,AB \times AE,$$

et j'en conclus la formule suivante :

$$BD = \sqrt{2\,AB\,(AB - AE)},$$

qui fait connaître la valeur de BD en fonction du rayon donné AB et de l'apothème AE calculé au moyen de la première formule.

Remarque. — Pour faciliter l'application des deux formules précédentes, je désigne par R le rayon du cercle donné, par c et d le côté du polygone proposé et le diamètre du cercle inscrit dans ce polygone ou le double de son apothème, et enfin par c' le côté du polygone demandé. La formule de laquelle on déduit la valeur de l'apothème AE devient alors :

$$\frac{d}{2} = \sqrt{R^2 - \frac{c^2}{4}}$$

ou $$d = \sqrt{4\,R^2 - c^2}. \qquad (a)$$

Quant à la valeur du côté BD, elle est donnée par l'égalité suivante :

$$c' = \sqrt{R\,(2\,R - d)}. \qquad (b)$$

PROBLÈME.

Calculer le rapport de la circonférence au diamètre.

La solution complète et pratique de ce problème fait partie du cours de mathématiques supérieures; aussi, dans cette leçon, il s'agit bien moins de donner une méthode pour calculer le rapport de la circonférence au diamètre, que de faire concevoir la possibilité de calculer ce nombre.

Cela posé, je vais chercher la longueur de la circonférence dont le rayon est égal à un mètre. En divisant par 2 le nombre qui exprimera cette longueur, j'aurai la valeur du rapport de la circonférence au diamètre, puisque le diamètre du cercle considéré est égal à 2 mètres. La circonférence étant la limite des polygones réguliers inscrits dont le nombre des côtés croît indéfiniment, on conçoit sans difficulté que, si je calcule les périmètres des polygones réguliers de 4, 8, 16, etc., côtés inscrits dans le cercle dont le rayon égale un mètre, ces périmètres différeront de moins en moins de la circonférence, et qu'en prenant la longueur de l'un de ces périmètres pour celle de la circonférence, je commettrai une erreur d'autant moindre que le polygone considéré aura plus de côtés.

Soient donc $c, c^{\text{I}}, c^{\text{II}}, c^{\text{III}},....$ les côtés des polygones réguliers de 4, 8, 16, 32,.... côtés inscrits dans le cercle dont le rayon égale un mètre, et $d, d^{\text{I}}, d^{\text{II}}, d^{\text{III}},....$ les diamètres des cercles inscrits dans ces polygones. J'aurai $c = \sqrt{2}$ (1); et je déduirai successivement des formules (a) et (b) du théorème III, les valeurs suivantes des quantités $c^{\text{I}}, c^{\text{II}},.... d, d^{\text{I}},....$

$$c = \sqrt{2} \qquad\qquad d = \sqrt{4-c^2}$$
$$c^{\text{I}} = \sqrt{2-d} \qquad\qquad d^{\text{I}} = \sqrt{4-c^{\text{I}\,2}}$$
$$c^{\text{II}} = \sqrt{2-d^{\text{I}}} \qquad\qquad d^{\text{II}} = \sqrt{4-c^{\text{II}\,2}}$$
$$c^{\text{III}} = \sqrt{2-d^{\text{II}}} \qquad\qquad d^{\text{III}} = \sqrt{4-c^{\text{III}\,2}}$$

. . . .

. . . .

En effectuant les calculs, je trouve :

$$c = 1,41421352 \qquad d = 1,41421352$$
$$c^{\text{I}} = 0,76536689 \qquad d^{\text{I}} = 1,84775905$$
$$c^{\text{II}} = 0,39018066 \qquad d^{\text{II}} = 1,96157055$$
$$c^{\text{III}} = 0,19606491 \qquad d^{\text{III}} = 1,99036945$$
$$c^{\text{IV}} = 0,09813536 \qquad d^{\text{IV}} = 1,99759091$$
$$c^{\text{V}} = 0,04908248 \qquad d^{\text{V}} = 1,99939764$$
$$c^{\text{VI}} = 0,02454302 \qquad d^{\text{VI}} = 1,99984940$$

Par suite, les périmètres des polygones réguliers de 4, 8, 16, 32, 64, 128 et 256 côtés, inscrits dans le cercle dont le rayon égale un mètre, sont :

$$4\,c = 5,65685$$
$$8\,c^{\text{I}} = 6,12293$$
$$16\,c^{\text{II}} = 6,24289$$
$$32\,c^{\text{III}} = 6,27407$$
$$64\,c^{\text{IV}} = 6,28066$$
$$128\,c^{\text{V}} = 6,28255$$
$$256\,c^{\text{VI}} = 6,28301$$

Pour connaître l'approximation avec laquelle le périmètre

du polygone de 256 côtés représente la circonférence dans laquelle il est inscrit, je calcule le périmètre du polygone semblable et circonscrit à la même circonférence. Les périmètres de ces polygones réguliers sont proportionnels à leurs apothèmes, car ils ont le même nombre de côtés (27, III); j'ai donc l'égalité :

$$\frac{x}{6,28301} = \frac{1}{0,9999247}$$

de laquelle je conclus

$$x = 6,28348.$$

La longueur de la circonférence demandée étant comprise entre 6^m,28304 et 6^m,28348, est égale à 6^m,283, à moins d'un demi-millimètre. Par suite, le rapport de la circonférence au diamètre est égal à la moitié de 6,283, ou à 3,1415, et l'erreur commise est moindre qu'un quart de millième, c'est-à-dire moindre que 0,00025. En comparant le nombre 3,1415 à la valeur connue de π, savoir 3,1415926535...., on voit qu'il n'en diffère pas en réalité d'un dix-millième.

Remarque I. — On peut réduire le calcul précédent à la recherche des diamètres d, d', d'', etc., et du côté c^{vi} du polygone auquel on veut s'arrêter. En effet, si je remplace dans la formule

$$d' = \sqrt{4 - c'^2}$$

le côté c' par sa valeur $\sqrt{2 - d}$, je trouve :

$$d' = \sqrt{2 + d}.$$

Par conséquent, chaque diamètre peut être calculé au moyen du précédent. J'ai donc

$$d = \sqrt{2}$$
$$d' = \sqrt{2 + d}$$
$$d'' = \sqrt{2 + d'}$$
$$\cdot \cdot \cdot \cdot \cdot \cdot \cdot \cdot$$
$$d^v = \sqrt{2 + d^{iv}}$$

et, enfin

$$c^{vi} = \sqrt{2 - d^v}.$$

Remarque II. — Ces dernières formules conduisent à une

expression du nombre π. Je remarque, en effet, que l'apothème du polygone régulier de 2^{k+1} côtés, inscrit dans le cercle dont le rayon est un mètre, égale $\sqrt{2+\sqrt{2+\sqrt{2+\text{etc.}}}}$, le nombre des radicaux superposés étant égal à K. Par conséquent, le côté de ce polygone égale $\sqrt{2-\sqrt{2+\sqrt{2+\sqrt{2+\text{etc.}}}}}$, et son demi-périmètre a pour valeur

$$2^k\sqrt{2-\sqrt{2+\sqrt{2+\sqrt{2+\text{etc.}}}}}$$

Si je suppose que le nombre K et, par suite, le nombre 2^{k+1} des côtés du polygone croissent indéfiniment, j'aurai

$$\pi = \text{limite } 2^k\sqrt{2-\sqrt{2+\sqrt{2+\sqrt{2+\text{etc.}}}}}$$

Dans cette formule le nombre des radicaux placés sous le premier radical est égal à K.

PROBLÈMES.

1. Calculer, à un centimètre près, l'aire de l'hexagone régulier inscrit dans le cercle dont le rayon est de 15^m, 75.

2. Démontrer que l'aire du dodécagone régulier inscrit dans un cercle est égale au triple du carré du rayon.

3. Un cercle et un point étant donnés, tracer par ce point une sécante qui divise la circonférence en deux arcs proportionnels aux nombres 11 et 13.

4. Le côté du triangle équilatéral circonscrit à un cercle est le double du côté du triangle équilatéral inscrit dans ce cercle.

5. Calculer, à un millimètre près, la longueur de l'arc de 75° 28' dans le cercle dont le rayon égale 0^m, 158.

6. Si l'on fait rouler un cercle dans un autre cercle de rayon double de telle sorte que ces deux cercles soient toujours tangents, un point de la circonférence du cercle mobile décrira un diamètre du cercle fixe.

PROGRAMME : De l'aire des polygones et de celle du cercle. — Mesure de l'aire du rectangle, du parallélogramme, du triangle, du trapèze, d'un polygone quelconque. — Méthodes de la décomposition en triangles et en trapèzes rectangles.

DÉFINITIONS.

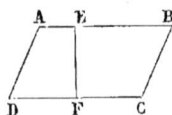

1. On prend pour *base* d'un parallélogramme ABCD un côté quelconque DC de ce quadrilatère. La perpendiculaire EF, qui mesure la distance de la base DC au côté opposé AB, a reçu le nom de *hauteur* du parallélogramme.

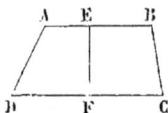

2. Un *trapèze* est un quadrilatère dont deux côtés opposés sont parallèles.

Tout trapèze ABCD a pour *bases* ses côtés parallèles AB, CD, et pour *hauteur* la perpendiculaire EF qui mesure la distance de ses deux bases.

3. On appelle *aire* l'étendue superficielle d'une figure quelconque.

Si deux figures ont des aires égales, sans avoir la même forme, on dit qu'elles sont *équivalentes*.

THÉORÈME I.

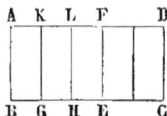

Le rapport de deux rectangles ABCD, ABEF, *qui ont la même hauteur* AB, *est égal au rapport de leurs bases* BC, BE.

Je suppose le rapport $\dfrac{BC}{BE}$ des bases de ces

rectangles égal à $\frac{5}{3}$ (15, déf. 2); ces droites ont alors une commune mesure BG contenue 5 fois dans BC et 3 fois dans BE. Par les points G, H, etc., qui divisent BC en 5 parties égales, je trace des perpendiculaires à cette droite ; ces perpendiculaires partagent le rectangle ABCD en 5 rectangles égaux entre eux et le rectangle ABEF en contient 3. Pour démontrer l'égalité de deux quelconques de ces rectangles partiels, par exemple, des rectangles ABGK, LHEF, je superpose leurs bases BG, HE, qui sont égales par hypothèse ; la droite HL, perpendiculaire à EH, prend alors la direction de la droite BA, perpendiculaire à BG, et leurs extrémités L, A, s'appliquent l'une sur l'autre, puisque ces lignes ont la même longueur. Pour la même raison, les côtés EF, GK de ces rectangles coïncident, ainsi que les sommets F et K; par conséquent, les côtés LF, AK, qui ont les mêmes extrémités, coïncident aussi, et les rectangles ABGK, LHEF sont égaux.

Je conclus de cette démonstration que les rectangles ABCD, ABEF, ont une commune mesure ABGK, qu'ils contiennent autant de fois que leurs bases BC, BE, contiennent leur commune mesure BG. Par conséquent, le rapport $\frac{ABCD}{ABEF}$ est égal à $\frac{5}{3}$, ou au rapport $\frac{BC}{BE}$.

THÉORÈME II.

Le rapport de deux rectangles quelconques est égal au produit du rapport de leurs bases par celui de leurs hauteurs.

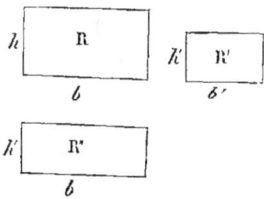

Soient R, R', deux rectangles; h, h' leurs hauteurs et b, b' leurs bases; je construis un rectangle R'', qui ait la même base b que le premier rectangle et la même hauteur h' que le second. Les deux rectangles R, R'', ayant la même base b, le rapport de leurs surfaces est égal à celui de leurs hauteurs (1), c'est-à-dire que l'on a :

$$\frac{R}{R''} = \frac{h}{h'};$$

pareillement, de l'égalité des hauteurs des rectangles R'', R', je conclus

$$\frac{R''}{R'} = \frac{b}{b'}.$$

Je multiplie ensuite les deux égalités précédentes membre à membre, et, après la suppression du facteur R'' commun aux deux termes du premier produit, je trouve :

$$\frac{R}{R'} = \frac{h}{h'} \times \frac{b}{b'}.$$

CorOLLAIRE.— Soient $h=1^m,5$, $b=3^m,2$, $h'=1^m,2$ et $b'=2^m,4$, il en résulte

$$\frac{R}{R'} = \frac{1,5}{1,2} \times \frac{3,2}{2,4} = \frac{15 \times 32}{12 \times 24} = \frac{5}{3}.$$

Le rectangle R' est donc égal aux $\frac{3}{5}$ du rectangle R.

THÉORÈME III.

Si l'on prend pour unité de surface le carré fait sur l'unité de longueur, l'aire d'un rectangle est égale au produit de sa base par sa hauteur.

L'unité de longueur étant le mètre, je conviens de prendre le mètre carré pour l'unité de surface.

Cela posé, pour mesurer le rectangle R dont je désigne la base par b et la hauteur par h, je le compare au carré C qui a le mètre pour côté et j'ai l'égalité (II)

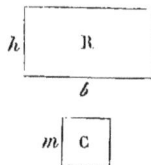

$$\frac{R}{C} = \frac{b}{m} \times \frac{h}{m}.$$

Les rapports $\frac{R}{C}$, $\frac{b}{m}$, $\frac{h}{m}$, exprimant les mesures du rectangle, de sa base et de sa hauteur, je conclus de l'égalité précédente que la mesure de l'aire d'un rectangle est égale au produit des mesures de sa base et de sa hauteur. On énonce ordinairement ce résultat de la manière suivante : *L'aire d'un rectangle est égale au produit de sa base par sa hauteur.*

COROLLAIRE. — *L'aire d'un carré est égale* au produit de sa base par sa hauteur, c'est-à-dire *à la seconde puissance de son côté.*

Réciproquement, la seconde puissance d'un nombre quelconque peut être considérée comme la mesure de l'aire du carré dont le côté est égal à ce nombre. Ce corollaire et sa réciproque expliquent la synonymie des mots *carré* et *seconde puissance* d'un nombre, employés en arithmétique.

THÉORÈME IV.

L'aire d'un parallélogramme ABCD *est égale au produit de sa base* AB *par sa hauteur* BE.

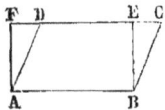

Par les extrémités A et B de la base du parallélogramme ABCD, je trace des perpendiculaires à cette droite jusqu'à la rencontre du côté opposé DC ; je dis que le parallélogramme ABCD est équivalent au rectangle ABEF.

En effet, les triangles rectangles ADF, BCE ont les hypoténuses AD, BC, égales comme côtés opposés du parallélogramme (10, I); leurs côtés AF, BE, adjacents aux angles droits F et E, sont égaux pour une raison semblable ; donc ces triangles rectangles sont égaux entre eux (6, V).

Je remarque ensuite qu'en retranchant successivement du quadrilatère ABCF chacun de ces triangles, le parallélogramme ABCD et le rectangle ABEF que je trouve pour restes sont équivalents. Or le rectangle a pour mesure AB×BE (III); donc l'aire du parallélogramme est aussi égale à AB×BE, c'est-à-dire au produit de sa base AB par sa hauteur BE.

COROLLAIRE. — Le rapport de deux parallélogrammes qui ont les bases égales est le même que celui de leurs hauteurs.

— Si les hauteurs de deux parallélogrammes sont égales, le rapport de leurs surfaces est égal à celui de leurs bases.

THÉORÈME V.

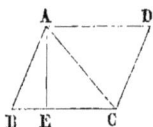

L'aire d'un triangle est égale à la moitié du produit de sa base par sa hauteur.

Soit ABC le triangle donné; des extrémités A et C du côté AC je trace les droites AD, CD, parallèles respectivement aux deux autres côtés BC, BA. Les triangles ABC, ACD, ont les trois côtés égaux chacun à chacun, parce que le quadrilatère ABCD est un parallélogramme; ils sont donc égaux (4, V), et, par suite, le triangle ABC est équivalent à la moitié du parallélogramme ABCD qui a la même base BC et la même hauteur AE que le triangle.

Or le parallélogramme a pour mesure le produit $BC \times AE$ (IV); donc l'aire du triangle est égale à la moitié du même produit, c'est-à-dire à la moitié du produit de sa base BC par sa hauteur AE.

CorolLAIRE. — Les aires de deux triangles qui ont des bases égales sont proportionnelles à leurs hauteurs.—Si les hauteurs de deux triangles sont égales, leurs surfaces sont proportionnelles à leurs bases.

THÉORÈME VI.

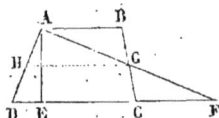

L'aire d'un trapèze ABCD est égale au produit de sa hauteur AE par la demi-somme de ses bases AB, CD.

Je prolonge la base inférieure CD d'une longueur CF, égale à la base supérieure AB, et je trace la droite AF qui coupe le côté BC au point G. Les triangles ABG, CGF, ont un côté égal adjacent à deux angles égaux chacun à chacun; en effet, les côtés CF, AB, sont égaux par hypothèse; l'angle ABG égale l'angle FCG parce qu'ils sont alternes internes par rapport aux deux droites parallèles AB, CF, et à la sécante BC ; il en est de même des angles BAG, GFC. Les triangles ABG, CGF sont donc égaux entre eux ; si je les retranche successivement de la figure ABGFD, le trapèze ABCD et le triangle AFD que j'obtiens pour restes sont équivalents.

Mais le triangle a pour mesure AE × ½ DF ; donc l'aire du trapèze est aussi égale à AE × ½ DF, c'est-à-dire au produit de sa hauteur AE par la demi-somme de ses bases DC, AB.

COROLLAIRE. — *Le trapèze a aussi pour mesure le produit de sa hauteur AE par la droite GH qui joint les milieux G et H de ses côtés non parallèles AD, BC.*

En effet, les deux triangles ADF, AGH, qui ont un angle commun compris entre côtés proportionnels, sont semblables (21, IV) ; la droite GH égale donc la moitié de la droite DF, ou de la somme des bases AB, CD, du trapèze. Par suite, ce quadrilatère a pour mesure le produit de AE par GH.

PROBLÈME I.

Mesurer la surface d'un polygone quelconque.

Ce problème est susceptible de plusieurs solutions, que je vais exposer successivement.

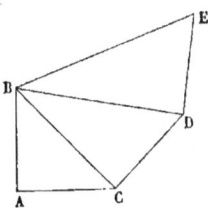

1° Pour évaluer l'aire d'un polygone ABCDE, tracé sur le papier ou sur le terrain, on le décompose en triangles, soit en menant les diagonales d'un sommet, par exemple de B, à tous les autres ; soit en traçant des lignes droites d'un point quelconque O de sa surface à tous ses sommets. On calcule ensuite les aires de ces triangles et l'on en fait la somme. Le résultat de cette addition est la mesure de la surface du polygone proposé.

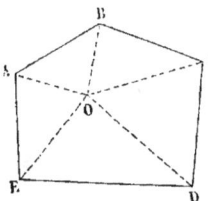

2° Lorsque le polygone dont on demande la mesure est tracé sur le papier, on peut le transformer en un triangle équivalent, et mesurer ensuite la surface de ce triangle.

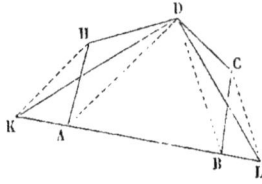

Pour compléter cette solution je vais indiquer comment on transforme un polygone, par exemple le pentagone ABCDH, en un triangle équivalent. Je trace la diagonale BD, qui retranche du pentagone le triangle BDC, et du sommet C de ce triangle je mène la droite CL parallèle à BD. Je prolonge ensuite le côté AB du polygone jusqu'à la rencontre de CL, et je joins leur intersection L au point D par la droite DL. Le triangle CBD est équivalent au triangle LBD (V), parce qu'ils ont la même base BD et des hauteurs égales, leurs sommets C, L, se trouvant sur une parallèle à la base. Dès lors, si je remplace dans le pentagone ABCDH le triangle CBD par le triangle équivalent LBD, le nouveau polygone LBAHD est équivalent au pentagone; mais, les trois points A, B, L, étant en ligne droite, la figure LBAHD n'a que quatre côtés. Par conséquent j'ai transformé, par la construction précédente, le polygone proposé en un autre qui lui est équivalent et a un côté de moins.

En appliquant cette construction au quadrilatère ALDH, je le transforme en un triangle LDK qui lui est équivalent. Par suite, l'aire de ce triangle est égale à celle du pentagone ABCDH.

3. Lorsque le polygone est tracé sur le terrain, on emploie de préférence la méthode suivante :

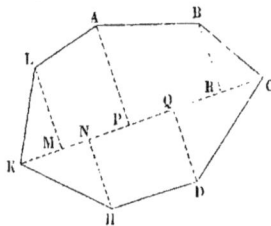

Soit à évaluer l'aire du polygone ABCDHKL; on trace la plus grande diagonale CK, et par les sommets extérieurs à cette droite on mène des perpendiculaires à sa direction. Ces perpendiculaires décomposent la figure en triangles rectangles et en trapèzes. On calcule ensuite les aires de ces figures partielles et l'on en fait la somme.

Ce procédé est préféré dans l'arpentage, à cause de la facilité avec laquelle on trace sur le terrain les perpendiculaires, au moyen de l'instrument appelé *équerre d'arpenteur*.

PROBLÈME II.

Construire un carré équivalent à un polygone.

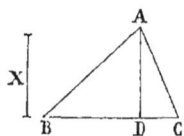

1° Si le polygone proposé est le triangle ABC, je trace sa hauteur AD et je désigne par X le côté du carré qui lui est équivalent. L'aire du triangle est égale à $\frac{1}{2}$ BC × AD (V), et celle du carré égale à X^2 (III). Pour que le carré soit équivalent au triangle, il faut qu'on ait :

$$X^2 = \tfrac{1}{2} BC \times AD ;$$

j'en conclus

$$\frac{AD}{X} = \frac{X}{\frac{1}{2} BC},$$

c'est-à-dire que le côté X du carré demandé est moyenne proportionnelle à la hauteur AD et à la moitié de la base BC du triangle donné.

2° Si la surface du polygone proposé a pour mesure le produit de deux de ses lignes, comme il arrive pour le parallélogramme et le trapèze, je démontre, par un raisonnement analogue au précédent, que le côté du carré équivalent à ce polygone est moyenne proportionnelle aux deux lignes dont le produit exprime sa surface.

3° Lorsque la surface du polygone proposé ne s'exprime pas immédiatement par le produit de deux lignes, je transforme ce polygone en un triangle équivalent (Problème I), et je construis ensuite le carré équivalent à ce triangle.

PROBLÈMES.

1. Calculer, à moins d'un centimètre carré, l'aire du rectangle dont la base est égale à 10^m, 75 et la diagonale à 15^m, 25.

2. Calculer l'une des hauteurs et l'aire du triangle dont les côtés sont égaux respectivement à 1^m, 20, 1^m, 85 et 2^m, 25.

3. L'aire d'un trapèze est égale à 2034^{mc}, 60 ; sa hauteur est de 18^m, 40 et sa base inférieure de 54^m, 48. Calculer sa base supérieure à moins d'un centimètre.

4. Diviser un triangle en deux parties équivalentes par une perpendiculaire à l'un de ses côtés.

5. Diviser un triangle en trois parties proportionnelles à des lignes données, en joignant un point de l'intérieur à tous les sommets.—Cas particulier dans lequel les trois lignes données sont égales.

6. Inscrire dans un cercle un trapèze dont la hauteur et la surface sont données. — (La grandeur d'une surface est déterminée par le côté du carré qui lui est équivalent.)

7. La position et la longueur de deux droites étant données, trouver le lieu des points, tels qu'en les joignant aux extrémités de ces droites, on forme deux triangles dont les aires soient proportionnelles à deux lignes données M et N. Examiner le cas d'égalité de M et N.

8. Par un point donné sur le plan d'un angle, tracer une sécante telle que l'aire du triangle qu'elle fait avec les côtés de cet angle soit égale à un carré donné.

9. Le produit de deux côtés d'un triangle est égal au produit de la hauteur, perpendiculaire au troisième côté, par le diamètre du cercle circonscrit. — Déduire de ce théorème que l'aire d'un triangle est égale au produit de ses trois côtés divisé par le double du diamètre du cercle circonscrit.

TRENTE-DEUXIÈME LEÇON.

PROGRAMME : Relations entre le carré construit sur le côté d'un triangle opposé à un angle droit, ou aigu, ou obtus, et les carrés construits sur les deux autres côtés.

REMARQUE.

La vingt-troisième leçon et la vingt-quatrième renferment plusieurs théorèmes dans lesquels on considère le produit de deux lignes. Or, on sait (30, II) qu'un tel produit peut être considéré comme la mesure de l'aire du rectangle construit sur ces deux lignes ; par conséquent, ces théorèmes sont susceptibles d'une interprétation purement géométrique et, par suite, d'une démonstration nouvelle. J'examinerai seulement les trois théorèmes relatifs au carré d'un côté d'un triangle opposé à un angle droit, ou aigu, ou obtus.

THÉORÈME I.

Le carré construit sur l'hypoténuse d'un triangle rectangle est équivalent à la somme des carrés construits sur les deux autres côtés.

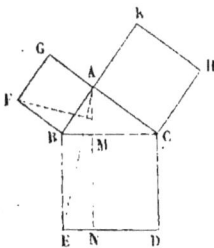

Soit ABC un triangle dont l'angle BAC est droit ; je construis un carré sur chacun de ses côtés et je dis que le carré BCDE fait sur l'hypoténuse BC est équivalent à la somme des carrés ABFG, ACHK, faits sur les deux autres côtés AB, AC.

Je trace du sommet A de l'angle droit la perpendiculaire AM à l'hypoténuse ; le prolongement MN de cette droite partage le carré BCDE en deux rectangles BEMN, CDMN, équivalents respectivement aux carrés ABFG, ACHK, qui leur sont adjacents. En effet, l'aire du rectangle BEMN est le double de celle du triangle ABE parce qu'ils ont la même base BE et les hauteurs égales, le sommet A du triangle étant sur le prolongement de la base supérieure MN du rectangle (30, III et V). Pareillement l'aire du carré ABFG est le double de celle du triangle BCF, puisqu'ils ont la même base BF et les hauteurs égales, le sommet C du triangle étant sur le prolongement de la base supérieure AG du carré. La démonstration de l'équivalence du rectangle BEMN et du carré ABEG revient donc à celle de l'égalité des deux triangles ABE, BCF. Or, d'après la construction de la figure, les côtés BF et BC de l'un égalent respectivement les côtés BA et BE de l'autre; de plus, les angles FBC, ABE, compris entre ces côtés sont égaux, parce que chacun d'eux est égal à l'angle ABC augmenté d'un angle droit. Donc les triangles ABE, BCF sont égaux (3, III), et, par suite, le rectangle BEMN est équivalent au carré ABFG.

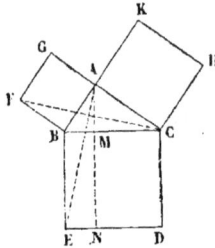

Je prouverais de même l'équivalence du rectangle CDMN et du carré ACHK; par conséquent, le carré BCDE fait sur l'hypoténuse BC est équivalent à la somme des carrés ABFG, ACHK, faits sur les deux autres côtés AB, AC.

COROLLAIRE I. — *Les carrés faits sur les deux côtés de l'angle droit du triangle rectangle ABC sont proportionnels aux projections de ces côtés sur l'hypoténuse.*

En effet, le rapport des carrés ABFG, ACHK est le même que celui des rectangles BEMN, CDMN qui leur sont équivalents; par conséquent, il est égal au rapport des bases BM, CM, de ces rectangles qui ont la même hauteur MN (30, I).

COROLLAIRE II.— *Les carrés, faits sur l'hypoténuse et l'un des côtés de l'angle droit du triangle rectangle ABC, sont propor-*

tionnels à l'hypoténuse et à la projection du côté de l'angle droit sur l'hypoténuse.

Le rapport des carrés BCDE, ABFG, est le même que celui du carré BCDE et du rectangle BEMN; par conséquent, il est égal au rapport des bases BC et BM de ces rectangles qui ont la même hauteur BE.

THÉORÈME II.

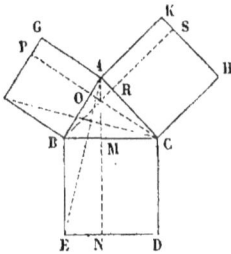

Dans tout triangle, le carré construit sur un côté opposé à un angle aigu, est équivalent à la somme des carrés construits sur les deux autres côtés, diminuée de deux fois le rectangle qui aurait pour dimensions l'un des côtés de l'angle aigu et la projection de l'autre côté sur le premier.

Soit ABC un triangle dans lequel le côté BC est opposé à l'angle aigu BAC; je construis un carré sur chacun des côtés de ce triangle, et je dis que le carré BCDE fait sur le côté BC est équivalent à la somme des carrés ABFG, ACHK faits sur les deux autres côtés AB, AC, moins le double du rectangle ayant pour dimensions le côté AB et la projection du côté AC sur AB.

Je trace des sommets du triangle ABC les perpendiculaires AN, BS, CP, sur les côtés opposés; ces droites partagent les trois carrés en six rectangles. Je vais démontrer que deux rectangles consécutifs et placés sur les côtés d'un même angle, par exemple BEMN, BFPO, sont équivalents. En effet, l'aire du rectangle BEMN est le double de celle du triangle ABE, parce qu'ils ont la même base BE et les hauteurs égales, le sommet A du triangle étant sur le prolongement de la base supérieure MN du rectangle (30, III et V); pour la même raison, l'aire du rectangle BFPO est le double de celle du triangle BCF. La démonstration de l'équivalence des deux rectangles BEMN, BFPO, revient donc à celle de l'égalité des triangles ABE, BCF. Or, d'après la construction de la figure, les côtés

BA, BE, du premier triangle sont égaux respectivement aux

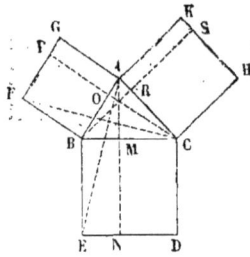

côtés BF, BC, du second, et les angles ABE, FBC, compris entre ces côtés sont égaux, parce que chacun d'eux est la somme de l'angle ABC et d'un angle droit. Donc les triangles ABE, BCF sont égaux (3, III), et, par suite, les rectangles BEMN, BFPO sont équivalents.

Je prouverais de même l'équivalence des rectangles CDMN, CHRS, et celle des rectangles AKRS, AGPO. Par conséquent, le carré BCDE est équivalent à la somme des rectangles BFPO, GHRS; ou à celle des carrés ABFG, ACHK diminuée des deux rectangles égaux AOPG, AKSR. Or le rectangle AOPG a pour mesure le produit AG×AO (30, III), ou AB×AO; on a donc :

$$BC^2 = AB^2 + AC^2 - 2\,AB \times AO.$$

Il est évident d'ailleurs que la droite AO est la projection du côté AC de l'angle aigu BAC sur l'autre côté AB de cet angle.

THÉORÈME III.

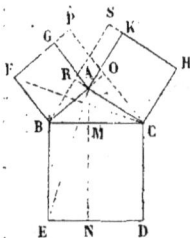

Dans tout triangle, le carré construit sur un côté opposé à un angle obtus est équivalent à la somme des carrés construits sur les deux autres côtés, augmentée de deux fois le rectangle qui aurait pour dimensions l'un des côtés de l'angle obtus et la projection de l'autre côté sur le premier.

Soit ABC un triangle dans lequel le côté BC est opposé à l'angle obtus BAC ; je construis un carré sur chacun des côtés de ce triangle, et je dis que le carré BCDE fait sur le côté BC est équivalent à la somme des carrés ABFG, ACHK, faits sur les deux autres côtés AB, AC, augmentée de deux fois le rectangle ayant pour dimensions le côté AB et la projection du côté AC sur AB.

Je trace des sommets du triangle ABC les perpendiculaires AN, BS, CP, sur les côtés opposés; ces droites font, avec les côtés des trois carrés, six rectangles BEMN, CDMN, BFPO, AGPO, CHSR, AKSR. Je démontre, comme dans le théorème précédent, l'équivalence de deux rectangles consécutifs et placés sur les côtés d'un même angle ou sur leurs prolongements; par conséquent, le carré BCDE est équivalent à la somme des rectangles BFPO, CHSR, ou à celle des carrés ABFG, ACHK augmentée des deux rectangles égaux AGPO, AKSR. Or, le rectangle AGPO a pour mesure le produit $AG \times AO$ (30, III), ou $AB \times AO$; on a donc :

$$BC^2 = AB^2 + AC^2 + 2 \, AB \times AO.$$

Il est d'ailleurs évident que la droite AO est la projection du côté AC de l'angle obtus sur l'autre côté AB de cet angle.

PROBLÈMES.

1. Démontrer que le carré construit sur la diagonale d'un carré est le double du carré proposé.

2. Le carré fait sur la somme de deux droites est équivalent à la somme des carrés faits sur chacune de ces droites, augmentée du double de leur rectangle.

3. Le carré fait sur la différence de deux droites est équivalent à la somme des carrés faits sur chacune de ces droites, diminuée du double de leur rectangle.

4. Le rectangle construit sur la somme et la différence de deux droites est équivalent à la différence des carrés de ces lignes.

TRENTE-TROISIÈME LEÇON.

Programme : Le rapport des aires de deux polygones semblables est le même que celui des carrés des côtés homologues.

THÉORÈME I.

Les aires de deux triangles semblables ABC, A'B'C', sont proportionnelles aux carrés de leurs côtés homologues.

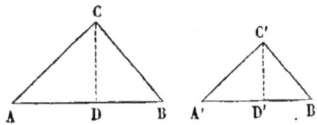

Les triangles ABC, A'B'C' étant semblables, leurs bases AB, A'B' sont proportionnelles à deux côtés homologues ; j'ai donc l'égalité

$$\frac{AB}{A'B'} = \frac{AC}{A'C'}.$$

Des sommets C et C', je trace les droites CD, C'D', respectivement perpendiculaires aux bases AB, A'B'. Les triangles rectangles ACD, A'C'D', ayant les angles aigus A et A' égaux par hypothèse, sont semblables (24, II, c.) ; et il en résulte

$$\frac{CD}{C'D'} = \frac{AC}{A'C'}.$$

Je multiplie membre à membre les deux égalités précédentes et je trouve

$$\frac{AB \times CD}{A'B' \times C'D'} = \frac{AC^2}{A'C'^2}.$$

Or, l'aire du triangle ABC est égale à la moitié du produit AB×CD et l'aire du triangle A'B'C' égale à la moitié du produit A'B'×C'D' (30,V) ; donc le rapport des aires de ces triangles est le même que celui des carrés de leurs côtés homologues AC, A'C'.

THÉORÈME II.

Les aires de deux polygones semblables ABCDE, A'B'C'D'E',
sont proportionnelles aux carrés de leurs côtés homologues.

Je décompose les deux polygones semblables ABCDE, A'B'C'D'E', en un même
nombre de triangles semblables, en traçant leurs diagonales homologues par les
deux sommets homologues A et A' (21, VII).
Les deux triangles ABC, A'B'C' étant semblables, j'ai l'égalité (I)

$$\frac{ABC}{A'B'C'} = \frac{AC^2}{A'C'^2},$$

et la similitude des triangles ACD, A'C'D',
donne de même :

$$\frac{ACD}{A'C'D'} = \frac{AC^2}{A'C'^2}.$$

La comparaison des deux égalités précédentes montre que

$$\frac{ABC}{A'B'C'} = \frac{ACD}{A'C'D'},$$

c'est-à-dire que les triangles semblables dans lesquels
j'ai décomposé les polygones ABCDE, A'B'C'D'E' sont pro-
portionnels. Les rapports $\frac{ABC}{A'B'C'}$, $\frac{ACD}{A'C'D'}$, $\frac{ADE}{A'D'E'}$, étant dès lors
égaux entre eux, je conclus d'un théorème d'arithmétique l'é-
galité suivante :

$$\frac{ABC+ACD+ADE}{A'B'C'+A'C'D'+A'D'E'} = \frac{ABC}{A'B'C'}.$$

Or, le numérateur ABC+ACD+ADE est égal à l'aire du polygone ABCDE, et le dénominateur A'B'C'+A'C'D'+A'D'E' égal
à l'aire du polygone A'B'C'D'E'. Donc les aires de ces polygones
semblables sont proportionnelles aux aires de deux triangles
semblables ABC, A'B'C', ou aux carrés des deux côtés homologues AB, A'B' (I).

PROBLÈME I.

Construire un polygone semblable à un polygone donné, et tel

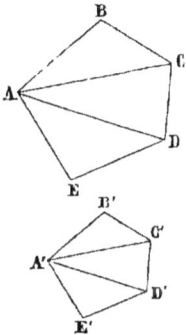

que son rapport à ce polygone soit égal à celui de deux lignes données.

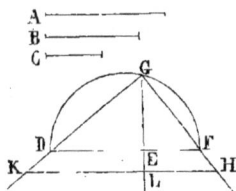

Je suppose 1° que le polygone donné soit un carré; je désigne par A son côté, par X le côté du carré demandé, et par B, C, les deux lignes données; il s'agit de déterminer X de telle sorte que l'on ait :

$$\frac{X^2}{A^2} = \frac{B}{C}.$$

Cela posé, je prends sur une droite indéfinie la longueur DE égale à B et, à la suite, une longueur EF égale à C. Je décris une demi-circonférence sur la ligne DF comme diamètre, puis je mène la droite EG perpendiculaire à DF; cette droite coupe la circonférence au point G que je joins aux points D et F par les cordes GD, GF. Je prends ensuite sur GF une longueur GH égale au côté A du carré donné, et je mène la droite HK parallèle à DF jusqu'à la rencontre de GD. La droite GK est le côté du carré demandé.

En effet, l'angle HGK du triangle GHK étant droit (15, IV), on a (32, I, c.) :

$$\frac{GK^2}{GH^2} = \frac{KL}{LH}.$$

Or, les parallèles KH, DF, sont divisées en parties proportionnelles (21, VI) par les droites GK, GL, GH, issues du point G, c'est-à-dire que

$$\frac{KL}{LH} = \frac{DE}{EF},$$

Par conséquent, on a

$$\frac{GK^2}{GH^2} = \frac{DE}{EF}$$

ou

$$\frac{GK^2}{A^2} = \frac{B}{C}.$$

La droite GK est donc le côté X du carré demandé.

2° Soit donné un polygone quelconque A ;
je désigne par a l'un de ses côtés, par x le côté
homologue du polygone demandé X, et par
b, c, les deux droites données.

J'ai, par hypothèse,

$$\frac{X}{A} = \frac{b}{c},$$

et

$$\frac{X}{A} = \frac{x^2}{a^2},$$

à cause de la similitude des deux polygones (II). Il en résulte

$$\frac{x^2}{a^2} = \frac{b}{c}.$$

La détermination du côté x est donc ramenée à construire un carré qui soit au carré du côté a dans le rapport des deux lignes b et c.

La droite x étant construite d'après la méthode précédente, je ferai sur cette ligne un polygone semblable au polygone donné A (25, VII), en regardant toutefois les droites x et a comme deux côtés homologues.

Remarque. — Si le rapport des deux polygones était exprimé par celui de deux nombres, je prendrais pour les droites B et C des lignes proportionnelles aux deux nombres donnés et je ferais ensuite la construction précédente.

PROBLÈMES.

1. Faire un carré égal à la somme ou à la différence de deux carrés.

2. Deux polygones semblables étant donnés, construire un polygone semblable et équivalent à leur somme ou à leur différence.

3. Circonscrire à un triangle donné le plus grand des triangles semblables à un autre triangle donné.

4. Construire un triangle qui soit semblable à un triangle donné, et dont les sommets soient placés sur trois circonférences concentriques, ou sur trois droites parallèles.

5. Diviser un triangle en un nombre quelconque de parties équivalentes par des parallèles à l'un de ses côtés.

TRENTE-QUATRIÈME LEÇON.

Programme : Aire d'un polygone régulier. Aire d'un cercle, d'un secteur et d'un segment de cercle. — Rapport des aires de deux cercles de rayons différents.

THÉORÈME I.

L'aire d'un polygone régulier est égale au produit de son périmètre par la moitié de son apothème.

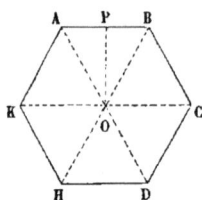

Soit O le centre d'un polygone régulier, par exemple d'un hexagone ABCDHK ; de ce point je mène les rayons OA, OB, etc., aux sommets A, B, etc. Ces droites décomposent le polygone en autant de triangles qu'il a de côtés, et ces triangles sont égaux entre eux parce qu'ils ont les trois côtés égaux chacun à chacun (27, I). Je trace, du centre O, la perpendiculaire OP au côté AB ; cette ligne est à la fois l'apothème du polygone et la hauteur du triangle OAB qui a dès lors pour mesure le produit de sa base AB par la moitié de OP (30, V). Or le polygone proposé est la somme de six triangles égaux à OAB, donc son aire est égale à 6 fois le produit $AB \times \dfrac{OP}{2}$, c'est-à-dire égale au périmètre 6 AB multiplié par la moitié de l'apothème OP.

COROLLAIRE. — *Le rapport des aires de deux polygones réguliers du même nombre de côtés est le même que celui des carrés de leurs apothèmes ou de leurs rayons.*

Soient S et s les aires de deux polygones réguliers semblables, P et p leurs périmètres, A et a leurs apothèmes, et R, r leurs rayons.

On a (I) :
$$S = P \times \frac{A}{2},$$

et
$$s = p \times \frac{a}{2};$$

Il en résulte
$$\frac{S}{s} = \frac{P}{p} \times \frac{A}{a}.$$

Or, les périmètres de deux polygones réguliers semblables étant proportionnels à leurs apothèmes (27, III), le rapport $\frac{P}{p}$ est égal au rapport $\frac{A}{a}$, et l'on a par suite :

$$\frac{S}{s} = \frac{A}{a} \times \frac{A}{a}$$

ou
$$\frac{S}{s} = \frac{A^2}{a^2}.$$

Les rayons et les apothèmes des deux polygones sont proportionnels (27, III); on a donc

$$\frac{A^2}{a^2} = \frac{R^2}{r^2};$$

et, par conséquent,
$$\frac{S}{s} = \frac{R^2}{r^2}.$$

THÉORÈME II.

L'aire d'un cercle a pour mesure le produit de sa circonférence par la moitié de son rayon.

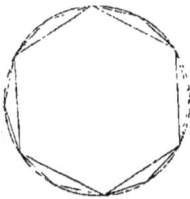

J'inscris d'abord dans le cercle donné un polygone régulier quelconque, par exemple un hexagone, puis les polygones réguliers de 12, 24, etc., côtés. L'aire de chacun de ces polygones est égale au produit de son périmètre par la moitié de son apothème. Ce procédé de mesure, étant indépendant du nombre et de la grandeur des côtés du polygone régulier inscrit, est applicable au cercle; par conséquent, l'aire du cercle est égale au produit de son périmètre, c'est-à-dire de sa circonférence, par la moitié de son apothème qui n'est autre que son rayon.

Corollaire.—Je désigne par R le rayon du cercle donné et j'ai

$$cercle\ R = circ.\ R \times \frac{R}{2}.$$

Si, dans cette expression de l'aire du cercle R, je remplace *circ.* R par sa valeur $2\,\pi\,R$ (27, IV), je trouve :

$$cercle\ R = \pi\ R^2.$$

C'est-à-dire que, *pour calculer l'aire d'un cercle, on peut multiplier le carré de son rayon par le rapport de la circonférence au diamètre.*

Cet énoncé convient mieux que le précédent à la résolution des problèmes numériques relatifs au cercle.

THÉORÈME III.

L'aire d'un secteur a pour mesure le produit de la longueur de son arc par la moitié de son rayon.

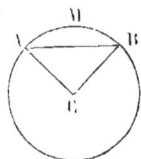

Soient C le centre et CA le rayon d'un cercle ; je dis que l'aire du secteur ACB est égale au produit de la longueur de l'arc AB, par la moitié du rayon CA.

En effet, on a (15, II, c.)

$$\frac{sect.\ ACB}{cercle\ CA} = \frac{arc\ AB}{circ.\ CA},$$

ou, en multipliant les deux termes du dernier rapport par la moitié du rayon CA,

$$\frac{sect.\ ACB}{cercle\ CA} = \frac{arc\ AB \times \dfrac{CA}{2}}{circ.\ CA \times \dfrac{CA}{2}}.$$

Le cercle CA ayant pour mesure le produit *circ.* $CA \times \dfrac{CA}{2}$ (II), il résulte de l'égalité précédente que

$$sect.\ ACB = arc\ AB \times \frac{CA}{2}.$$

COROLLAIRE I. — Si l'on désigne par R le rayon CA, et par n le nombre des degrés de l'arc AB, on a $\dfrac{\pi \, R \, n}{180}$ (27, II) pour la longueur de cet arc ; par suite, l'aire du secteur ACB est égale à $\dfrac{\pi \, R \, n}{180} \times \dfrac{R}{2}$, c'est-à-dire à $\dfrac{\pi \, R^2 \, n}{360}$.

COROLLAIRE II. — L'aire du segment AMB est égale à la différence des aires du secteur ACB et du triangle ACB.

Lorsque la corde AB est le côté de l'un des polygones réguliers que l'on sait inscrire, on peut calculer cette corde en fonction du rayon par les moyens que donne la géométrie (28, III), et obtenir l'aire du triangle ACB, puis celle du segment AMB. Dans tous les autres cas, il faut avoir recours à la trigonométrie.

Exemple : Dans un cercle dont le rayon a 0m, 12 de longueur, calculer, à moins d'un centimètre carré, l'aire du segment de 45°.

L'arc de 45° étant le quart de la circonférence, le secteur de 45° est aussi le quart du cercle ; il a donc pour mesure $\dfrac{\pi \, (0^m, 12)^2}{4}$ (III), ou $\pi \times (0^m, 06)^2$. Le triangle qu'il faut retrancher du secteur, pour avoir le segment demandé, est le quart du carré inscrit dans le cercle proposé ; par conséquent sa surface est égale à $\dfrac{2 \, (0^m, 12)^2}{4}$ (28, I), ou à $2 \, (0^m, 06)^2$. L'aire du segment a donc pour mesure $\pi \, (0^m, 06)^2 - 2 \, (0^m, 06)^2$, ou
$$(\pi - 2) \, (0^m, 06)^2.$$

En calculant ce produit à un dix-millième près, on trouve 0,0041. Par suite, l'aire du segment est de 41 centimètres carrés.

THÉORÈME IV.

Les aires de deux cercles sont proportionnelles aux carrés de leurs rayons.

Soient, en effet, S et S' les aires de deux cercles, R et R' leurs rayons ; on a

$$S = \pi R^2,$$

et

$$S' = \pi R'^2,$$

donc

$$\frac{S}{S'} = \frac{R^2}{R'^2}.$$

COROLLAIRE. — *Les aires de deux secteurs semblables*, c'est-à-dire terminés par des arcs semblables, *sont proportionnelles aux carrés de leurs rayons.*

Soient S et S' les aires de ces secteurs, R et R' leurs rayons, et n le nombre des degrés de leurs arcs ; on a (III, c.)

$$S = \frac{\pi R^2 n}{360}$$

et

$$S' = \frac{\pi R'^2 n}{360}$$

Par conséquent

$$\frac{S}{S'} = \frac{R^2}{R'^2}.$$

PROBLÈMES.

1. Un terrain, dont la forme est celle d'un hexagone régulier, a une superficie de 34 ares 19 centiares ; on demande de calculer le contour de ce terrain. (Concours de troisième, 1853.)

2. Calculer le côté d'un losange, sachant que ce côté est égal à la plus petite diagonale, et que la surface du losange équivaut à celle d'un cercle de 10 mètres de rayon. (Concours de logique littéraire, 1854.)

3. L'aire d'un dodécagone régulier est égale au triple du carré de son rayon.

4. La surface comprise entre deux circonférences concentriques est équivalente au cercle qui a pour diamètre une corde de la circonférence extérieure, tangente à la circonférence intérieure.

5. Tracer deux circonférences concentriques telles que la plus petite divise en deux parties équivalentes la surface comprise dans la plus grande.

ÉLÉMENTS

DE

GÉOMÉTRIE.

Ouvrages du même auteur.

LEÇONS NOUVELLES

DE

GÉOMÉTRIE ÉLÉMENTAIRE

1 vol. in-8⁰. — Prix : 6 fr.

Ces leçons comprennent les principes de la Géométrie moderne.

LEÇONS NOUVELLES

DE

GÉOMÉTRIE DESCRIPTIVE

Rédigées d'après le nouveau programme du cours de Mathématiques spéciales.

2 vol. in-8⁰ (texte et planches). — Prix : 6 fr.

LEÇONS NOUVELLES

D'ALGÈBRE ÉLÉMENTAIRE

Rédigées d'après les programmes des classes de seconde et de logique scientifiques.

1 vol. in-8⁰. — Prix 4 fr.

Paris.—Imprimé chez Bonaventure et Ducessois, quai des Augustins, 55.

ÉLÉMENTS

DE

GÉOMÉTRIE

RÉDIGÉS D'APRÈS LE NOUVEAU PROGRAMME DE L'ENSEIGNEMENT

SCIENTIFIQUE DES LYCÉES

PAR A. AMIOT

PROFESSEUR DE MATHÉMATIQUES AU LYCÉE SAINT-LOUIS, A PARIS

PARIS

DEZOBRY, E. MAGDELEINE ET Cⁱᵉ, LIB.-ÉDITEURS

RUE DU CLOITRE S.-BENOIT, Nº 10

Quartier de la Sorbonne

1855

Page 16, ligne 13, au lieu de AC, lisez : BC.

— 17, ligne *avant-dernière*, au lieu de *donc l'angle* CDO, lisez : *donc l'angle* CDO′.

— 18, lignes 5, 6 et 7, au lieu de EF, lisez : AB.

— 39, ligne 1, au lieu de *sous-entendus*, lisez : *sous-tendus*.

— 42, ligne 5 en remontant, au lieu de *l'une*, lisez: *à l'une*.

— 53, ligne *dernière*, au lieu de point A, lisez : point A′.

— 59, ligne 23, au lieu de *même*, lisez : *menées*.

— 79, ligne 2, au lieu de $\dfrac{3}{5}$, lisez : $\dfrac{5}{3}$.

— 90, ligne 8 en remontant, au lieu de *équilatéral*, lisez : *isocèle*.

— 93, ligne *avant-dernière*, au lieu de *côté* ABB, lisez : *côté* AB.

— 95, ligne 9 en remontant, lire avant le théorème III ce qui suit :

COROLLAIRE III. — *Deux triangles rectangles* ABC, A′B′C′ *sont semblables, si leurs hypoténuses* BC, B′C′ *sont proportionnelles à deux autres côtés* AB, A′B′.

En effet, de l'égalité

$$\frac{BC}{B'C'} = \frac{AB}{A'B'}$$

je déduis successivement :

$$\frac{BC^2}{B'C'^2} = \frac{AB^2}{A'B'^2} = \frac{BC^2 - AB^2}{B'C'^2 - A'B'^2} = \frac{AC^2}{A'C'^2}$$

et, par conséquent,

$$\frac{BC}{B'C'} = \frac{AB}{A'B'} = \frac{AC}{A'C'}$$

Donc les triangles ABC, A′B′C′ ont leurs côtés proportionnels et sont semblables (24, IV).

— 105, ligne 6, au lieu de DE², lisez : BE².

— 111, ligne 2, au lieu de $\dfrac{AB}{AB}$, lisez $\dfrac{AB}{A'B'}$

— 112, ligne 22, au lieu de *diamètre d'une circonférence*, lisez : *rapport d'une circonférence*.

— 117, ligne 14, au lieu de *Théorème*, lisez : *Problème*.

— 119, ligne 10, au lieu de *Théorème*, lisez : *Problème*.

— 121, ligne 14, au lieu de *centimètre*, lisez : *centimètre carré*. (Les problèmes I et II de cette page appartiennent à la leçon suivante.

— 152, lignes 22 et 24, au lieu de E, lisez F.

— 160, ligne *dernière*, au lieu de *es*, lisez : *les*.

— 215, ligne 5, au lieu de *mètres*, lisez : *mètres cubes*.

— 249, ligne 12, au lieu de *spérique*, lisez : *sphérique*.

GÉOMÉTRIE

FIGURES DANS L'ESPACE

COURS DE SECONDE SCIENTIFIQUE.

PREMIÈRE ET DEUXIÈME LEÇONS.

Programme : Du plan et de la ligne droite. — Deux droites qui se coupent déterminent la position d'un plan. — Condition pour qu'une droite soit perpendiculaire à un plan. — Propriétés de la perpendiculaire et des obliques menées d'un même point à un plan.

DÉFINITIONS.

1. Le *plan* est une surface telle que la droite, menée par deux points quelconques de cette surface, coïncide avec elle dans toute son étendue.

La position d'un plan dans l'espace n'est pas déterminée, s'il n'est assujetti qu'à la condition de passer par une droite donnée. Car on peut le faire tourner autour de cette ligne comme axe sans qu'il cesse de la contenir, et le faire passer successivement par tous les points de l'espace.

2. Il résulte de la définition précédente que toute ligne droite qui traverse un plan, c'est-à-dire qui se trouve en partie d'un côté de ce plan et en partie de l'autre côté, ne peut avoir qu'un point commun avec lui, puisqu'ils ne coïncident pas. Par conséquent, *lorsqu'un plan et une ligne droite se*

coupent, leur intersection est un point. Ce point a reçu le nom
de *pied* de la droite.

3. Une droite et un plan qui se rencontrent sont *perpendiculaires* l'un à l'autre, si la droite est perpendiculaire à toutes
les droites qu'on peut mener par son pied dans le plan.

On dit qu'une ligne droite est *oblique* à un plan, lorsqu'elle
le rencontre sans être perpendiculaire à toutes les droites
qu'on peut mener par son pied dans ce plan.

THÉORÈME I.

*On peut faire passer un plan par deux droites qui se coupent,
et l'on ne peut en faire passer qu'un seul.*

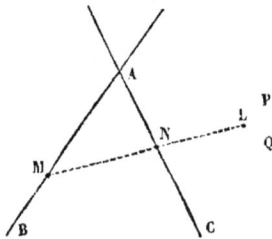

Soient AB, AC, deux droites qui
se coupent au point A; je mène
un plan quelconque P par la droite
AB, et je le fais tourner autour de
cette ligne jusqu'à ce qu'il passe
par le point C de la droite AC.
Dans cette dernière position, le
plan P a deux points A et C communs avec la droite AC; il la con-
tient donc tout entière. Par conséquent, on peut faire passer
un plan P par les deux droites AB, AC qui se coupent.

Je dis en second lieu que tout autre plan Q mené par ces
droites coïncide avec le plan P. Pour le démontrer, je considère un point quelconque L du plan Q, et je trace par ce point
la droite LM qui rencontre les deux droites AB, AC ; les points
d'intersection M et N sont situés dans le plan P qui contient
par hypothèse les deux lignes AB, AC; la droite LM et, par
suite, le point L se trouvent dès lors dans le plan P. Donc
les plans P et Q ont tous leurs points communs et coïncident
dans toute leur étendue.

COROLLAIRE I. — *Une droite et un point, extérieur à cette
ligne, déterminent un plan et n'en déterminent qu'un seul.*

Car, si l'on mène par le point donné une droite qui coupe

la droite donnée, ces deux lignes déterminent un plan et n'en déterminent qu'un seul.

COROLLAIRE II. — *Trois points qui ne sont pas en ligne droite déterminent un plan et n'en déterminent qu'un seul.*

En effet, les droites qui joignent l'un des trois points aux deux autres ne déterminent qu'un plan.

COROLLAIRE III. — *Deux droites parallèles ne déterminent qu'un plan.*

Par définition, deux droites parallèles sont situées dans un plan; je dis en outre qu'elles ne déterminent qu'un plan, car on n'en peut mener qu'un seul par l'une de ces droites et un point quelconque de l'autre.

Remarque. — On peut conclure du théorème précédent que *deux plans coïncident dans toute leur étendue, 1° s'ils ont deux droites communes, qu'elles soient concourantes ou parallèles; 2° s'ils ont une droite et un point extérieur à cette ligne, communs l'un à l'autre; 3° s'ils ont trois points communs.*

Pour représenter un plan qui, étant illimité, n'a pas de forme, on trace sur ce plan un polygone quelconque, par exemple un quadrilatère; mais il faut concevoir ce plan prolongé indéfiniment au-delà du contour de ce polygone.

THÉORÈME II.

Si deux plans M et N se coupent, leur intersection est une ligne droite.

Soient A et B deux points communs aux plans M et N; chacun de ces plans contient la droite AB qui, dès lors, fait partie de leur intersection. Je remarque, en outre, que les plans M et N ne peuvent avoir de point commun à l'extérieur de la droite AB, puisqu'ils ne coïncident pas (I, c); par conséquent, la droit AB est la seule ligne suivant laquelle ces plans se coupent.

THÉORÈME III.

Une ligne droite est perpendiculaire à un plan, lorsqu'elle est perpendiculaire à deux lignes droites tracées par son pied dans ce plan.

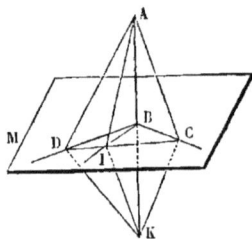

Soit B l'intersection de la droite AB et du plan MN; je suppose AB perpendiculaire à chacune des deux droites BC, BD, menées par son pied dans le plan MN, et je dis qu'elle est aussi perpendiculaire à toute autre droite, telle que BI. tracée par le point B dans ce plan.

En effet, je tire dans le plan MN la droite DC de manière à ce qu'elle rencontre les trois droites BC, BD, BI, et je joins par des lignes droites chacun des points d'intersection C, D, I à deux points A et K de la droite AB également éloignés de son pied B. Les triangles ACD, KCD, ont le côté CD commun; leurs côtés CA, CK sont égaux, puisque la droite CB est perpendiculaire au milieu de AK (P, 6, III) *. Les côtés DA et DK sont égaux pour la même raison; donc les triangles ACD, KCD sont égaux, ainsi que leurs angles ACD, KCD, opposés aux côtés égaux DA et DK.

Les deux triangles ACI, KCI ont dès lors un angle égal compris entre deux côtés égaux chacun à chacun; donc le côté AI est égal à KI. Chacun des deux points I et B de la droite BI étant également éloigné des extrémités de la droite AK, la ligne AK est perpendiculaire à BI et, par suite, au plan MN.

Remarque. — La figure précédente offre l'exemple de deux droites AK, DC, qui ne sont ni parallèles, ni concourantes, puisque le plan MN qui contient la droite DC n'a que le point B commun avec la droite AK. Par conséquent, *deux lignes droites, données d'une manière quelconque dans l'espace, peuvent n'être pas situées dans un même plan.*

On appelle *angle de deux droites non situées dans le même plan,* l'angle que forment les parallèles à ces lignes, menées par un même point de l'espace.

---

* Les renvois à la géométrie plane sont indiqués par la lettre P. Ainsi la notation (P, 6, III) rappelle le troisième théorème de la sixième leçon des figures planes.

COROLLAIRE. — *Si l'on mène par la droite* AB *différents plans* ABC, ABD, *etc., et que l'on trace par le point* B *de cette droite, dans chacun de ces plans, les perpendiculaires* BC, BD, *etc., sur* AB, *le lieu de ces perpendiculaires est un plan.*

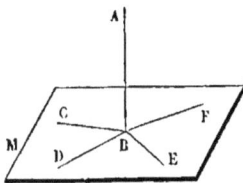

En effet, soit MN le plan déterminé par les deux perpendiculaires BC, BD ; je dis qu'il contient toutes les autres. Je mène par la droite AB un plan quelconque ABE qui coupe le plan MN suivant la droite BE, et je fais remarquer que AB est perpendiculaire à BE, puisqu'elle est perpendiculaire au plan MN. Par conséquent la perpendiculaire tracée dans le plan ABE sur la droite AB est comprise dans le plan MN ; ce plan est donc le lieu demandé.

THÉORÈME IV.

On peut mener par un point donné O, *un plan perpendiculaire à une droite donnée* AB, *mais on ne peut en mener qu'un seul.*

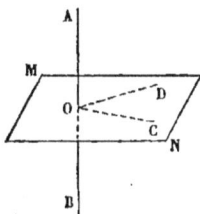

1° Je suppose le point O situé sur la droite AB, et je trace par ce point les droites OC, OD, perpendiculaires à AB dans deux plans différents. Le plan MN mené par ces deux lignes est perpendiculaire à la droite AB, puisque cette droite est perpendiculaire aux deux lignes OC, OD, tracées par son pied dans ce plan (III).

Tout autre plan passant par le point O est oblique à la droite AB, car il n'y a que le plan MN qui contienne les perpendiculaires menées par le point O à cette droite (III).

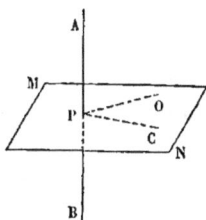

2° Si le point O est donné hors de la droite AB, je trace de ce point la perpendiculaire OP sur AB dans le plan que déterminent le point O et la droite AB. Je fais remarquer ensuite que PO est l'intersection du plan ABO et du plan demandé, et j'en conclus que ce dernier plan n'est autre que le plan mené par le point P perpendiculairement à la droite AB. Pour en achever la construction, il suffit donc de tracer par le point P la droite PC perpendiculaire à AB dans un plan autre que ABO, et de faire passer un plan MN par les deux droites PO, PC.

THÉORÈME V.

On peut mener par un point donné O une droite perpendiculaire à un plan donné MN, mais on ne peut en mener qu'une.

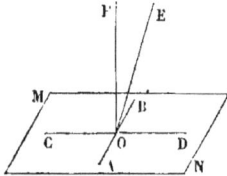

1° Je suppose le point O situé dans le plan MN et je trace par ce point une droite quelconque AB dans ce plan. Je mène ensuite par le même point le plan CDE perpendiculaire à la droite AB (IV); soit CD son intersection avec le plan MN. Je tire dans le plan CDE la droite OF perpendiculaire à CD, et je dis qu'elle est perpendiculaire au plan MN.

En effet, la droite AB, perpendiculaire au plan CDE, est perpendiculaire à la droite OF menée par son pied dans ce plan; dès lors OF est perpendiculaire aux deux droites AB, CD du plan MN et, par suite, à ce plan.

Toute autre droite, menée par le point O dans le plan CDE ou à l'extérieur, est oblique au moins à l'une de deux droites CD, AB; par conséquent, elle n'est pas perpendiculaire au plan MN.

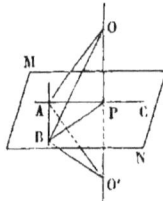

2° Si le point O est situé hors du plan MN, je trace dans ce plan une droite quelconque AB et je mène par le point O le plan OAC perpendiculaire à cette droite (IV). Soit AC son intersection avec le plan MN; je tire dans le plan OAC la droite OP perpendiculaire à AC, et je dis qu'elle est perpendiculaire à toute autre droite BP du plan MN et, par suite, à ce plan.

Pour le démontrer, je prends sur le prolongement de OP, une longueur PO' égale à PO et je trace les droites O'A, O'B et OB. La droite AB étant, par hypothèse, perpendiculaire au plan OAC, les angles OAB, O'AB sont droits et les triangles BAO, BAO' ont un angle égal compris entre deux côtés égaux chacun à chacun ; car le côté BA leur est commun et les droites AO, AO' sont égales, comme obliques également éloignées de AP perpendiculaire au milieu de la droite OO'. Donc ces triangles sont égaux et le côté BO est égal à BO' ; dès lors le triangle OBO' est isocèle et la droite BP qui joint son sommet B au milieu de sa base OO' est perpendiculaire à cette base. La droite OO' est par suite perpendiculaire au plan MN.

Toute autre droite, menée par le point O jusqu'à la rencontre du plan MN, par exemple la droite OB, est oblique à ce plan ; car, si je trace la droite BP qui joint les pieds des deux droites OP, OB, l'angle OPB du triangle BOP est droit, puisque la droite OP est perpendiculaire au plan MN ; par conséquent l'angle OBP est aigu et la droite OB oblique au plan MN.

THÉORÈME VI.

Si on trace du point A *extérieur au plan* MN *la perpendiculaire* AB *et différentes obliques* AC, AD, AE, *etc.*,

1° *La perpendiculaire* AB *est plus courte que toute oblique ;*

2° *Deux obliques,* AC, AD, *qui s'écartent également du pied de la perpendiculaire sont égales ;*

3° *De deux obliques inégalement éloignées du pied de la perpendiculaire, celle qui s'en écarte le plus est la plus grande.*

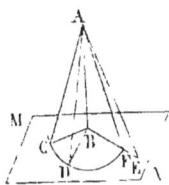

1° Dans le plan ABC, la droite AB est perpendiculaire et la droite AC oblique à la même ligne BC ; par conséquent la perpendiculaire AB au plan MN est plus courte que l'oblique AC (P.; 6, II).

2° Je suppose les distances BC, BD, égales entre elles, et je dis que l'oblique AC est égale à l'oblique AD.

En effet, les triangles ABC, ABD ont un angle droit compris entre deux côtés égaux chacun à chacun ; donc ils sont égaux, et les obliques AC, AD sont par suite égales entre elles.

3° Soit la distance BE plus grande que BD ; je dis que l'oblique AE est aussi plus grande que l'oblique AD.

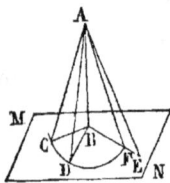

Je prends sur BE une longueur BF égale à BD et je tire la droite AF. Les obliques AD, AF au plan MN sont égales, puisqu'elles s'écartent également de la perpendiculaire AB. Mais les trois droites AB, AE, AF sont comprises dans le même plan ABE et la première est perpendiculaire à la droite BE, tandis que les deux autres sont obliques à cette droite; la plus grande de ces obliques est donc AE qui s'écarte le plus de la perpendiculaire AB (P., 6, II). Par conséquent AE est aussi plus grande que AD.

CorOLLAIRE I. — On mesure la distance du point A au plan MN par la perpendiculaire AB menée de ce point au plan.

COROLLAIRE II. — Le lieu des pieds des obliques, égales à la droite AC et passant par le même point A, est la circonférence de cercle décrite du pied de la perpendiculaire AB comme centre, avec un rayon égal à BC.

De là résulte cette construction pour mener une perpendiculaire à un plan MN par un point A extérieur à ce plan; on marque sur le plan donné trois points C, D, E, également éloignés de A, et l'on détermine le centre B de la circonférence passant par les points C, D, E; ce centre est le pied de la perpendiculaire demandée. On obtient donc cette ligne en traçant la droite AB.

THÉORÈME VII.

Si, par le milieu A de la droite BC, on mène un plan MN perpendiculaire à cette ligne, 1° tout point du plan est également éloigné des extrémités de la droite BC; 2° tout point extérieur au plan est inégalement distant des mêmes extrémités B et C.

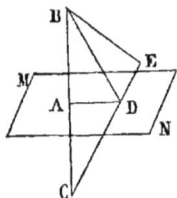

1° Soit D un point du plan MN; je trace les droites DA, DB, DC, et je fais remarquer que la ligne AD est perpendiculaire au milieu de BC dans le plan DBC. Par conséquent, le point D de cette droite est également éloigné des extrémités de BC (P., 6, III).

2° D'un point quelconque E, extérieur au plan MN, je trace les droites EB, EC, et je dis que ces lignes sont inégales.

En effet, le plan EBC coupe le plan MN suivant la droite AD, perpendiculaire au milieu de BC; donc le point E, extérieur à la droite AD, n'est pas à la même distance des points B et C. (P., 6, III.)

COROLLAIRE. — *Le lieu des points de l'espace également éloignés de deux points donnés, est le plan perpendiculaire au milieu de la droite qui joint ces deux points.*

THÉORÈME VIII.

Si, par le pied P d'une perpendiculaire PO à un plan MN, on trace la perpendiculaire PA à une droite BC de ce plan, et si du pied A on mène la droite AO à un point quelconque O de la perpendiculaire au plan, la droite AO sera perpendiculaire à BC.

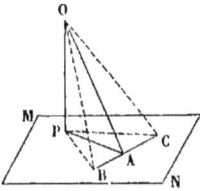

Je prends sur BC les distances AB, AC, égales entre elles, et je trace les droites PB, PC, ainsi que les droites OB, OC. Dans le plan MN, les obliques PB, PC à la droite BC sont égales, puisqu'elles s'écartent également de la perpendiculaire PA (P., 6, II); donc les droites OB, OC, qui sont obliques au plan MN, s'écartent également de la perpendiculaire OP à ce plan et sont par suite égales entre elles (VI). Dès lors le triangle OBC est isocèle, et la droite AO qui joint son sommet O au milieu A de sa base est perpendiculaire à cette base.

Remarque. — Cette proposition est connue sous le nom de *théorème des trois perpendiculaires*, parce que chacune des trois droites OP, PA, BC, est perpendiculaire aux deux autres (III, Rem.).

Corollaire. — La figure précédente montre que *les deux droites* BC, PO *qui ne sont pas comprises dans un même plan ont une perpendiculaire commune* AP, *et que cette perpendiculaire mesure leur plus courte distance.* Car toute autre droite OB qui joint deux points quelconques O et B des droites OP, BC, est plus grande que OA et, par suite, plus grande que PA.

PROBLÈMES.

1. Tracer par un point donné une droite qui rencontre deux droites non situées dans le même plan.

2. Mener une parallèle à une droite donnée, de telle sorte qu'elle rencontre deux autres droites non situées dans le même plan.

3. Toute droite, également inclinée sur trois droites qui passent par son pied dans un plan, est perpendiculaire à ce plan.

4. Quel est le lieu des points d'un plan également éloignés de deux points donnés hors de ce plan?

5. Quel est le lieu des points de l'espace également éloignés de trois points non situés en ligne droite?

6. Quel est le lieu des pieds des perpendiculaires, menées d'un point extérieur à un plan, sur les différentes droites qu'on peut tracer dans ce plan par un point donné?

7. Quel est le lieu des points de l'espace tels que la différence des carrés des distances de chacun d'entre eux à deux points donnés soit constante?

8. Trouver sur une droite un point tel que la différence des carrés de ses distances à deux points donnés soit égale à un carré donné.

TROISIÈME ET QUATRIÈME LEÇONS.

DÉFINITIONS.

1. Une ligne droite est *parallèle* à un plan lorsqu'elle ne peut le rencontrer, quelque loin qu'on prolonge cette droite et le plan.

2. Deux plans sont *parallèles*, s'ils ne peuvent se rencontrer à quelque distance qu'on les prolonge.

THÉORÈME I.

Si deux lignes droites sont parallèles, tout plan perpendiculaire à l'une est aussi perpendiculaire à l'autre.

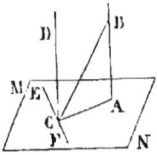

Soient AB et CD deux droites parallèles; je suppose le plan MN perpendiculaire à AB, et je dis qu'il est aussi perpendiculaire à CD.

En effet, le plan déterminé par les deux parallèles AB, CD (I) coupe le plan MN suivant la droite AC. Or, la droite AB, perpendiculaire au plan MN, est perpendiculaire à la droite AC menée par son pied dans ce plan ; donc la droite CD, parallèle à AB, est aussi perpendiculaire à AC (P., 7, III).

Pour démontrer que CD est perpendiculaire à une deuxième droite du plan MN, je tire dans ce plan la droite CE perpendiculaire à CA, et je joins le point C à un point quelconque B de AB par la droite CB. Il résulte du théorème des trois perpendiculaires (1, VIII) que la droite CE est perpendiculaire à CB et, par suite, au plan ABC (1, III); par conséquent, la droite CD menée par le point C dans ce plan est perpendiculaire à CE. Or CD est déjà perpendiculaire à CA, donc elle est aussi perpendiculaire au plan MN qui contient les deux droites CA et CE.

THÉORÈME II.

Si deux lignes droites AB, CD *sont perpendiculaires au même plan* MN *elles sont parallèles.*

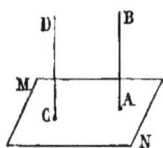

En effet, la parallèle menée à la droite AB par le point C où la droite CD coupe le plan MN, est perpendiculaire à ce plan (I); donc elle coïncide avec CD qui, par hypothèse, est aussi perpendiculaire à MN (1,V).

CoROLLAIRE. — *Deux droites* A *et* B, *parallèles à une troisième* C, *sont parallèles entre elles.*

Car, si je mène un plan perpendiculaire à la droite C, ce plan sera aussi perpendiculaire aux droites A et B parallèles à C (I); les deux lignes A et B sont donc parallèles entre elles (II).

THÉORÈME III.

Si la droite AB *est parallèle à une droite* CD *tracée sur le plan* MN, *elle est aussi parallèle à ce plan.*

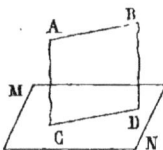

Le plan ABCD déterminé par les deux parallèles AB, CD, coupe le plan MN suivant la droite CD; par conséquent la droite AB qui est située dans le premier de ces deux plans ne peut rencontrer le second MN, puisqu'elle est, d'après l'hypothèse, parallèle à leur intersection CD.

THÉORÈME IV.

Si, par la droite AB *parallèle au plan* MN, *on fait passer un* plan qui rencontre le plan MN, *leur intersection* CD *est parallèle à la droite* AB.

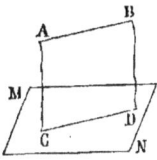

En effet, les droites AB et CD ne peuvent se rencontrer, puisque la première AB est parallèle au plan MN qui contient la seconde CD ; or ces lignes sont situées dans le même plan ABCD, donc elles sont parallèles.

Corollaire. — *Si la droite* AB *et le plan* MN *sont parallèles, la droite menée parallèlement à* MN *par un point* C *du plan* MN *est située dans ce plan.*

Car le plan déterminé par la droite AB et le point C coupe le plan MN suivant une droite CD parallèle à AB, puisque la droite AB est parallèle au plan MN (IV).

THÉORÈME V.

Les portions AC, BD *de deux droites parallèles, comprises entre une droite* AB *et un plan* MN *parallèles, sont égales.*

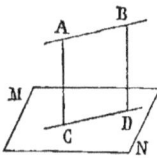

En effet, le plan des deux parallèles AC, BD, coupe le plan MN suivant une droite CD parallèle à AB, puisqu'il passe par la droite AB qui est, par hypothèse, parallèle au plan MN (IV); par conséquent, le quadrilatère ABCD est un parallélogramme et les droites AC, BD sont égales.

Corollaire.— *Une droite et un plan parallèles sont partout également distants.*

Par deux points quelconques A et B de la droite AB parallèle au plan MN, je trace les perpendiculaires AC, BD à ce plan ; ces lignes sont parallèles (II) et, par suite, égales entre elles. Donc la droite AB et le plan MN sont partout également distants.

THÉORÈME VI.

Deux plans EF, GH, *perpendiculaires à la même droite* AB *sont parallèles.*

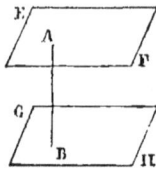

En effet, ces plans ne peuvent se couper, puisqu'on ne peut mener par aucun point de l'espace deux plans perpendiculaires à la droite AB (1 ,I).

COROLLAIRE. — *Le lieu des droites, menées parallèlement au plan MN par le même point A, est un plan parallèle au plan MN.*

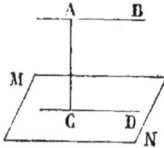

Je mène du point A une parallèle quelconque AB et la perpendiculaire AC au plan MN. Ces deux lignes déterminent un plan qui coupe le plan MN suivant une droite CD parallèle à AB (IV); dès lors la droite CD et, par suite, sa parallèle AB sont perpendiculaires à AC. Les droites, menées parallèlement au plan MN par le même point A, sont donc perpendiculaires à la droite AC; par conséquent, le lieu de ces lignes est un plan perpendiculaire à AC (1, III), c'est-à-dire parallèle au plan MN.

THÉORÈME VII.

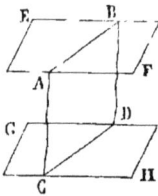

Les intersections AB, CD de deux plans parallèles EF, GH, par un même plan ABCD sont parallèles.

Les droites AB, CD, situées respectivement dans les plans parallèles EF, GH, ne peuvent se rencontrer; or, ces lignes se trouvent aussi dans le même plan ABCD, donc elles sont parallèles.

THÉORÈME VIII.

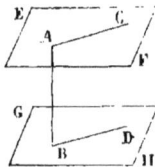

Si deux plans sont parallèles, toute droite perpendiculaire à l'un est aussi perpendiculaire à l'autre.

Soit AB une droite perpendiculaire au plan EF, je dis qu'elle est aussi perpendiculaire au plan GH parallèle à EF.

Par le point d'intersection B de la droite AB et du plan GH, je trace dans ce plan une droite *quelconque* BD et je remarque ensuite que le plan déterminé par les deux lignes AB, BD, coupe le plan EF suivant une droite AC parallèle à BD (VII). Dès lors la droite AB, perpendiculaire au plan EF par hypothèse, est aussi perpendiculaire à la droite AC et, par suite, à sa parallèle BD ; la ligne AB est donc perpendiculaire au plan GH, puisqu'elle est perpendiculaire à une droite quelconque de ce plan.

COROLLAIRE I. — *Deux plans* A *et* B, *parallèles à un troisième* C, *sont parallèles entre eux.*

Car si je mène une perpendiculaire au plan C, cette droite est aussi perpendiculaire aux plans A et B qui, par conséquent, sont parallèles l'un à l'autre (VI).

COROLLAIRE II. — *On ne peut mener par un point qu'un seul plan parallèle à un plan donné.*

THÉORÈME IX.

Les portions AC, BD *de deux droites parallèles, comprises entre deux plans parallèles* EF, GH, *sont égales.*

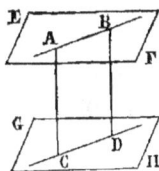

Le plan des deux droites parallèles AC, BD, coupe les deux plans parallèles EF, GH, suivant deux droites AB, CD, qui sont parallèles (VII) ; par conséquent le quadrilatère ABCD est un parallélogramme, et ses côtés opposés AC, BD sont égaux.

COROLLAIRE. — *Deux plans parallèles* EF, GH *sont partout également distants.*

De deux points quelconques A et B du plan EF je trace les perpendiculaires AC, BD au plan GH ; ces droites sont parallèles (I) et, par suite, égales entre elles. Donc les plans parallèles EF, GH sont partout également distants.

THÉORÈME X.

Trois plans parallèles M, N, P *interceptent des segments proportionnels sur les droites* AC, DF *qu'ils rencontrent.*

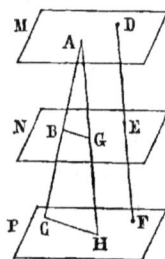

Soient A, B, C les points où la droite AC rencontre les plans M, N, P, et D, E, F les intersections de chacun des mêmes plans par la droite DF; je trace du point A la droite AH parallèle à DF et je mène le plan des deux droites AC, AH. Ce plan coupe les plans parallèles N et P, suivant les droites BG, CH qui sont parallèles (VII), j'ai donc l'égalité (P., 20, I)

$$\frac{AB}{BC} = \frac{AG}{GH}.$$

Mais les parallèles AG, DE, comprises entre les plans parallèles M et N sont égales (IX), et la droite GH est égale à EF pour la même raison; dès lors l'égalité précédente devient

$$\frac{AB}{BC} = \frac{DE}{EF}.$$

THÉORÈME XI.

Si deux angles BAC, EDF, non situés dans le même plan, ont leurs côtés parallèles et dirigés dans le même sens deux à deux, ils sont égaux et leurs plans sont parallèles.

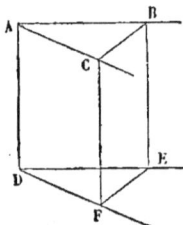

Je prends sur les côtés parallèles AB, DE, les longueurs AB, DE égales entre elles et, sur les deux autres côtés, les longueurs AC, DF qui soient aussi égales; puis je trace les droites AD, BE, CF. Le quadrilatère ABED dont les côtés opposés AB, DE sont égaux et parallèles est un parallélogramme; par conséquent, les deux autres côtés AD, BE sont égaux et parallèles. La droite AD est égale et parallèle à CF pour la même raison; dès lors, les deux droites BE, CF sont égales et parallèles à la même ligne AD et, par suite, égales et parallèles entre elles (II, c.); j'en conclus que le quadrilatère BCEF est un parallélogramme et que ses côtés opposés BC, EF sont égaux. es deux triangles ABC, DEF ont donc les côtés égaux chacun à chacun, et l'angle BAC opposé au côté BC est égal à l'angle EDF opposé au côté EF.

Pour démontrer le parallélisme des plans ABC, DEF, je fais remarquer que chacune des droites AB, AC est parallèle au plan DEF, puisque l'une et l'autre sont parallèles à une droite de ce plan (III). Donc le plan des droites AB, AC est parallèle au plan DEF (VI, c.).

PROBLÈMES.

1. Si une droite et un plan sont perpendiculaires à la même droite, ils sont parallèles.

2. Si deux plans qui se coupent passent par deux droites parallèles, leur intersection est parallèle à ces droites.

3. Lorsque deux plans qui se coupent sont parallèles à une même droite, leur intersection est parallèle à cette droite.

4. Mener par une droite un plan parallèle à une autre droite.

5. Mener par un point un plan parallèle à deux droites données, ou à un plan donné.

6. Trouver le lieu des points dont les distances à deux plans parallèles sont proportionnelles à deux longueurs données m et n.

7. Tout plan, parallèle à deux côtés opposés d'un quadrilatère *gauche* (quadrilatère dont les côtés ne sont pas compris dans un même plan), divise les deux autres côtés en segments proportionnels.

8. Les droites qui passent par les milieux des côtés opposés d'un quadrilatère gauche se rencontrent, et leur point d'intersection est situé au milieu de la droite qui joint les milieux des diagonales.

11

CINQUIÈME LEÇON.

PROGRAMME : Lorsque deux plans se rencontrent, la figure que forment ces plans, terminés à leur intersection commune, s'appelle *angle dièdre*. — Génération des angles dièdres par la rotation d'un plan autour d'une droite. — Dièdre droit.

Angle plan correspondant à l'angle dièdre. — Le rapport de deux angles dièdres est le même que celui de leurs angles plans.

DÉFINITIONS.

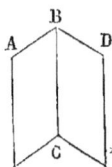

1. On appelle *angle dièdre* la figure formée par deux plans ABC, DBC, qui se coupent et sont terminés à leur intersection BC. Cette droite BC est l'*arête* de l'angle dièdre qui a les plans ABC, DBC pour *faces*.

On désigne un angle dièdre par deux lettres placées sur son arête, quand cette droite n'appartient qu'à lui seul. Dans le cas contraire, on écrit une lettre sur chacune des faces et deux lettres sur l'arête ; puis on énonce celles-ci entre les deux autres. Ainsi, l'angle dièdre ABCD a pour arête la droite BC et ses deux faces ABC, DBC passent respectivement par les points A et D.

La grandeur d'un angle dièdre, par exemple de l'angle ABCD, ne dépend que de l'écartement de ses faces, qu'il faut toujours concevoir prolongées indéfiniment. Pour se faire une idée de cette grandeur, on suppose le plan DBC d'abord appliqué sur le plan ABC ; puis on le fait tourner autour de l'arête BC jusqu'à ce qu'il ait repris sa position primitive. La quantité dont le plan DBC a tourné est précisément ce qui constitue la grandeur de l'angle dièdre ABCD.

2. Deux angles dièdres sont *adjacents* lorsqu'ils ont la

même arête, une face commune et qu'ils sont placés des deux côtés de cette face.

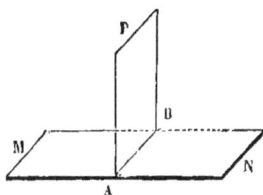

Un plan ABP est *perpendiculaire* ou oblique à un plan MN qu'il coupe suivant la droite AB, selon qu'il fait avec celui-ci deux angles adjacents MABP, NABP, égaux ou inégaux.

On nomme *angle dièdre droit* celui dont l'une des faces est perpendiculaire à l'autre.

3. Deux angles dièdres sont *opposés à l'arête* lorsque les faces de l'un sont les prolongements des faces de l'autre.

THÉORÈME I.

Si, par deux points quelconques F *et* K *de l'arête d'un angle dièdre* ABCD, *on mène deux plans* EFG, HKL, *perpendiculaires à cette droite, les angles* EFG, HKL, *formés par les intersections de ces plans et des faces de l'angle dièdre, sont égaux entre eux.*

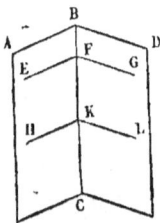

En effet, les plans EFG, HKL, perpendiculaires à la droite BC, sont parallèles (4, VI); ils coupent donc chacune des faces de l'angle dièdre ABCD suivant deux droites parallèles (4, VII). Par conséquent, les angles EFG, HKL qui ont les côtés parallèles et dirigés dans le même sens sont égaux entre eux (4, XI).

Remarque. — L'angle constant EFG dont les deux côtés sont perpendiculaires à l'arête BC a reçu le nom d'*angle plan, correspondant à l'angle dièdre* ABCD.

THÉORÈME II.

Si les angles plans qui correspondent à deux angles dièdres sont égaux, les angles dièdres sont aussi égaux.

Soient deux angles dièdres AB, GH dont les angles plans CBD, IHK sont égaux; je dis que ces angles dièdres sont aussi égaux.

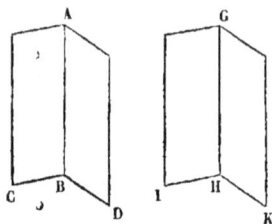

En effet, je superpose les angles égaux CBD, IHK, en appliquant le côté BC sur HI et le côté BD sur HK. L'arête BA, perpendiculaire au plan de l'angle CBD (1, III), prend alors la direction de l'arête HG, perpendiculaire au plan de l'angle IHK, et les plans ABC, GHI, qui ont par suite deux droites communes, coïncident dans toute leur étendue. Il en est de même des deux plans ABD, GHK ; par conséquent, les deux angles dièdres CABD, IGHK sont égaux.

COROLLAIRE. — *Si l'angle plan correspondant à un angle dièdre est droit, cet angle dièdre est aussi droit.*

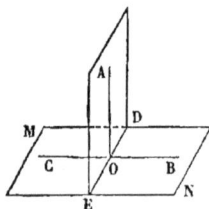

Soient MN et AD deux plans qui se coupent suivant la droite ED; je trace par un point quelconque O de cette ligne les droites OA, OB perpendiculaires à DE dans les plans AD, MN. Les angles adjacents AOB, AOC, formés par ces deux droites sont les angles plans correspondants aux angles dièdres adjacents ADEB, ADEC; si l'angle AOB est droit, je dis que l'angle dièdre ADEB est aussi droit.

En effet, les angles supplémentaires AOB, AOC sont égaux puisque l'angle AOB est droit ; donc les deux angles dièdres adjacents ADEB, ADEC que le plan AD fait avec le plan MN sont aussi égaux et, par suite, droits.

THÉORÈME III.

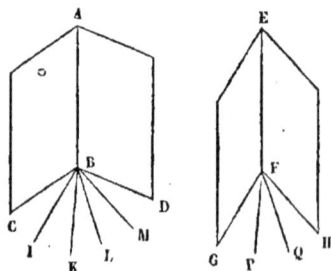

Le rapport de deux angles dièdres quelconques CABD, GEFH, est égal à celui des angles plans correspondants CBD, GFH.

Je suppose le rapport des deux angles plans CBD, GFH, égal à $\frac{5}{3}$ (P., 15, déf. 2) ; ces angles ont alors une commune mesure CBI contenue 5 fois dans CBD et 3 fois dans GFH. Cela posé, je partage l'angle dièdre CABD en cinq angles dièdres égaux à l'angle dièdre CABI, en menant un plan par son arête AB et chacune des droites BI, BK, BL, BM qui divisent son angle plan CBD en cinq parties égales (II). Les plans, menés par l'arête EF de l'angle trièdre GEFH et par chacune des droites FP, FQ qui divisent son angle plan en trois parties égales, partagent aussi cet angle dièdre en trois angles dièdres égaux à l'angle CABI, puisque chacun des angles plans correspondants est égal à l'angle CBI. Par conséquent, l'angle dièdre CABI étant contenu 5 fois dans l'angle CABD et 3 fois dans l'angle GEFH, le rapport de CABD à GEFH est égal à $\frac{5}{3}$; on a donc :

$$\frac{\text{CABD}}{\text{GEFH}} = \frac{\text{CBD}}{\text{GFH}}.$$

COROLLAIRE. — *Lorsqu'on prend l'angle dièdre droit pour unité d'angle dièdre, tout angle dièdre* CABD *a la même mesure que l'angle plan correspondant* CBD.

En effet, si l'on suppose que l'angle plan GFH correspondant à l'angle dièdre GEFH soit droit, cet angle dièdre est aussi droit (II, c.), et les rapports égaux $\dfrac{\text{CABD}}{\text{GEFH}}$, $\dfrac{\text{CBD}}{\text{GFH}}$, expriment respectivement les mesures de l'angle dièdre CABD et de son angle plan CBD. Donc la mesure de cet angle dièdre est la même que celle de son angle plan ; c'est ce qu'on exprime en disant que *l'angle dièdre* CABD *a pour mesure l'angle plan correspondant* CBD.

THÉORÈME IV.

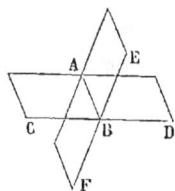

Si deux plans AC, AE, *se rencontrent,* 1° *les angles dièdres adjacents* CABE, DABE *sont supplémentaires* ; 2° *les angles dièdres* CABE, DABF *opposés à l'arête sont égaux.*

1° Je mène le plan CDEF perpendiculaire à l'intersection AB des deux plans AC, AE.

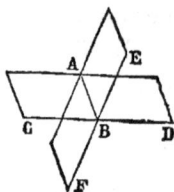

Les angles plans CBE, DBE, correspondant aux deux angles dièdres adjacents CABE, DABE, valent ensemble deux angles droits; donc la somme de ces angles dièdres est aussi égale à deux angles dièdres droits.

2º Les angles plans CBE, DBF, correspondant aux angles dièdres CABE, DABF opposés à l'arête, sont égaux comme opposés au sommet; donc les angles dièdres CABE, DABF, sont aussi égaux.

THÉORÈME V.

Si deux angles dièdres adjacents CABE, DABE *sont supplémentaires, leurs faces non communes sont comprises dans le même plan.*

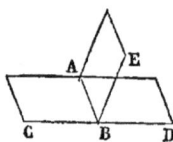

Soit ECD un plan perpendiculaire à l'arête AB des deux angles dièdres supplémentaires CABE, DABE; les angles plans CBE, DBE, correspondant à ces angles dièdres sont aussi supplémentaires; leurs côtés non communs BC, BD sont donc en ligne droite, et les plans ABC, ABD qui ont alors deux droites communes AB, CD, coïncident dans toute leur étendue (1, I).

PROBLÈMES.

1. Lorsque deux plans parallèles sont coupés par un troisième plan, les quatre angles dièdres aigus qui en résultent sont égaux entre eux, ainsi que les quatre angles obtus. — Décomposer cet énoncé en cinq autres, en se servant des dénominations d'angles dièdres alternes internes, alternes externes, correspondants, internes ou externes du même côté.

Les réciproques de ces théorèmes ne sont vraies que si les arêtes des deux angles dièdres que l'on compare sont parallèles.

2. Deux angles dièdres qui ont les arêtes parallèles sont égaux ou supplémentaires, si leurs faces sont parallèles chacune à chacune.

SIXIÈME LEÇON.

Programme : Plans perpendiculaires entre eux.—Si deux plans sont perpendiculaires à un troisième, leur intersection est perpendiculaire à ce troisième.

DÉFINITIONS.

On appelle *projection d'un point* sur un plan le pied de la perpendiculaire menée du point sur ce plan.

La *projection d'une ligne* quelconque sur un plan est le lieu des projections des différents points de cette ligne sur ce plan.

THÉORÈME I.

Si la droite CD *est perpendiculaire au plan* AB, *tout plan* ECD *mené par cette droite est aussi perpendiculaire au plan* AB.

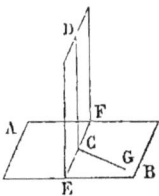

Soit EF l'intersection des deux plans AB, ED; par le point C où la droite CD coupe le plan AB, je trace dans ce plan la droite CG perpendiculaire à EF. L'angle plan DCG correspondant à l'angle dièdre DEFB est droit, puisque la droite CD est perpendiculaire au plan AB; donc l'angle dièdre DEFB est droit (5, II, c) et le plan ECD perpendiculaire au plan AB.

THÉORÈME II.

Si les plans AB, DE *sont perpendiculaires l'un à l'autre, toute droite, tracée dans l'un de ces plans perpendiculairement à leur intersection* EF, *est perpendiculaire à l'autre.*

Je trace dans le plan DE la droite CD perpendiculaire à EF, et je dis qu'elle est aussi perpendiculaire au plan AB.

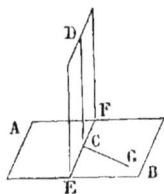

Pour le démontrer, je mène par le point C la droite CG perpendiculaire à EF dans le plan AB. L'angle dièdre DEFB est droit, puisque les plans AB, DE sont perpendiculaires entre eux; donc l'angle plan DCG correspondant à cet angle dièdre est droit. Dès lors la droite DC est perpendiculaire aux deux droites EF, CG, et par suite au plan AB qui contient ces deux lignes.

COROLLAIRE. — *La projection d'une ligne droite* AB *sur un plan* MN, *non perpendiculaire à cette ligne, est une droite.*

Je trace par deux points quelconques A et B de la droite AB les perpendiculaires AC, BD, au plan MN. Ces droites sont parallèles (3, II), et le plan qu'elles déterminent est perpendiculaire au plan MN (I); je dis que l'intersection CD de ces deux plans est la projection de AB sur MN.

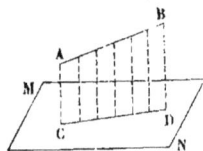

En effet, les droites menées perpendiculairement à l'intersection CD par les divers points de la droite AB sont aussi perpendiculaires au plan MN, puisque les deux plans MN et ABCD sont perpendiculaires entre eux (II). Donc la droite CD est le lieu des projections de tous les points de la droite AB sur le plan MN.

THÉORÈME III.

Si deux plans MN, DE *sont perpendiculaires entre eux, toute droite, menée perpendiculairement à l'un de ces plans par un point de leur intersection* EF, *est située dans l'autre.*

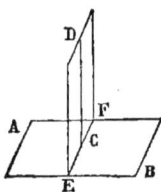

En effet, la perpendiculaire tracée sur

le plan MN par un point quelconque C de l'intersection EF doit coïncider avec la droite CD, menée par le même point C perpendiculairement à EF dans le plan DE ; car CD est aussi perpendiculaire au plan MN (II).

Remarque. — Le plan DE, perpendiculaire au plan MN, est le lieu des perpendiculaires menées sur le plan MN par les différents points de leur intersection EF.

THÉORÈME IV.

Si deux plans AC, AD *qui se coupent sont perpendiculaires à un troisième plan* MN, *leur intersection* AB *est aussi perpendiculaire au plan* MN.

Soit B le point où le plan MN est rencontré par l'intersection AB des deux plans AC, AD ; si je trace par ce point une perpendiculaire au plan MN, cette droite est comprise dans chacun des plans AC, AD, perpendiculaires à MN par hypothèse (III) ; donc elle coïncide avec leur intersection AB qui, dès lors, est perpendiculaire au plan MN.

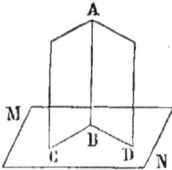

THÉORÈME V.

L'angle qu'une droite AB *fait avec sa projection sur un plan* MN, *est le plus petit des angles que cette ligne fait avec toutes les droites qu'on peut tracer par son pied* A *dans le plan* MN.

Je trace par un point quelconque B de la droite AB la perpendiculaire BC au plan MN ; la droite AC qui joint les pieds A et C des deux lignes BA, BC, est la projection de AB sur ce plan (II, c). Je dis que l'angle BAC est moindre que l'angle BAD formé par AB et toute autre droite AD, menée par le point A dans le plan MN.

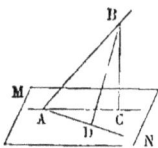

En effet, si je prends la longueur AD égale à AC et que je tire la droite BD, cette ligne est oblique au plan MN et, par conséquent, plus grande que la perpendiculaire BC (1, VI). Les triangles ABC, ABD, ont dès lors un côté inégal et les deux autres côtés égaux chacun à chacun ; donc l'angle BAC opposé au côté BC est moindre que l'angle BAD opposé au côté BD (P., 4, IV, c.).

COROLLAIRE. — On mesure l'inclinaison d'une ligne droite sur un plan par l'angle que cette droite fait avec sa projection sur le plan.

PROBLÈMES.

1. Deux plans, menés perpendiculairement à un troisième par deux droites parallèles, sont parallèles. — Les projections de deux droites parallèles sur le même plan sont parallèles.

2. Si une droite est perpendiculaire à un plan, la projection de cette droite sur un plan quelconque est perpendiculaire à la ligne d'intersection des deux plans.

3. Tracer la perpendiculaire commune à deux droites qui ne sont pas situées dans le même plan.

4. Quel est le lieu du milieu d'une droite de longueur constante dont les extrémités sont assujetties à rester sur deux autres droites rectangulaires et non situées dans le même plan ?

5. Quel est le lieu des points également distants de deux plans qui se coupent ?

6. Quel est le lieu des points également distants de trois plans dont les trois intersections sont parallèles ?

7. Une droite est également inclinée sur deux plans qui se coupent, lorsqu'elle les rencontre l'un et l'autre en des points également distants de leur intersection. — La réciproque est-elle vraie ?

SEPTIÈME LEÇON.

Programme : Angles trièdres. — Chaque face d'un angle trièdre est plus petite que la somme des deux autres.

Si l'on prolonge les arêtes d'un angle trièdre au delà du sommet, on forme un nouvel angle trièdre qui ne peut lui être superposé, bien qu'il soit composé des mêmes éléments (Nota : *On se bornera à cette simple notion*).

DÉFINITIONS.

1. On appelle *angle polyèdre* la figure formée par plusieurs plans, tels que SAB, SBC, SCD, SDE, SEA, qui passent par le même point S et sont terminés à leurs intersections SA, SB, SC, SD, SE.

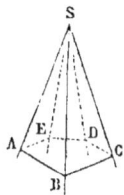

Le point S est le *sommet* de l'angle polyèdre qui a pour *arêtes* les droites SA, SB, etc. Les angles ASB, BSC, etc., formés par deux arêtes consécutives quelconques sont les *faces* de l'angle polyèdre S.

Il faut au moins trois plans pour former un angle polyèdre. On donne le nom d'*angle trièdre* à celui qui n'a que trois faces.

Un angle trièdre est *rectangle*, s'il a un angle dièdre droit; *bi-rectangle*, s'il en a deux ; et *tri-rectangle*, si ses trois angles dièdres sont droits.

2. Un angle polyèdre est *convexe*, s'il se trouve entièrement d'un même côté de chacun des plans prolongés indéfiniment qui le forment. Dans le cas contraire, on dit qu'il est *concave*.

Il est évident que le plan ABCDE, qui rencontre toutes les

arêtes de l'angle polyèdre convexe S d'un même côté du sommet, coupe sa surface suivant un polygone convexe ABCDE.

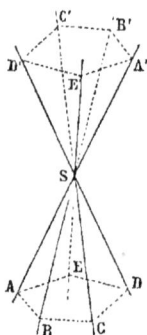

3. On dit que deux angles polyèdres, tels que SABCDE, SA′B′C′D′E′, sont *opposés au sommet*, lorsque les arêtes de l'un sont les prolongements des arêtes de l'autre.

On démontrera dans cette leçon que deux angles polyèdres opposés au sommet ont les faces égales et les angles dièdres égaux chacun à chacun, mais qu'en général ils ne sont pas superposables.

THÉORÈME I.

Une face quelconque d'un angle trièdre est moindre que la somme des deux autres.

Soit l'angle trièdre SABC dont la face ASB est plus grande que chacune des deux autres ASC, BSC ; il suffit de démontrer le théorème pour la face ASB, car il est évident pour ASC et BSC qui sont l'une et l'autre moindres que ASB.

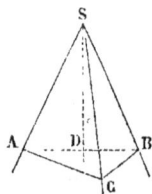

Cela posé, je fais dans la face ASB l'angle BSD égal à l'angle BSC, et je trace la droite AB de telle sorte qu'elle coupe les trois droites SA, SB, SD. Je prends ensuite sur l'arête SC une longueur SC égale à SD, et je mène le plan déterminé par la droite AB et le point C. Les triangles BSC, BSD sont égaux, car ils ont un angle égal compris entre deux côtés égaux chacun à chacun ; donc les deux autres côtés BC, BD sont aussi égaux, et la différence AD des deux côtés AB, BC du triangle ABC est moindre que le troisième AC (P, 3, I, c).

Les triangles ASD, ASC ont dès lors un côté inégal et deux côtés égaux chacun à chacun, savoir : le côté AD moindre que AC, le côté SD égal à SC et le côté AS commun ; par conséquent, l'angle ASD opposé à AD est moindre que l'angle ASC opposé à AC (P., 3, IV, c.). On a donc :

$$ASD + DSB < ASC + CSB,$$

ou $$ASB < ASC + CSB.$$

Corollaire. — *La somme des trois faces d'un angle trièdre est moindre que quatre angles droits.*

Soit l'angle trièdre SABC; je prolonge l'une de ses arêtes, par exemple SA, au delà de son sommet S et je considère les trois droites SA′, SB, SC comme les arêtes d'un autre angle trièdre. Chaque face de cet angle étant moindre que la somme des deux autres, j'ai :

$$BSC < BSA' + CSA'.$$

En ajoutant aux deux membres de cette inégalité chacun des angles ASB, ASC, et remarquant que les angles adjacents ASB, BSA′ sont supplémentaires ainsi que les angles ASC, CSA′, je trouve successivement :

$$BSC + ASB + ASC < BSA' + CSA' + ASB + ASC$$

et
$$BSC + ASB + ASC < 4\,dr.$$

THÉORÈME II.

Deux angles trièdres SABC, SA′B′C′ opposés au sommet ont tous leurs éléments, faces et angles dièdres, égaux chacun à chacun; mais ils ne sont superposables que si l'un d'entre eux a deux faces égales.

En effet, les faces ASB, A′SB′ des angles trièdres SABC, SA′B′C′ sont égales comme opposées au sommet (P, 2, III); il en est de même des faces ASC, A′SC′, ainsi que des faces BSC, B′SC′. Pareillement l'angle dièdre BSAC est égal à l'angle dièdre B′SA′C′, parce qu'ils sont opposés à l'arête (5, IV); les angles dièdres ASCB, A′SC′B′ sont aussi égaux pour la même raison, ainsi que les angles dièdres ASBC, A′SB′C′.

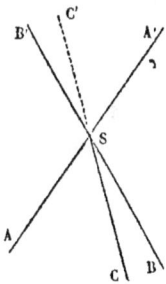

Je dis maintenant que, si l'angle trièdre SABC a deux faces égales, les angles trièdres SABC, SA′B′C′ sont superposables; mais qu'ils ne le sont pas lorsque toutes les faces de SABC sont inégales.

Je suppose d'abord la face ASC de l'angle trièdre SABC égale à la face BSC, et je fais coïncider les deux angles dièdres égaux ASCB, A'SC'B', en plaçant l'arête SC' sur l'arête SC et le plan SC'B' sur le plan SCA; car les plans SC'A', SCB s'appliquent alors l'un sur l'autre à cause de l'égalité des deux angles dièdres. Cette superposition étant effectuée, je fais remarquer que les angles B'SC', ASC sont égaux parce que chacun d'eux est égal à l'angle BSC; dès lors l'arête SB' prend la direction de SA; par une raison semblable, l'arête SA' s'applique sur SB et le plan SB'A' coïncide par suite avec le plan SAB. Donc les angles trièdres SABC, SA'B'C' sont égaux.

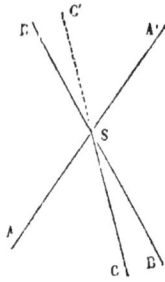

Je suppose en second lieu que l'angle trièdre SABC n'ait pas de faces égales, et je superpose encore les angles dièdres égaux ASCB, A'SC'B'; mais alors l'arête SB' ne prend pas la direction de SA, parce que les angles B'SC', ASC ne sont plus égaux; pareillement l'arête SA' ne s'applique pas sur SB et, par suite, le plan SB'A' ne coïncide pas avec le plan SBA. Donc les angles trièdres SABC, SA'B'C' ne sont pas égaux.

Remarque. — L'impossibilité de faire coïncider les deux angles trièdres SABC, SA'B'C', lorsque l'angle SABC n'a pas deux faces égales, provient de ce que les faces de cet angle ne sont pas assemblées dans le même ordre que les faces qui leur sont respectivement égales dans l'autre angle trièdre. On voit, en effet, que les deux faces égales ASC, A'SC' se trouvent l'une à la droite et l'autre à la gauche de l'arête CC'.

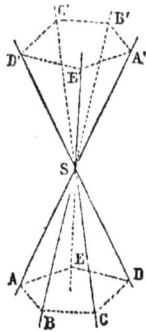

Par un raisonnement analogue au précédent on démontre que *deux angles polyèdres* SABCDE, SA'B'C'D'E', *opposés au sommet ont tous leurs éléments, faces et angles dièdres, égaux chacun à chacun, mais qu'en général ils ne sont pas superposables* parce que leurs faces égales ne sont pas disposées dans le même ordre. On exprime ces différentes propriétés de deux angles trièdres opposés au sommet en disant qu'ils sont *symétriques*.

THÉORÈME III.

Si un angle trièdre SABC *a deux faces égales* CSA, CSB, *les angles dièdres* SB, SA *opposés à ces faces sont égaux,* et réciproquement.

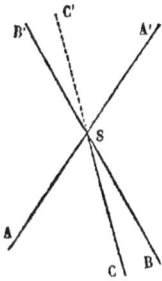

Soit SA'B'C' l'angle trièdre formé par les prolongements des arêtes de l'angle trièdre SABC; ces deux angles opposés au sommet sont égaux, puisque les faces CSA, CSB de l'angle dièdre SABC sont égales par hypothèse (II), et leur super-position prouve l'égalité des angles dièdres SB, SA'; or l'angle dièdre SA' est aussi égal à l'angle dièdre SA, parce-qu'ils sont opposés à l'arête (5, IV). Donc les angles dièdres SB, SA opposés aux faces égales CSA, CSB de l'angle trièdre SABC sont égaux.

Réciproquement, on démontre par un raisonnement ana-logue au précédent que *si un angle trièdre* SABC *a deux angles dièdres égaux* SA, SB, *les faces* CSB, CSA *opposées à ces angles sont égales.*

Corollaire.—*Si les trois faces d'un angle trièdre sont égales, ses trois angles dièdres sont aussi égaux,* et réciproquement.

PROBLÈMES.

1. Quel est le lieu des points également distants des trois faces d'un angle trièdre?

2. Quel est le lieu des points également éloignés des trois arêtes d'un angle trièdre?

3. Les plans, menés perpendiculairement aux faces d'un angle trièdre par les arêtes opposées à ces faces, passent par la même droite.

4. Les plans, menés par chacune des arêtes d'un angle trièdre et la bissectrice de la face opposée à cette arête, passent par la même droite.

5. Toute section, faite dans un angle trièdre rectangle par un plan perpendiculaire à l'une de ses arêtes, est un triangle rectangle.

6. Le point de rencontre des hauteurs du triangle qu'on obtient en coupant un angle trièdre tri-rectangle par un plan quelconque, est la projection du sommet de l'angle trièdre sur ce plan.

7. Si l'on coupe un angle trièdre tri-rectangle par un plan qui rencontre ses trois arêtes, 1° le triangle intercepté sur chacune des faces est moyenne proportionnelle entre sa projection sur le plan sécant et la section que ce plan détermine dans l'angle trièdre ; 2° le carré de cette section est égal à la somme des carrés de ses projections sur les faces de l'angle trièdre.

8. Couper un angle polyèdre à quatre faces par un plan tel que la section soit un parallélogramme.

HUITIÈME ET NEUVIÈME LEÇONS.

PROGRAMME : Des polyèdres. — Parallélipipède. — Mesure du volume du parallélipipède rectangle, du parallélipipède quelconque, du prisme triangulaire, du prisme quelconque.

DÉFINITIONS.

1. Un *polyèdre* est un corps terminé en tous sens par des plans. Les polygones, formés par les intersections de ces plans, sont les *faces* du polyèdre et leur ensemble constitue sa *surface*.

On appelle *angles* d'un polyèdre les angles polyèdres que ses faces font entre elles; — *sommets*, les sommets de ses angles; — *arêtes*, les côtés de ses faces; — *diagonale*, toute droite qui joint deux de ses sommets non situés dans la même face.

On désigne sous les noms particuliers de *tétraèdre*, d'*hexaèdre*, d'*octaèdre*, de *dodécaèdre* et d'*isocaèdre* les polyèdres qui ont *quatre*, *six*, *huit*, *douze* et *vingt* faces.

2. Un polyèdre est *régulier*, lorsque ses angles sont égaux et que ses faces sont des polygones réguliers égaux.

3. Un polyèdre est *convexe* s'il est tout entier d'un même côté de chacun des plans prolongés indéfiniment qui le terminent. Dans le cas contraire, on dit qu'il est *concave*.

Un plan coupe la surface d'un polyèdre convexe suivant un polygone convexe, puisque ce polygone est tout entier d'un même côté de chacune des droites qui le forment. Une ligne droite ne peut rencontrer par suite la surface d'un polyèdre convexe en plus de deux points.

12

4. On appelle *volume* d'un polyèdre la grandeur du lieu qu'il occupe dans l'espace.

Si deux polyèdres ont le même volume sans avoir la même forme, ils sont *équivalents*.

5. On distingue parmi les polyèdres le *prisme* et la *pyramide*. Occupons-nous d'abord du prisme.

Un *prisme* est un polyèdre qui a deux faces égales et parallèles, unies par des parallélogrammes.

On donne le nom de *bases* aux deux faces égales et parallèles du prisme, et celui de *faces latérales* aux divers parallélogrammes qui composent le reste de sa surface.

La *hauteur* d'un prisme est la distance des plans de ses bases. On sait que cette distance a pour mesure la perpendiculaire menée d'un point quelconque de l'une des bases sur l'autre (3, IX).

Pour construire un prisme, je prends un polygone quel-

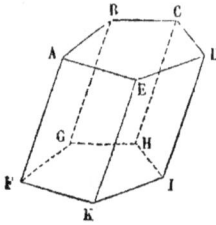

conque, par exemple le pentagone ABCDE, et je mène par ses sommets, d'un même côté de son plan, les droites AF, BG, CH, DI, EK parallèles et égales entre elles. Je trace ensuite les côtés du polygone FGHIK qui a pour sommets les extrémités de ces parallèles, et je dis que le polyèdre ABCDEFGHIK est un prisme.

Je remarque, en effet, que chacun des quadrilatères AK, EI, DH, CG, BF est un parallélogramme, puisqu'il a par construction deux côtés égaux et parallèles. Les pentagones ABCDE, FGHIK ont par suite les côtés égaux et parallèles chacun à chacun; donc ils sont égaux et le polyèdre AI qui a deux faces égales et parallèles, unies par des parallélogrammes, est un prisme.

6. Un prisme est *triangulaire*, *quadrangulaire*, *pentagonal*, *hexagonal*, etc., selon que sa base est un *triangle*, un *quadrilatère*, un *pentagone*, un *hexagone*, etc.

7. On dit qu'un prisme est *droit* ou *oblique*, lorsque les plans de ses faces latérales sont perpendiculaires ou obliques à ceux des bases. Les faces latérales d'un prisme droit sont des rectangles.

8. Si l'on coupe un prisme par un plan qui rencontre toutes ses faces latérales, la portion de ce prisme comprise entre le plan sécant et l'une des bases est ce qu'on appelle un *prisme tronqué* ou un *tronc de prisme*.

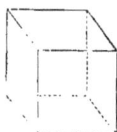

9. On nomme *parallélipipède* tout prisme dont les bases sont des parallélogrammes. — — Dès lors le parallélipipède est compris sous six faces qui sont des parallélogrammes.

10. Lorsque les bases d'un parallélipipède droit sont des rectangles, on désigne ce polyèdre sous le nom de *parallélipipède rectangle*, et l'on dit qu'il a pour *dimensions* les longueurs de trois arêtes issues d'un même sommet.

Le parallélipipède rectangle dont les faces sont des carrés est appelé *cube* ou *hexaèdre régulier*.

THÉORÈME I.

Les sections MNOPQ, RSTUV, faites dans un prisme AK par deux plans parallèles qui rencontrent toutes ses faces latérales, sont des polygones égaux.

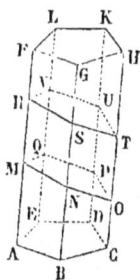

En effet, les plans parallèles MO, RT coupent la face AG du prisme suivant deux droites MN, RS qui sont parallèles (3, VII); donc le quadrilatère MNSR est un parallélogramme et les parallèles MN, RS sont égales. Je prouverais de même que les côtés NO, OP, etc., de la section MNOPQ sont parallèles et égaux respectivement aux côtés ST, TU, etc., de la section RSTUV. Ces polygones ont aussi les angles égaux chacun à chacun; car ces angles, considérés deux à deux, ont leurs côtés parallèles et dirigés dans le même sens (3, XI). Ainsi l'angle MNO est égal à l'angle RST, l'angle NOP égal à l'angle STU, etc. Donc les sections MNOPQ, RSTUV qui ont les côtés égaux et les angles égaux chacun à chacun sont égales.

COROLLAIRE. — Toute section, faite dans un prisme par un plan parallèle à la base, est égale à cette base.

Remarque. — On appelle *section droite* d'un prisme toute section faite dans ce polyèdre par un plan perpendiculaire à ses arêtes latérales.

THÉORÈME II.

Deux prismes sont égaux s'ils ont un angle dièdre égal, compris entre une base et une face latérale égales chacune à chacune et semblablement placées.

Soit la base ABCDE du prisme AK égale à la base A'B'C'D'E'

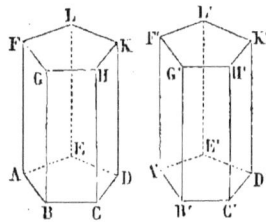

du prisme A'K', la face latérale ABGF égale à la face latérale A'B'G'F' et l'angle dièdre AB égal à l'angle dièdre A'B'; je dis que les prismes AK, A'K' sont égaux si leurs faces égales sont semblablement placées dans leurs plans respectifs.

Pour le démontrer, je superpose les polygones égaux ABCDE, A'B'C'D'E' de manière à ce qu'ils coïncident, et je remarque ensuite que le plan A'B'G' s'applique sur le plan ABG à cause de l'égalité des deux angles dièdres AB, A'B'. Les parallélogrammes ABGF, A'B'G'F' étant égaux par hypothèse et placés de la même manière dans leurs plans respectifs, l'angle A'B'G' égale dès lors l'angle ABG et l'arête B'G' prend par suite la direction de l'arête BG. Or ces droites sont égales; donc leurs extrémités G et G' se confondent.

La coïncidence des deux bases inférieures ABCDE, A'B'C'D'E' et celle des deux arêtes BG, B'G' étant établies, les arêtes latérales C'H', D'K', etc., du prisme A'K' qui sont parallèles à B'C' s'appliquent respectivement sur les arêtes latérales CH, DK, etc., du prisme AK qui sont parallèles à BC, et les sommets des bases supérieures G'H'K'L'F', GHKLF coïncident deux à deux. Dès lors les prismes AK, A'K', étant ramenés à avoir les mêmes sommets, ne font plus qu'un même polyèdre; donc ils sont égaux.

COROLLAIRE. — *Deux prismes droits AK, A'K' sont égaux, s'ils ont les bases égales et les hauteurs égales.*

En effet, l'angle dièdre droit AB est égal à l'angle dièdre droit A'B', et les rectangles ABGF, A'B'G'F' qui ont les bases égales et les hauteurs égales sont égaux. Les prismes AK, A'K' ont donc un angle dièdre égal compris entre une base et une face latérale égales chacune à chacune et semblablement disposées ; par conséquent ils sont égaux.

THÉORÈME III.

Tout prisme oblique est équivalent à un prisme droit, ayant pour hauteur l'une des arêtes latérales du prisme oblique et pour base sa section droite.

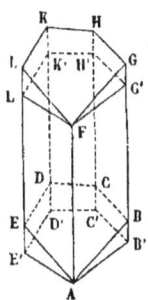

Soit le prisme oblique AK qui a pour bases les polygones ABCDE et FGHKL ; je mène par les extrémités A et F de l'arête latérale AF les plans AB'C', FG'H' perpendiculaires à cette droite. Les sections AB'C'D'E', FG'H'K'L' sont deux polygones égaux, puisque leurs plans sont parallèles (I) ; par conséquent, le polyèdre AB'C'D'E'FG'H'K'L' est un prisme droit qui a pour hauteur l'arête latérale AF du prisme oblique AK et pour base sa section droite AB'C'D'E'. Je dis que ces deux prismes sont équivalents.

Je commence par démontrer l'égalité des deux polyèdres ABCDEB'C'D'E', FGHKLG'H'K'L' qu'on obtient en retranchant successivement les deux prismes AK, AK', de tout le polyèdre AB'C'D'E'FGHKL. A cet effet, je superpose les deux sections égales AB'C'D'E', FG'H'K'L' de manière à ce qu'elles coïncident ; les arêtes B'B, G'G qui sont respectivement perpendiculaires à ces sections et qui ont la même longueur AF—BG' prennent alors la même direction, et leurs extrémités B, G, s'appliquent l'une sur l'autre. Il en est de même des sommets C et H, des sommets D et K, ainsi que des sommets E et L. Par conséquent, les deux polyèdres AB'CD, FG'HK que je ramène à avoir les mêmes sommets coïncident et sont égaux.

Je remarque, en second lieu, que si je retranche successivement ces deux polyèdres égaux de la figure entière AB'C'FGK, les deux polyèdres restants, c'est-à-dire les deux prismes AK, AK' doivent être équivalents. Donc le prisme oblique AK est équivalent au prisme droit AK' qui a pour hauteur l'une des arêtes latérales du prisme oblique et pour base sa section droite.

THÉORÈME IV.

Les faces opposées d'un parallélipipède sont égales et parallèles.

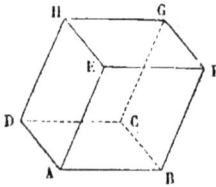

Soit le parallélipipède AG qui a pour bases les parallélogrammes ABCD, EFGH; ces deux quadrilatères sont égaux et leurs plans sont parallèles d'après la définition du parallélipipède. Je dis que deux autres faces opposées, telles que ABFE, DCGH, sont aussi égales et parallèles.

Ces parallélogrammes ont les côtés égaux chacun à chacun. En effet, le côté AB est égal au côté DC parce qu'ils sont opposés l'un à l'autre dans le parallélogramme ABCD; le côté AE est égal à DH pour une raison semblable; etc. Leurs angles sont aussi égaux chacun à chacun; ainsi, l'angle BAE est égal à l'angle CDH parce que leurs côtés sont parallèles deux à deux et dirigés dans le même sens; l'angle ABF est égal à l'angle DCG pour la même raison; etc. Par conséquent, les deux faces opposées ABEF, CDGH sont égales et leurs plans sont parallèles, puisqu'ils contiennent les angles ABF, DCG dont les côtés sont parallèles chacun à chacun (3, XI).

Remarque. — On peut prendre pour bases d'un parallélipipède deux faces opposées quelconques; car elles sont égales et parallèles.

COROLLAIRE. — *Toute section, faite dans un parallélipipède par un plan qui rencontre deux faces opposées, est un parallélogramme.*

Car cette section est un quadrilatère dont les côtés opposés sont parallèles, comme intersections de deux plans parallèles par un même plan (3, V).

THÉORÈME V.

Le plan, mené par deux arêtes opposées d'un parallélipipède, divise ce polyèdre en deux prismes triangulaires qui sont équivalents.

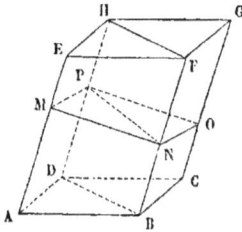

Soit le parallélipipède AG dans lequel les arêtes BF, DH sont opposées l'une à l'autre. Ces droites, étant parallèles à la même arête AE, sont parallèles entre elles (3, II), et le plan qu'elles déterminent partage le parallélipipède AG en deux polyèdres ABDEFH, BCDFGH qui sont des prismes triangulaires. En effet, les deux faces triangulaires ABD, EFH du premier polyèdre ont les côtés égaux et parallèles chacun à chacun ; donc elles sont égales et leurs plans sont parallèles (3, XI). Ce polyèdre est donc un prisme, car ses autres faces sont des parallélogrammes. Il en est de même du polyèdre BCDFGH.

Je dis maintenant que ces deux prismes triangulaires sont équivalents. Ce théorème est évident si le parallélipipède AG est droit, car les deux prismes qui sont aussi droits ont des bases égales et la même hauteur ; donc ils sont égaux.

Pour démontrer le même théorème lorsque le parallélipipède AG est oblique, je mène le plan MNOP perpendiculaire aux arêtes latérales des deux prismes, et je fais remarquer que le prisme oblique AFH est équivalent au prisme droit qui aurait pour base la section droite MNP du prisme oblique et pour hauteur son arête latérale BF (III) ; pareillement le prisme oblique CFH est équivalent au prisme droit ayant pour base sa section droite NOP et pour hauteur son arête latérale BF. Or, les bases MNP, NOP des deux prismes droits sont égales, parce qu'elles ont les trois côtés égaux chacun à chacun ; ces prismes ont en outre la même hauteur BF ; donc ils sont égaux (II), et les prismes obliques AFH, CFH sont par suite équivalents.

THÉORÈME VI.

Les volumes de deux parallélipipèdes rectangles qui ont la même base sont proportionnels à leurs hauteurs.

Soient ABCDE et ABCDK deux parallélipipèdes rectangles, ayant la même base ABCD et les hauteurs inégales AE, AK ; je suppose le rapport de ces hauteurs égal à $\frac{5}{3}$ (P. 15, déf. 3), ces droites ont alors une commune mesure AO contenue 5 fois dans AE et 3 fois dans AK. Par les points O, R, K, S qui divisent AE en 5 parties égales, je mène des plans perpendiculaires à cette droite ; ces plans déterminent dans le parallélipipède AE des sections parallèles à la base ABCD (3, VI), et par suite égales à cette base (I). Dès lors, le parallélipipède AE est divisé en cinq parallélipipèdes rectangles égaux, car ils ont des bases égales et des hauteurs égales (II) ; et le parallélipipède AK en contient trois. Ces deux parallélipipèdes ont donc une commune mesure ABCDO qu'ils contiennent respectivement autant de fois que leurs hauteurs AE, AK contiennent leur commune mesure AO ; par conséquent, le rapport $\frac{ABCDE}{ABCDK}$ est égal à $\frac{5}{3}$ ou au rapport $\frac{AE}{AK}$.

THÉORÈME VII.

Les volumes de deux parallélipipèdes rectangles P et P' qui ont la même hauteur sont proportionnels aux produits des deux autres dimensions.

Soient a, b, c, les trois dimensions du parallélipipède P et a, b', c', celles de P' ; si l'on construit un parallélipipède rectangle P" ayant pour dimensions les lignes a, b, c', et qu'on le compare au parallélipipède rectangle P, on voit que ces polyèdres ont une base égale dont les dimensions sont a et b. Par conséquent, le rapport de leurs volumes est égal à celui de leurs hauteurs c et c' (VI), c'est-à-dire que l'on a :

$$\frac{P}{P''} = \frac{c}{c'}.$$

Les parallélipipèdes P'' et P' ont aussi une base égale qui a pour dimensions a et c' ; donc

$$\frac{P''}{P'} = \frac{b}{b'}.$$

En multipliant membre à membre les deux égalités précédentes et supprimant le facteur P'' commun aux deux termes du premier rapport de la nouvelle égalité, on trouve :

$$\frac{P}{P'} = \frac{b \times c}{b' \times c'}.$$

THÉORÈME VIII.

Les volumes de deux parallélipipèdes rectangles P, P' *sont proportionnels aux produits de leurs trois dimensions.*

Soient a, b, c, les dimensions du parallélipipède rectangle P ; a', b', c', celles de P', et a, b, c', celles d'un troisième parallélipipède rectangle P'' que je compare successivement aux deux autres.

Les parallélipipèdes rectangles P et P'' ont une base égale qui a pour dimensions a et b ; par conséquent, leurs volumes sont proportionnels à leurs hauteurs (VI), c'est-à-dire que l'on a :

$$\frac{P}{P''} = \frac{c}{c'}.$$

Les parallélipipèdes P'' et P' ayant la même hauteur c', il en résulte aussi (VII) :

$$\frac{P'}{P} = \frac{a \times b}{a' \times b'}.$$

Je multiplie les deux égalités précédentes membre à membre et je trouve, après la suppression du facteur commun P'' :

$$\frac{P}{P'} = \frac{a \times b \times c}{a' \times b' \times c'}.$$

COROLLAIRE. — L'unité de volume étant le cube fait sur l'unité de longueur, c'est-à-dire le *mètre cube*, si je suppose que P' soit ce cube, ses dimensions a', b', c', seront dès lors égales à l'unité linéaire, et les rapports $\dfrac{P}{P'}$, $\dfrac{a}{a'}$, $\dfrac{b}{b'}$, $\dfrac{c}{c'}$ exprimeront respectivement la mesure du parallélipipède rectangle P et celles de ses trois dimensions a, b, c. Or on a :

$$\frac{P}{P'} = \frac{a}{a'} \times \frac{b}{b'} \times \frac{c}{c'}$$

donc *le nombre qui exprime la mesure du parallélipipède rectangle P est égal au produit des trois nombres qui expriment les mesures de ses trois dimensions.* On énonce ordinairement ce résultat de la manière suivante : *Le volume d'un parallélipipède rectangle est égal au produit de ses trois dimensions.*

Remarque. — L'énoncé précédent de la mesure du parallélipipède rectangle ne dépend pas de l'unité de surface.

Si l'on convient de prendre pour cette unité le carré fait sur l'unité de longueur, c'est-à-dire le *mètre carré*, le produit $\dfrac{a}{a'} \times \dfrac{b}{b'}$ est alors la mesure de la face du parallélipipède rectangle P qui a pour dimensions a et b (P, 30, III); de là résulte ce nouvel énoncé du théorème précédent : *Le volume d'un parallélipipède rectangle est égal au produit de sa base par sa hauteur.*

THÉORÈME IX.

Le volume d'un parallélipipède quelconque est égal au produit de sa base par sa hauteur.

Ce théorème est déjà démontré pour un parallélipipède rectangle (VIII). Il s'agit donc d'en établir la vérité pour le parallélipipède droit et pour le parallélipipède oblique.

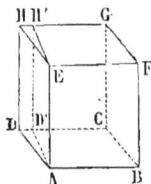

4° Soit le parallélipipède droit AG qui a le parallélogramme ABCD pour base et la droite AE pour hauteur. Par un point quelconque A de l'arête AB, appartenant à l'une des bases, je mène un plan perpendiculaire à cette arête; la section AEH'D' est un rectangle, puisque les faces opposées BE, CH du parallélipipède AG sont perpendiculaires aux bases AC, EG.

Cela posé, je fais remarquer que le parallélipipède proposé AG est équivalent au parallélipipède droit qui aurait la section AEH'D' pour base et l'arête AB pour hauteur (III). Or, ce dernier parallélipipède droit est rectangle, puisque sa base est un rectangle; il a donc pour mesure le produit de ses trois dimensions AE, AD', AB (VIII). Dès lors le parallélipipède AG a aussi pour mesure $AE \times AD' \times AB$, c'est-à-dire le produit de sa hauteur AE par sa base ABCD; car l'aire de cette base est égale à $AD' \times AB$.

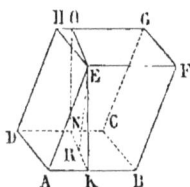

2º Soit le parallélipipède oblique AG qui a pour base le parallélogramme ABCD; par un point quelconque E de l'arête EF qui appartient à l'une des bases, je mène un plan perpendiculaire à cette arête, et je remarque ensuite que le parallélipipède proposé est équivalent au parallélipipède droit qui aurait la section droite EKNO pour base et l'arête EF pour hauteur (III). Soit ER la perpendiculaire tracée du point E sur le plan ABCD; cette droite est à la fois la hauteur du parallélipipède proposé AG et celle du parallélogramme EKNO, car elle est comprise dans le plan de de ce quadrilatère et perpendiculaire au côté KN (6, II). Donc le parallélipipède droit a pour mesure $ER \times EO \times EF$; le volume du parallélipipède oblique AG est par suite égal à $ER \times EO \times EF$, c'est-à-dire au produit de sa hauteur ER par sa base EFGH qui a pour mesure $EO \times EF$.

THÉORÈME X.

Le volume d'un prisme est égal au produit de sa base par sa hauteur.

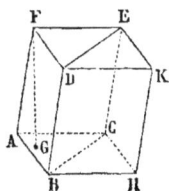

Je considère d'abord le prisme triangulaire ABCDEF qui a le triangle ABC pour base et dont la hauteur est FG. Sur l'angle trièdre A de ce prisme, je construis le parallélipipède AK en menant par l'extrémité de chacune des trois arêtes AB, AC, AF un plan parallèle au plan des deux autres. Les deux prismes triangulaires ABCDEF et BCHDEK dans lesquels le parallélipipède est divisé par le plan de ses deux arêtes opposées BD, CE sont équivalents (V); le parallélipipède AK est donc le double du prisme proposé. Or, il a pour mesure le produit de sa base 2 ABC par sa hauteur FG (IX); par conséquent, le prisme triangulaire ABCDEF a pour mesure ABC×FG, c'est-à-dire le produit de sa base par sa hauteur.

Soit, en second lieu, le prisme polygonal ABCK; je décompose ce polyèdre en prismes triangulaires, en menant des plans par l'arête latérale AF et par chacune des arêtes CH, DK qui lui sont parallèles sans faire partie de la même face. Ces prismes triangulaires ont la même hauteur que le prisme polygonal, et leurs bases sont les triangles ABC, ACD, ADE dans lesquels le polygone ABCDE est décomposé par ses diagonales. En désignant par H la hauteur du prisme proposé, j'aurai dès lors :

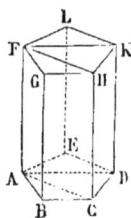

$$\text{Prisme ABC} = \text{ABC} \times \text{H},$$
$$\text{Prisme ACD} = \text{ACD} \times \text{H},$$
$$\text{Prisme ADE} = \text{ADE} \times \text{H}.$$

Le prisme polygonal ABCK est donc égal à (ABC+ACD+ADE)×H, c'est-à-dire qu'il a pour mesure le produit de sa base ABCDE par sa hauteur H.

COROLLAIRE. — Les volumes de deux prismes qui ont des bases équivalentes sont proportionnels à leurs hauteurs. — Réciproquement, les volumes de deux prismes sont proportionnels à leurs bases s'ils ont la même hauteur.

PROBLÈMES.

1. Les diagonales d'un parallélipipède sont inégales, à moins que le parallélipipède ne soit rectangle. — Ces droites se divisent mutuellement en deux parties égales.

2. Le carré d'une diagonale d'un parallélipipède rectangle est égal à la somme des carrés des trois dimensions du parallélipipède.

3. Calculer, à un décimètre cube près, le volume d'un prisme droit dont la base est un hexagone régulier, sachant que le côté de la base est de 1ᵐ, 56 et la hauteur de 2ᵐ, 45.

4. Un prisme droit a pour base un triangle équilatéral ; son volume est égal à 1 mètre cube et sa hauteur égale à 0ᵐ, 80. Calculer, à un centimètre près, le côté de sa base.

5. Le volume d'un prisme triangulaire est égal au produit d'une face latérale quelconque par la distance de cette face à l'arête qui lui est opposée.

6. Si, sur trois droites parallèles et non situées dans le même plan, on prend des longueurs AA′, BB′, CC′ égales à une droite donnée, le volume du prisme triangulaire AA′BB′CC′ est constant quelles que soient les positions respectives des arêtes AA′, BB′ et CC′.

7. Couper un cube par un plan tel que la section soit un hexagone régulier.

DIXIÈME ET ONZIÈME LEÇONS.

Programme : Pyramide. — Mesure du volume de la pyramide triangulaire, de la pyramide quelconque. — Volume d'un tronc de prisme à bases parallèles. — Exercices numériques.

DÉFINITIONS.

1. On appelle *pyramide* un polyèdre dont l'une des faces est un polygone quelconque et dont les autres faces sont des triangles ayant pour bases les côtés de la face polygonale et pour sommets un même point de l'espace.

On donne le nom de *base* à la face polygonale et celui de *sommet* au point commun à toutes les faces triangulaires dont l'ensemble forme la *surface latérale* de la pyramide. — La *hauteur* de la pyramide est la distance de son sommet à sa base.

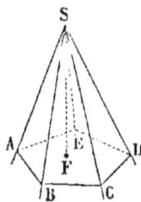

Le polyèdre SABCDE est une pyramide qui a pour base le pentagone ABCDE et pour sommet le point S. Sa surface latérale est composée des cinq triangles SAB, SBC, SCD, SDE, SAE, et sa hauteur est représentée par la perpendiculaire SF menée du sommet sur le plan de la base.

2. Une pyramide est *triangulaire, quadrangulaire, pentagonale*, etc., selon que sa base est un *triangle*, un *quadrilatère*, un *pentagone*, etc. On donne le nom particulier de *tétraèdre* à une pyramide triangulaire.

3. On dit qu'une pyramide est *régulière*, lorsque sa base est un polygone régulier et que la droite qui joint le centre

de ce polygone au sommet de la pyramide est perpendiculaire à la base.

4. Si l'on coupe une pyramide par un plan qui rencontre toutes les faces latérales, la portion de ce polyèdre comprise entre la base et le plan sécant est appelée *pyramide tronquée* ou *tronc de pyramide.*

THÉORÈME I.

1° *Tout plan* abcde, *parallèle à la base* ABCDE *d'une pyramide* SABCDE, *divise les arêtes latérales et la hauteur en parties proportionnelles.*

2° *La section* abcde *faite dans la pyramide est semblable à la base.*

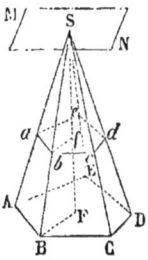

1° Je mène par le sommet S de la pyramide le plan MN parallèle à la base ABCDE, et je fais remarquer que les arêtes latérales SA, SB, SC, etc., sont divisées, ainsi que la hauteur SF, en segments proportionnels par les trois plans parallèles MN, *ad*, AD (3, X). On a donc :

$$\frac{Sa}{aA} = \frac{Sb}{bB} = \text{etc.} \dots = \frac{Sf}{fF}.$$

2° Les plans de la base ABCDE et de la section *abcde* étant parallèles, leurs intersections par chacune des faces latérales de la pyramide sont des droites parallèles (3, VII). Les angles ABC, *abc* ont dès lors les côtés parallèles deux à deux et dirigés dans le même sens; donc ils sont égaux (3, XI). Pareillement, l'angle BCD est égal à *bcd;* l'angle CDE égal à *cde*, etc.

Il résulte aussi du parallélisme des droites AB et *ab* que les triangles SAB, S*ab* sont semblables (P, 21, I); on a par suite :

$$\frac{AB}{ab} = \frac{SB}{Sb}.$$

La similitude des deux triangles SBC, S*bc* donne pareillement

$$\frac{BC}{bc} = \frac{SB}{Sb};$$

Par conséquent, on a :

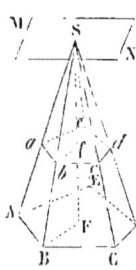

$$\frac{AB}{ab} = \frac{BC}{bc}.$$

On prouverait de même l'égalité des deux rapports $\frac{BC}{bc}$, $\frac{CD}{cd}$, puis celle des deux rapports $\frac{CD}{cd}$, $\frac{DE}{de}$, et ainsi de suite. Donc les deux polygones ABCDE, $abcde$ qui ont les angles égaux et les côtés homologues proportionnels sont semblables.

COROLLAIRE. — La section $abcde$ étant semblable à la base de la pyramide, les aires de ces deux polygones sont proportionnelles aux carrés de leurs côtés homologues (P, 33, II); on a donc :

$$\frac{abcde}{ABCDE} = \frac{ab^2}{AB^2}.$$

Or, on sait que

$$\frac{ab}{AB} = \frac{Sb}{SB} = \frac{Sf}{SF};$$

par conséquent, on a aussi :

$$\frac{abcde}{ABCDE} = \frac{Sf^2}{SF^2}.$$

De là résulte ce théorème : *Les sections, faites dans une pyramide par des plans parallèles, sont proportionnelles aux carrés de leurs distances au sommet de la pyramide.*

THÉORÈME II.

Si deux pyramides ont la même hauteur, les sections faites par des plans parallèles aux bases, à la même distance des sommets, sont proportionnelles aux bases.

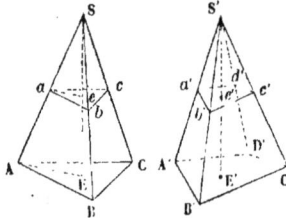

Je suppose la hauteur SE de la pyramide SABC égale à la hauteur S'E' de la pyramide S'A'B'C'D' et je prends sur ces lignes les longueurs égales Se, $S'e'$; puis je mène par le point e le plan abc parallèle à ABC, et par le point e' le plan $a'b'c'd'$ parallèle à A'B'C'D'.

La section abc faite dans la pyramide SABC étant parallèle à la base ABC, les aires de ces polygones sont proportionnelles aux carrés de leurs distances au sommet S (I) ; on a donc :

$$\frac{abc}{\text{ABC}} = \frac{Se^2}{SE^2}.$$

La section $a'b'c'd'$ faite dans la pyramide S'A'B'C'D' étant aussi parallèle à la base A'B'C'D', on a pareillement :

$$\frac{a'b'c'd'}{\text{A'B'C'D'}} = \frac{S'e'^2}{S'E'^2}.$$

Or, les hauteurs SE, S'E' sont égales par hypothèse, ainsi que les droites Se, $S'e'$; donc il en résulte que

$$\frac{abc}{\text{ABC}} = \frac{a'b'c'd'}{\text{A'B'C'D'}}.$$

Corollaire. — Si les bases des deux pyramides sont équivalentes, les sections abc, $a'b'c'd'$, le sont aussi.

THÉORÈME III.

Deux pyramides sont égales lorsqu'elles ont un angle dièdre égal, compris entre une base et une face latérale égales chacune à chacune et semblablement placées.

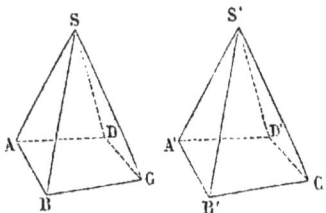

La démonstration de ce théorème est identique à celle qu'on a faite dans la huitième leçon pour établir les conditions d'égalité de deux prismes (8, II).

THÉORÈME IV.

Deux pyramides qui ont les bases équivalentes et les hauteurs égales sont équivalentes.

13

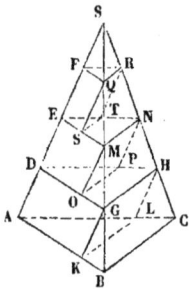

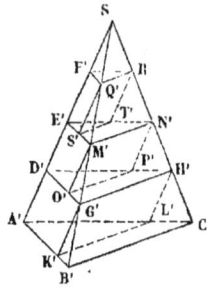

SoientSABC, S′A′B′C′
deux pyramides trian-
gulaires, ayant leurs
bases ABC, A′B′C′,
équivalentes et leurs
hauteurs égales; je dis
qu'elles sont équiva-
lentes.

Pour le démontrer,
je place ces pyramides sur le même plan, et je divise l'une de
leurs arêtes latérales en un nombre quelconque de parties
égales, par exemple l'arête SA en quatre parties égales. Je
mène ensuite par les points de division D, E, F, des plans
parallèles au plan ABC qui contient les bases; chacun de ces
plans fait des sections équivalentes dans les deux pyramides,
puisque les bases sont équivalentes (II, c).

Cela posé, par les sommets G et H de la section DGH je
trace des parallèles à l'arête SA jusqu'à la rencontre du plan
de la base ABC, et je tire la droite KL qui joint les deux points
d'intersection. Chacun des quadrilatères ADGK, ADHL, GKLH
est un parallélogramme, et les triangles AKL, DGH, compris
dans des plans parallèles sont égaux comme ayant les côtés
égaux chacun à chacun; le polyèdre AKLDGH est donc un
prisme triangulaire. Je construis de même sous chacune des
sections EMN, FRQ de la pyramide SABC un prisme qui ait
cette section pour base et dont les arêtes latérales soient aussi
parallèles à SA et terminées au plan de la section précédente.
J'inscris pareillement dans la pyramide S′A′B′C′ autant de
prismes qu'elle a de sections, et je prends leurs arêtes latérales
parallèles à S′A′.

Je remarque ensuite que le prisme ADGH inscrit dans la
pyramide SABC est équivalent au prisme A′D′G′H′ inscrit
dans la pyramide S′A′B′C′, parce qu'ils ont la même hauteur
et que leurs bases DGH, D′G′H′, sont équivalentes (8, X). Or,
les prismes DEMN, D′E′M′N′ sont équivalents pour la même
raison, ainsi que les prismes EFRQ, E′F′R′Q′; donc la somme
des prismes inscrits dans la pyramide SABC est égale à celle

des prismes inscrits dans la pyramide S'A'B'C'. Si, maintenant, je double indéfiniment le nombre des divisions de l'arête SA et, par suite, celui des prismes inscrits dans chaque pyramide, la somme des prismes inscrits dans SABC ne cesse pas d'être égale à celle des prismes inscrits dans S'A'B'C'; j'en conclus dès lors que les limites de ces deux sommes, c'est-à-dire les pyramides* SABC, S'A'B'C', sont équivalentes.

THÉORÈME V.

Le volume d'une pyramide est égal au tiers du produit de sa base par sa hauteur.

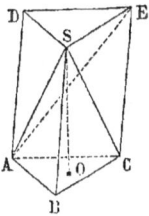

Soit d'abord la pyramide triangulaire SABC; je construis sur l'angle trièdre B, avec les arêtes BA, BC, BS, le prisme triangulaire ABCSDE et je dis que la pyramide SABC est le tiers de ce prisme.

En effet, le prisme ABCSDE est égal à la somme de la pyramide triangulaire SABC et de la pyramide quadrangulaire SACED. Or, le plan SAE divise la pyramide quadrangulaire en deux pyramides triangulaires SADE, SACE qui sont équivalentes (IV), car elles ont le même sommet S et leurs bases ADE, ACE, placées sur le même plan sont égales comme ayant les côtés égaux chacun à chacun. Je remarque ensuite que les deux pyramides SABC, SADE ont des bases égales ABC, SDE, et la même hauteur

---

* J'admets, sans démonstration, que la pyramide SABC est la limite vers laquelle tend la somme des prismes inscrits dans ce polyèdre lorsque le nombre de ces prismes croît indéfiniment, par analogie avec ce que le programme prescrit pour le cercle et la circonférence.

Cependant, pour démontrer ce théorème, il suffirait de remarquer que l'excès de la pyramide SABC sur la somme des prismes inscrits est moindre que le tronc de pyramide compris entre les plans parallèles SBC, FKL. Car, la distance de ces plans étant plus petite que SF ou que l'une des divisions de l'arête SA, l'épaisseur du tronc de pyramide et son volume, par suite, diminuent indéfiniment, lorsqu'on divise SA en parties égales de plus en plus petites.

SO que le prisme; donc elles sont équivalentes, et le prisme ABCDES est le triple de la pyramide SABC. Or, ce prisme a pour mesure le produit $ABC \times SO$; par conséquent, le volume de la pyramide est égal à $\frac{1}{3} ABC \times SO$, c'est-à-dire au tiers du produit de sa base par sa hauteur.

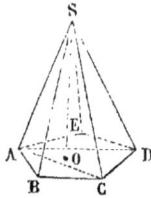

Je considère, en second lieu, la pyramide polygonale SABCDE que je décompose en pyramides triangulaires, en menant un plan par l'une de ses arêtes latérales, par exemple SA, et par chacune des diagonales de la base issues du sommet A. Ces pyramides ont pour bases les triangles dans lesquels le polygone ABCDE est divisé par ses diagonales, et pour hauteur la perpendiculaire SO menée de leur sommet commun S sur le plan qui contient leurs bases. Le volume de chacune de ces pyramides étant égal au tiers du produit de sa base par sa hauteur, j'ai :

$$\text{Pyr. SABC} = \tfrac{1}{3} ABC \times SO,$$
$$\text{Pyr. SACD} = \tfrac{1}{3} ACD \times SO,$$
$$\text{Pyr. SADE} = \tfrac{1}{3} ADE \times SO.$$

J'additionne ces égalités membre à membre, et je trouve que le volume de la pyramide polygonale SABCDE est égal à $\frac{1}{3} (ABC + ACD + ADE) \times SO$, c'est-à-dire au tiers du produit de sa base par sa hauteur.

Corollaire I. — Toute pyramide est égale au tiers d'un prisme de base équivalente et de même hauteur (8, X).

Corollaire II. — Les volumes de deux pyramides de même base sont proportionnels à leurs hauteurs. — Si deux pyramides ont la même hauteur, leurs volumes sont proportionnels aux bases.

Corollaire III. — Pour mesurer le volume d'un polyèdre quelconque, je le décompose en pyramides qui aient pour bases ses différentes faces et pour sommet commun un point quelconque pris à l'intérieur de ce polyèdre. Je calcule ensuite le volume de chacune de ces pyramides et je fais la somme de leurs mesures.

S'il existe à l'intérieur du polyèdre un point également

éloigné de toutes ses faces et qu'on le prenne pour le sommet de toutes les pyramides, le volume du polyèdre sera égal au tiers du produit de sa surface totale par la perpendiculaire tracée, du point également éloigné de toutes les faces, sur l'une de ces faces.

THÉORÈME VI.

Un tronc de pyramide à bases parallèles est équivalent à trois pyramides, ayant pour hauteur commune la hauteur du tronc et pour bases respectives la base inférieure du tronc, sa base supérieure et la moyenne proportionnelle à ces deux bases.

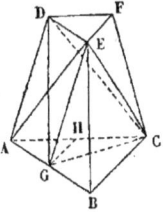

1o Je considère le tronc de pyramide triangulaire ABCDEF dont les bases ABC, DEF sont parallèles. Les plans ECA, ECD, menés par la diagonale EC de l'une des faces latérales et par chacun des sommets A et D extérieurs à cette face, décomposent ce polyèdre en trois pyramides triangulaires EABC, ECDF, EACD. La première, EABC, a pour face la base inférieure ABC du tronc; si je prends ce triangle pour sa base, elle aura la même hauteur que le tronc, car son sommet E est un point de la base supérieure DEF de la pyramide tronquée. La seconde pyramide ECDF peut aussi être regardée comme ayant pour base le triangle DEF qui est la base supérieure du tronc; elle a par suite la même hauteur que le tronc, puisque son sommet C est un point de la base inférieure ABC. Quant à la troisième pyramide EACD, je la transforme en une autre GACD de même base ACD et de même hauteur (IV), en transportant son sommet E au point G où la la droite EG menée parallèlement à AD rencontre le côté AB de la base inférieure ABC. Je considère ensuite la pyramide GABD comme ayant le triangle ACG pour base et le point D pour sommet; sa hauteur est alors égale à celle du tronc, et je dis que sa base ACG est moyenne proportionnelle aux deux bases ABC, DEF de la pyramide tronquée.

Pour le démontrer, je mène du point G, jusqu'à la rencontre de AC, la droite GH parallèle à BC et je fais remarquer

que le triangle AGH est égal au triangle DEF. En effet, leurs
côtés AG, DE sont égaux comme côtés opposés
du parallélogramme AGED, et les angles GAH,
AGH sont égaux respectivement aux angles
EDF, DEF, parce qu'ils ont leurs côtés parallèles
deux à deux et dirigés dans le même sens (3,
XI). Cela posé, je compare successivement le
triangle ACG aux deux triangles ABC, AGH. Les
triangles ACG, ABC ont le sommet C commun et leurs bases
AB, AG situées sur la même droite; donc leurs hauteurs sont
égales et le rapport de leurs aires est le même que celui de
leurs bases (P, 30, V). On a dès lors :

$$\frac{ABC}{ACG} = \frac{AB}{AG}.$$

Les triangles ACG, AGH ont aussi la même hauteur, puisque
leurs bases AC, AH sont situées sur la même droite et que le
point G est leur sommet; par conséquent, on a :

$$\frac{ACG}{AGH} = \frac{AC}{AH}.$$

Mais les rapports $\frac{AB}{AG}$, $\frac{AC}{AH}$ sont égaux à cause du parallélisme
des droites BC, GH (P, 21, I); donc il résulte des deux égalités
précédentes que :

$$\frac{ABC}{ACG} = \frac{ACG}{AGH},$$

c'est-à-dire que le triangle ACG est moyen proportionnel aux
deux triangles ABC, AGH.

2º Soit le tronc de pyramide
polygonal qui résulte de l'intersection de la pyramide quadrangulaire SABCD par le plan EFGH,
parallèle à la base ABCD; je construis sur le plan ABC une pyramide triangulaire S′A′B′C′ ayant
la même hauteur que la pyra-
mide SABCD et une base A′B′C′ équivalente au quadrilatère
ABCD (P, 31, prob. I). Ces deux pyramides sont équivalentes,
parce qu'elles ont la même mesure (V).

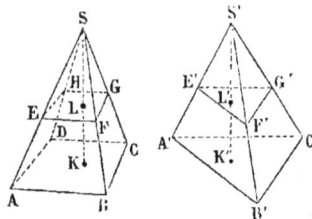

Je remarque ensuite que le plan EFG détermine dans ces pyramides deux sections équivalentes EFGH, E'F'G' (II, c), et j'en conclus que la pyramide S'E'F'G' est équivalente à la pyramide SEFGH. Par conséquent, le tronc de pyramide triangulaire A'B'C'E'F'G' est équivalent au tronc de pyramide polygonal ABCDEFGH ; or le tronc de pyramide triangulaire est équivalent à la somme de trois pyramides qui ont la même hauteur que le tronc, et dont les bases respectives sont la base inférieure du tronc, sa base supérieure et la moyenne proportionnelle à ces deux bases. Donc, etc.

COROLLAIRE. — Soient B, b les bases d'un tronc de pyramide dont les plans sont parallèles, et h sa hauteur ; son volume V est égal à $\frac{1}{3}h \times B + \frac{1}{3}h \times b + \frac{1}{3}h \times \sqrt{Bb}$ ou à $\frac{1}{3}h\,(B+b+\sqrt{Bb})$.

On peut éviter le calcul de l'une des deux bases B et b, parce qu'elles sont semblables (I). En effet, si l'on désigne par A et a deux côtés homologues de ces bases, on a (P, 33, II) :

$$\frac{b}{B} = \frac{a^2}{A^2},$$

et, par conséquent, $\qquad b = B \times \dfrac{a^2}{A^2}.$

En remplaçant b par cette valeur dans l'égalité

$$V = \tfrac{1}{3}h\,(B+b+\sqrt{Bb}),$$

on trouve, après l'extraction de la racine carrée :

$$V = \frac{B \times h}{3}\left(1 + \frac{a}{A} + \frac{a^2}{A^2}\right).$$

Cette formule, qui n'exige pas d'extraction de racine, est d'une application plus facile que la précédente.

THÉORÈME VII.

Le volume d'un tronc de prisme triangulaire ABCDEF est égal à la somme des volumes de trois pyramides triangulaires, ayant pour base commune la base inférieure ABC du tronc et pour sommets respectifs les sommets D, E, F de la base supérieure.

Je mène les plans ECA', ECD, par la diagonale EC de l'une des faces latérales du tronc de prisme et par chacun de ses sommets A, D

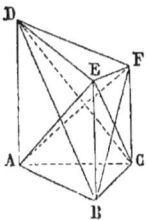

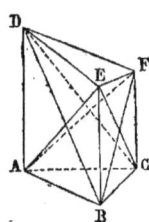

qui sont extérieurs à cette face. Ces plans décomposent le tronc en trois pyramides triangulaires ECAB, ECDA, ECDF. La première, ECAB, a le triangle ABC pour base et le point E pour sommet. La seconde, ECAD, est équivalente à la pyramide BCAD parce qu'elles ont la même base CAD, et que leurs sommets E, B sont situés sur une droite parallèle au plan de leur base; or la pyramide BCAD peut être considérée comme ayant le triangle ABC pour base et le point D pour sommet; donc la seconde pyramide ECAD est équivalente à une pyramide qui aurait le triangle ABC pour base et le point D pour sommet. La troisième pyramide ECDF est équivalente à la pyramide ABCF, parce que leurs bases CDF, ACF sont deux triangles équivalents et que leurs sommets E et B se trouvent sur une droite parallèle au plan de leurs bases. Mais on peut prendre le triangle ABC pour la base de la pyramide ABCF et le point F pour son sommet; donc le prisme tronqué ABCDEF est équivalent à la somme de trois pyramides qui auraient le triangle ABC pour base commune et les points D, E, F pour sommets.

COROLLAIRE I. — Soient h, h', h'', les distances des sommets D, E, F, de la base supérieure du prisme tronqué à sa base inférieure que je désigne par b; le volume de ce polyèdre est égal à $\frac{1}{3}b \times h + \frac{1}{3}b \times h' + \frac{1}{3}b \times h''$, ou à $\frac{1}{3}b\,(h + h' + h'')$.

COROLLAIRE II. — *Le volume d'un tronc de prisme triangulaire est égal au produit de sa section droite par le tiers de la somme de ses trois arêtes latérales.*

EXERCICES NUMÉRIQUES.

1. *Calculer, à un centimètre cube près, le volume d'un tétraèdre régulier dont l'arête est égale à $0^m,60$.*

Je commence par chercher les expressions de la base et de la hauteur du tétraèdre en fonction de l'arête que je désigne par a. La base est un triangle équilatéral dont le côté est exprimé par a et la hauteur par $\sqrt{a^2 - \frac{a^2}{4}}$, c'est-à-dire par $\frac{a\sqrt{3}}{2}$; l'aire de ce triangle est donc égale à $\frac{a}{2} \times \frac{a\sqrt{3}}{2}$, ou à $\frac{a^2\sqrt{3}}{4}$.

Pour calculer la hauteur du tétraèdre, je remarque 1° que cette droite fait un triangle rectangle avec l'une des arêtes latérales et le rayon du cercle circonscrit à la base, et que l'arête latérale est l'hypoténuse de ce triangle ; 2° que le rayon du triangle équilatéral dont le côté égale a est représenté par $\frac{a}{\sqrt{3}}$ (P, 28, II). J'en conclus que la hauteur du tétraèdre égale $\sqrt{a^2 - \frac{a^2}{3}}$, ou $\frac{a\sqrt{6}}{3}$; par conséquent, ce polyèdre a pour mesure $\frac{1}{3} \times \frac{a^2\sqrt{3}}{4} \times \frac{a\sqrt{6}}{3}$, ou $\frac{a^3\sqrt{2}}{12}$. Telle est l'expression du volume d'un tétraèdre régulier en fonction de son arête a.

Si je suppose maintenant l'arête a égale à 0m, 60, je trouverai pour le volume demandé $\frac{(0,60)^3 \times \sqrt{2}}{12}$, ou 25 décimètres cubes 456 centimètres cubes.

2. *Calculer, à un décimètre cube près, le volume d'un tronc de pyramide à bases parallèles, sachant que la hauteur de ce tronc est de 3 mètres et que ses bases sont des hexagones réguliers dont les côtés ont 0m, 80 et 0m, 60 de longueur.*

Si l'on désigne par h la hauteur du tronc de pyramide proposé, par A un côté de sa base inférieure B et par a le côté homologue de la base supérieure, le volume V de ce polyèdre est donné par la formule (VI, c.) :

$$V = \frac{B \times h}{3}\left(1 + \frac{a}{A} + \frac{a^2}{A^2}\right).$$

Or, l'hexagone régulier construit sur la ligne A est égal à la somme de six triangles équilatéraux construits sur la même droite ; par conséquent on a, d'après le problème précédent :

$$B = \frac{6 A^2 \sqrt{3}}{4}.$$

En remplaçant B par cette valeur dans l'expression du volume V, on arrive à la formule :

$$V = \frac{h\,(A^2 + Aa + a^2)\sqrt{3}}{2}.$$

Pour faire l'application numérique proposée, on prendra $h = 3$, $A = 0,80$, $a = 0,60$, et l'on trouvera :

$$V = 1,50\,(0,64 + 0,48 + 0,36)\,\sqrt{3},$$

ou $\qquad V = 3^{\text{m. c. c.}},845.$

3. Les amas de pierres que l'on fait de distance en distance le long des routes ont la forme de prismes quadrangulaires tronqués dont deux faces latérales opposées sont des rectangles, tandis que les deux autres sont des trapèzes isocèles égaux entre eux. Chacun de ces troncs de prismes a dès lors pour bases deux trapèzes isocèles égaux, et c'est par la plus grande de ses faces rectangulaires qu'il s'appuie sur le sol.

Les côtés AB, BC *de l'une des faces rectangulaires d'un amas de pierres* ABCDA'B'C'D' *ont* 1^m, 20 *et* 0^m, 40 *de longueur; les côtés* A'B', B'C' *de l'autre face rectangulaire sont égaux respectivement à* 0^m, 54 *et* 0^m, 18. *Calculer le volume de cet amas de pierres dont la hauteur est égale à* 0^m, 80.

Je cherche d'abord l'expression du volume du prisme

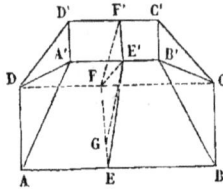

tronqué en fonction des lignes données; pour cela, je désigne par a et b les dimensions AB, BC de la face rectangulaire ABCD, par a' et b' les dimensions A'B', B'C' de l'autre face rectangulaire A'B'C'D', et par d la distance E'G de ces deux faces. Le plan mené par les arêtes parallèles A'B' et DC décompose le prisme quadrangulaire tronqué en deux troncs de prismes triangulaires ABCDA'B' et A'B'C'D'CD; le premier a pour mesure le produit de sa section droite EFE' par le tiers de la somme $2a + a'$ de ses arêtes latérales (VII, c). Or la base EF du triangle EFE' est égale à b et sa hauteur E'G égale à d; donc sa surface a pour mesure le produit $\dfrac{b \times d}{2}$, et le volume du tronc de prisme ABCDA'B' est par suite égal à $\dfrac{bd}{6}\,(2a + a')$. Je prouverais de même que le tronc de prisme A'B'C'D'CD a pour mesure $\dfrac{b'd}{6}\,(2a' + a)$; par conséquent le volume de l'amas de pierres est égal à $\dfrac{bd}{6}\,(2a + a') + \dfrac{b'd}{6}\,(2a' + a)$.

Si je suppose maintenant $a=1^m, 20$, $b=0^m, 40$, $a'=0^m, 54$, $b'=0^m, 18$ et $d=0^m, 80$, je trouverai $\dfrac{0,40\times 0,80\ (2,40+0,54)}{6}$

$+\ \dfrac{0,18\times 0,80\ (1,08+1,20)}{6}$, ou 211 décimètres cubes 520 centimètres cubes pour le volume demandé.

Remarque I. — La formule

$$\frac{bd}{6}\ (2\,a+a') + \frac{b'd}{6}\ (2\,a'+a)$$

sert aussi à calculer la capacité des fossés, ou *cuvettes,* que l'on creuse le long des routes. Si l'on y fait $b'=o$, elle se réduit à

$$\frac{bd}{6}\ (2\,a+a').$$

Elle exprime alors le volume d'un tronc de prisme triangulaire dont les bases sont deux triangles isocèles égaux et qui a pour faces latérales un rectangle et deux trapèzes isocèles égaux ; c'est la forme qu'on donne aux toits de certains édifices, aux piles de boulets dans les parcs d'artillerie, etc.

Remarque II. — Si l'on suppose les rectangles ABCD, A'B'C'D' semblables, c'est-à-dire si l'on a :

$$\frac{a}{a'} = \frac{b}{b'},$$

les arêtes AA', BB', CC', DD', prolongées, vont concourir au même point. On peut alors considérer le polyèdre ABCDA'B'C'D' comme un tronc de pyramide ; à ce point de vue, son volume est égal à (VI) :

$$\frac{d}{3}\ (ab+a'b' + \sqrt{aba'b'}).$$

Il est facile de vérifier l'identité de cette formule et de la précédente, en tenant compte de la condition

$$\frac{a}{a'} = \frac{b}{b'}.$$

PROBLÈMES.

1. Les plans bissecteurs des angles trièdres d'un tétraèdre passent par le même point.

2. Les plans perpendiculaires au milieu de chacune des arêtes d'un tétraèdre passent par le même point.

3. Déterminer à l'intérieur d'un tétraèdre un point, tel qu'en le joignant à tous les sommets on décompose le tétraèdre en quatre pyramides triangulaires équivalentes.

4. Le plan bissecteur d'un angle dièdre d'un tétraèdre divise l'arête opposée en deux segments proportionnels aux faces adjacentes.

5. Tout plan qui passe par les milieux de deux arêtes opposées d'un tétraèdre, le divise en deux parties équivalentes.

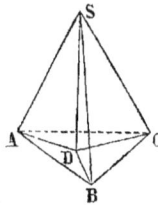

6. Si, par le sommet S du tétraèdre SABC, on trace la droite SD formant des angles égaux avec les faces SAB, SAC, SAD, et qu'on joigne les sommets A, B, C de la base au point D dans lequel cette droite rencontre ABC, les triangles DAB, DBC, DAC sont proportionnels aux faces SAB, SBC, SAC.

7. On donne deux tétraèdres ABCD, A'B'C'D', tels que les droites AA', BB', CC', DD', qui joignent deux à deux les sommets correspondants, concourent en un même point.

Démontrer que, si les faces correspondantes se coupent, les quatre droites d'intersection sont situées dans un même plan (Concours de logique scientifique, 1853).

8. Par un point quelconque pris à l'intérieur de la base d'une pyramide régulière, on élève une perpendiculaire sur cette base; cette perpendiculaire rencontre toutes les faces latérales de la pyramide, prolongées au besoin. On demande de démontrer que la somme des distances des points de rencontre au plan de la base est une quantité constante (Concours de logique scientifique, 1852).

DOUZIÈME LEÇON.

PROGRAMME : Polyèdres semblables. — En coupant une pyramide par un plan parallèle à sa base, on détermine une pyramide partielle semblable à la première. — Deux pyramides triangulaires qui ont un angle dièdre égal compris entre deux faces semblables et semblablement placées, sont semblables. (NOTA. *On se bornera à ce seul cas de similitude.*)

DÉFINITIONS.

Deux polyèdres sont *semblables* s'ils ont les faces semblables chacune à chacune, et que leurs angles polyèdres formés par les faces semblables soient égaux.

Deux points, deux lignes, deux faces, deux angles dièdres ou polyèdres qui se correspondent dans deux polyèdres semblables sont appelés *homologues*. Ainsi, deux angles polyèdres égaux sont des angles homologues et leurs sommets des points homologues. Pareillement, deux arêtes, deux diagonales terminées à des sommets homologues sont des lignes homologues. Enfin deux faces semblables sont aussi des faces homologues.

THÉORÈME I.

Les arêtes homologues de deux polyèdres semblables P et P′ sont proportionnelles.

Il est d'abord évident que les côtés homologues de deux faces homologues quelconques des polyèdres semblables P et P′ sont proportionnelles, puisque ces faces sont des polygones semblables. Je remarque ensuite que le côté commun à deux faces adjacentes A, B du polyèdre P est homologue au côté commun aux deux faces adjacentes A', B' qui, dans le polyèdre P', sont homologues respectivement à A et B ; donc le rapport de similitude (P, 21, déf.) des deux faces homologues A, A' est le même que celui de deux autres faces homologues B, B'. Par suite, les arêtes homologues des deux polyèdres P, P' sont proportionnelles.

THÉORÈME II.

En coupant une pyramide par un plan parallèle à sa base, on détermine une pyramide partielle semblable à la première.

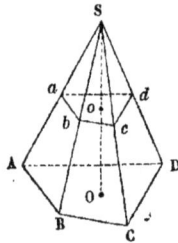

Soit *abcd* la section faite dans la pyramide SABCD par un plan parallèle à sa base ABCD ; je dis que les pyramides S*abcd*, SABCD sont semblables.

Je remarque d'abord que leurs faces homologues sont semblables. En effet, le plan de la section *abcd* étant parallèle à la base de la pyramide SABCD, les polygones *abcd*, ABCD sont semblables (10, I) ; les triangles homologues S*ab*, SAB sont aussi semblables, car ils ont les angles égaux chacun à chacun à cause du parallélisme des droites *ab* et AB ; etc.

Je dis, en second lieu, que les angles polyèdres homologues des pyramides S*abcd*, SABCD sont égaux. L'angle polyèdre S leur est commun ; pour démontrer l'égalité des deux angles trièdres homologues *a* et A, je les superpose en plaçant le sommet *a* sur le sommet A, l'arête *a*S sur l'arête AS et faisant coïncider le plan S*ad* avec le plan SAD. L'arête *ad* prend alors la direction de l'arête AD parce que l'angle S*ad* est égal à l'angle SAD ; pareillement, le plan S*ab* s'applique sur le plan SAB à cause de l'égalité des deux angles dièdres *d*S*ab*, DSAB, et l'arête *ab* prend la direction de l'arête AB, puisque les deux angles S*ab*, SAB sont égaux. Dès lors la troisième face *dab* de l'angle trièdre *a* coïncide aussi avec la troisième face DAB de l'autre angle trièdre A et ces deux angles trièdres sont égaux. Il en est de même des deux angles trièdres b et B, etc. Donc les pyramides S$abcd$, SABCD, qui ont les faces semblables chacune à chacune et les angles polyèdres homologues égaux, sont semblables.

THÉORÈME III.

Deux pyramides triangulaires qui ont un angle dièdre égal, compris entre deux faces semblables chacune à chacune et semblablement placées, sont semblables.

Soient SABC, S'A'B'C' deux pyramides triangulaires qui ont les angles dièdres AB, A'B' égaux et dont les faces SAB, S'A'B' sont semblables, ainsi que les faces ABC, A'B'C' ; je dis que ces pyramides sont semblables, si toutefois les faces SAB, ABC de la pyramide SABC ont la même disposition relative que les faces homologues S'A'B', A'B'C' de la pyramide S'A'B'C'.

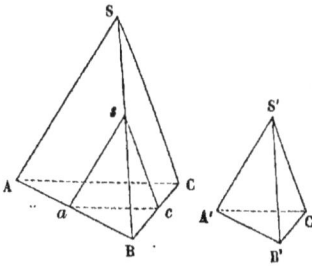

En effet, je prends sur l'arête BA une longueur Ba égale à l'arête B'A', et je mène par le point a le plan acs parallèle à la face ACS de la pyramide SABC. Ce plan détermine une pyramide $saBc$ semblable à SABC (II) ; je vais démontrer qu'elle est égale à la pyramide S'A'B'C'. Je remarque à cet effet que l'angle dièdre aB est égal par hypothèse à l'angle dièdre A'B', et le triangle saB égal au triangle S'A'B', parce que chacun d'eux est semblable au triangle SAB et que leurs côtés homologues aB, A'B' sont égaux. Le triangle aBc est aussi égal au triangle A'B'C' pour la même raison ; donc les pyramides triangulaires $saBc$, S'A'B'C', qui ont un angle dièdre égal compris entre deux faces égales chacune à chacune et semblablement disposées, sont égales (10, III) et la pyramide S'A'B'C' est semblable par suite à la pyramide SABC.

PROBLÈMES.

1. Deux pyramides polygonales sont semblables lorsqu'elles ont un angle dièdre égal, compris entre une base et une face latérale semblables chacune à chacune et semblablement disposées.

2. Les surfaces de deux pyramides semblables sont proportionnelles aux carrés de deux arêtes homologues.

3. Couper une pyramide par un plan parallèle à sa base, de manière à ce que la surface de la pyramide déterminée par ce plan et celle de la pyramide donnée soient proportionnelles aux deux longueurs m et n.

4. Si deux pyramides semblables ont leurs faces homologues parallèles chacune à chacune, les droites qui joignent leurs sommets homologues concourent au même point.

5. Si l'on divise dans un même rapport les droites menées d'un point à tous les sommets d'une pyramide, les points de divisions peuvent être considérés comme les sommets d'une seconde pyramide semblable à la première.

TREIZIÈME LEÇON.

PROGRAMME : Décomposition des polyèdres semblables en pyramides triangulaires semblables.—Rapport de leurs volumes.—Exercices numériques.

THÉORÈME I.

Deux polyèdres semblables peuvent être décomposés en un même nombre de pyramides triangulaires semblables et semblablement placées.

Soient P et P' deux polyèdres semblables; je commence par diviser en triangles semblables leurs faces homologues qui, comme ABCDE et A'B'C'D'E', ne sont pas triangulaires. A cet effet, je trace les diagonales homologues de ces polygones; elles décomposent les surfaces des deux polyèdres en un même nombre de triangles semblables et semblablement placés.

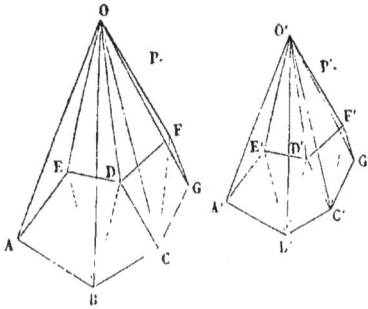

Cela posé, je partage le polyèdre P en pyramides triangulaires ayant pour bases les divers triangles dans lesquels j'ai décomposé sa surface et pour sommet commun un point quelconque O pris à l'intérieur de ce polyèdre. Pour déterminer dans l'autre polyèdre P' le point O' homologue à O. je mène par l'une de ses arêtes, par exemple A'B', un plan qui forme à l'intérieur de ce polyèdre et avec la face A'B'C'D'E' un angle dièdre égal à l'angle dièdre OABC; je construis ensuite dans ce plan le triangle A'B'O' semblable au triangle ABO, en faisant les angles A'B'O', B'A'O', égaux respectivement aux angles ABO, BAO. Le sommet O' du triangle A'B'O' étant

14

homologue au sommet O du triangle ABO, je partage le polyèdre P' en pyramides triangulaires ayant pour sommet

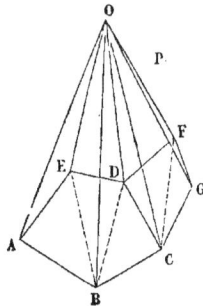

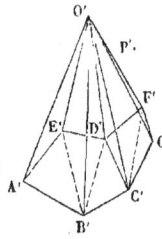

commun le point O' et pour bases les divers triangles dans lesquels j'ai divisé sa surface. Les deux polyèdres P et P' sont alors décomposés en un même nombre de pyramides triangulaires disposées dans le même ordre; je dis que ces tétraèdres sont semblables deux à deux.

Je considère d'abord les tétraèdres OABE, OBDE, OBCD et les tétraèdres homologues O'A'B'E', O'B'D'E', O'B'C'D', qui ont pour bases les triangles semblables dans lesquels j'ai décomposé les faces homologues ABCDE, A'B'C'D'E' des deux polyèdres. Les tétraèdres OABE, O'A'B'E', sont semblables, parce qu'ils ont les angles dièdres égaux AB, A'B', compris entre deux faces semblables chacune à chacune et semblablement placées (12, III); par conséquent le triangle OBE est semblable au triangle homologue O'B'E' et l'angle dièdre OBEA égal à l'angle dièdre homologue O'B'E'A'. Les deux tétraèdres suivants OBDE, O'B'D'E' sont aussi semblables pour la même raison; car leurs bases BDE, B'D'E' sont semblables par hypothèse, ainsi que leurs faces latérales homologues OBE, O'B'E', et l'angle dièdre OBED est égal à l'angle dièdre O'B'E'D', puisque leurs suppléments OBEA, O'B'E'A sont égaux. Je prouverais de même la similitude des deux tétraèdres OBCD, O'B'C'D'.

Je considère en second lieu les tétraèdres correspondants à deux autres faces homologues CDFG, C'D'F'G' des polyèdres P et P', adjacentes aux faces ABCDE, A'B'C'D'E', et je dis que ces tétraèdres sont aussi semblables deux à deux. En effet, les tétraèdres homologues OCDF, O'C'D'F' ont leurs bases CDF, C'D'F' semblables par hypothèse; leurs faces latérales OCD, O'C'D' sont aussi semblables, à cause de la similitude des tétraèdres OBCD, O'B'C'D'. De plus, l'angle dièdre OCDF est la différence des deux angles dièdres BCDF, BCDO; or, l'angle

BCDF égale l'angle B'C'D'F' parce qu'ils sont homologues dans les deux polyèdres semblables P, P', et l'angle BCDO égale l'angle B'C'D'O' parce qu'ils sont homologues dans les tétraèdres semblables OBCD, O'B'C'D'. Par conséquent l'angle dièdre OCDF égale la différence des deux angles dièdres B'C'D'F', B'C'D'O', c'est-à-dire l'angle dièdre O'C'D'F'. Les tétraèdres OCDF, O'C'D'F' sont donc semblables, puisqu'ils ont un angle dièdre égal compris entre deux faces semblables chacune à chacune. Je prouverais ensuite, comme précédemment, la similitude des autres tétraèdres correspondant aux deux faces CDFG, C'D'F'G' ; et ainsi de suite. Dès lors les polyèdres P et P' sont décomposés en un même nombre de pyramides triangulaires semblables et semblablement placées.

CorOLLAIRE. — On peut prendre le point O sur la surface même du polyèdre P. Si ce point coïncide avec l'un des sommets de P, par exemple avec A, le point O' coïncidera avec le sommet A' homologue à A, et les arêtes latérales des tétraèdres dans lesquels on décomposera les polyèdres P et P' seront des diagonales homologues de ces polyèdres. Par conséquent, *les diagonales homologues de deux polyèdres semblables sont proportionnelles à leurs arêtes homologues* (12, I).

THÉORÈME II.

Réciproquement : *Deux polyèdres* P *et* P', *composés d'un même nombre de pyramides triangulaires semblables et semblablement placées sont semblables.*

Je dis d'abord que si deux pyramides OABE, OBDE du polyèdre P ont leurs bases ABE, BDE comprises dans le même plan, il en est de même des bases A'B'E', B'D'E' des pyramides homologues O'A'B'E', O'B'D'E' du polyèdre P'.

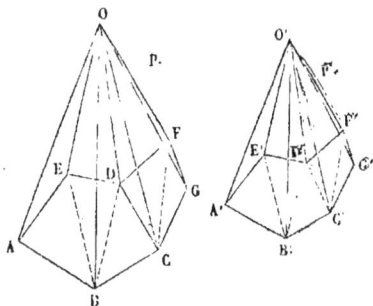

En effet, les triangles ABE, BDE étant situés

sur le même plan, les deux angles dièdres adjacents OBEA, OBED valent ensemble deux angles dièdres droits (5, IV). Or les angles dièdres homologues OBEA, O'B'E'A' des deux tétraèdres semblables OABE, O'A'B'E', sont égaux ; les angles

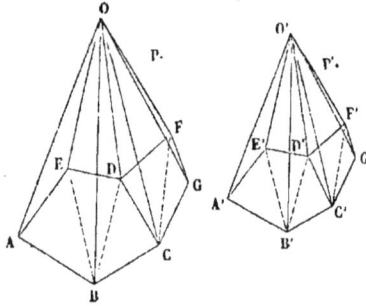

dièdres OBED, O'B'E'D' sont aussi égaux pour la même raison. Par conséquent les angles dièdres adjacents O'B'E'A', O'B'E'D' sont supplémentaires ; ce qui exige que leurs faces non communes B'E'A', B'E'D' soient dans le même plan (5, V).

Cela posé, je fais remarquer que le polyèdre P ayant une face ABCDE composée des trois triangles ABE, BDE, BCD, les triangles A'B'E', B'D'E', B'C'D', qui leur sont respectivement semblables, forment la face correspondante A'B'C'D'E' de l'autre polyèdre P' ; or ces deux faces homologues sont composées d'un même nombre de triangles semblables et disposés dans le même ordre, donc elles sont semblables. Il en est de même des faces CDFG, C'D'F'G', et ainsi de suite.

Je dis en second lieu que l'inclinaison de deux faces adjacentes ABCDE, CDFG du polyèdre P est égale à celle des deux faces correpondantes A'B'C'D'E', C'D'F'G' du polyèdre P'. Je remarque à cet effet que l'angle dièdre BCDF est égal à la somme des angles dièdres BCDO, FCDO ; or les angles dièdres homologues BCDO, B'C'D'O' des tétraèdres semblables OBCD, O'B'C'D' sont égaux, ainsi que les angles homologues FCDO, F'C'D'O' des tétraèdres semblables OCDF, O'C'D'F'. Par conséquent, l'angle dièdre BCDF égale aussi la somme des angles dièdres B'C'D'O', F'C'D'O', c'est-à-dire l'angle dièdre B'C'D'F'.

Il résulte évidemment de ce que les faces homologues des polyèdres P et P' sont semblables, également inclinées et disposées dans le même ordre, que leurs angles polyèdres homologues, tels que SABCD, S'A'B'C'D', ont tous leurs éléments, faces et angles dièdres, égaux chacun à cha-

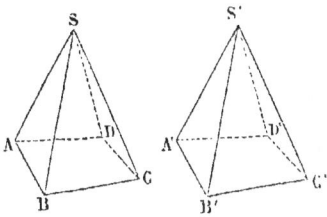

cun et semblablement placés;
par conséquent ils sont superposables et dès lors égaux
entre eux. Les polyèdres P
et P′ sont donc semblables,
puisqu'ils ont leurs faces semblables chacune à chacune et
leurs angles polyèdres homologues égaux.

THÉORÈME III.

*Les volumes de deux pyramides semblables sont proportion-
nels aux cubes de leurs arêtes homologues.*

Soient SABCD, S*abcd* les deux pyramides semblables, que
je suppose placées l'une dans l'autre de
manière à ce que leurs angles polyèdres
coïncident. Les bases ABCD, *abcd*, de ces
pyramides sont alors parallèles et leurs
hauteurs SO, S*o* se mesurent sur la même
droite SO menée perpendiculairement
aux bases par le sommet commun S
(3, VIII).

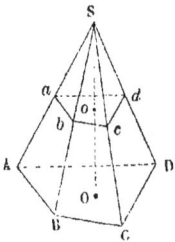

Les pyramides SABCD, S*abcd* étant semblables, leurs bases
ABCD, *abcd* sont aussi semblables et les aires de ces polygones
sont proportionnelles aux carrés de leurs côtés homologues
(P, 33, II), ou aux carrés de deux arêtes homologues des
pyramides (12, I,); on a donc :

$$\frac{ABCD}{abcd} = \frac{SA^2}{Sa^2}.$$

Or, le plan *abcd*, parallèle à la base ABCD de la pyramide
SABC, divise les droites SA, SO, en segments proportionnels
(10, I); par conséquent on a aussi :

$$\frac{SO}{So} = \frac{SA}{Sa}.$$

En multipliant membre à membre les deux égalités précédentes, on trouve :

$$\frac{ABCD \times SO}{abcd \times So} = \frac{SA^3}{Sa^3};$$

or, les volumes des pyramides SABCD, S*abcd* sont égaux respectivement aux tiers des produits ABCD×SO, *abcd*×S*o*, (10,V), par conséquent le rapport de ces volumes est le même que celui des cubes de leurs arêtes homologues SA, S*a*.

COROLLAIRE. — Les hauteurs de deux pyramides semblables sont proportionnelles à deux arêtes homologues.

THÉORÈME IV.

Les volumes de deux polyèdres semblables P *et* p *sont proportionnels aux cubes de deux arêtes homologues* A *et* a.

Je décompose les deux polyèdres semblables P et *p* en un même nombre de tétraèdres semblables (I); soient V, V′, V″,... les volumes de ceux qui forment le polyèdre P, et *v*, *v′*, *v″*,... les volumes des tétraèdres correspondants du polyèdre *p*. Les pyramides triangulaires homologues étant semblables, et les arêtes homologues des deux polyèdres étant proportionnelles (12, I,), on a (III) :

$$\frac{V}{v} = \frac{A^3}{a^3},$$

$$\frac{V'}{v'} = \frac{A^3}{a^3},$$

$$\frac{V''}{v''} = \frac{A^3}{a^3},$$

$$\cdots \cdots \cdots \cdots$$

et, par conséquent,

$$\frac{V}{v} = \frac{V'}{v'} = \frac{V''}{v''} = \ldots = \frac{A^3}{a^3}.$$

Il en résulte

$$\frac{V + V' + V'' \cdots}{v + v' + v'' \cdots} = \frac{A^3}{a^3},$$

c'est-à-dire que les volumes des polyèdres P et *p* sont proportionnels aux cubes des arêtes homologues A et *a*.

COROLLAIRE. — *Les surfaces de deux polyèdres semblables sont proportionnelles aux carrés de leurs côtés homologues.*

1. *La hauteur d'une pyramide est égale à* 4^m, 50 *et sa base est un carré dont le côté a* 1^m, 20 *de longueur. Calculer les dimensions correspondantes d'une pyramide semblable dont le volume est de* 7 *mètres* 290 *décimètres cubes.*

Soient c le côté de la base et h la hauteur de la seconde pyramide; le volume de la première étant égal à $\frac{1}{3}$ (1, 2)^2 × 4, 5, c'est-à-dire à 2 mètres cubes 160 décimètres cubes, on a (III) :

$$\frac{c^3}{(1,\,2)^3} = \frac{h^3}{(4,\,5)^3} = \frac{7,\,290}{2,\,160};$$

Il en résulte dès lors :

$$c = \sqrt[3]{\frac{729\,(1,\,2)^3}{216}} = \frac{9 \times 1,2}{6}$$

et

$$h = \sqrt[3]{\frac{729\,(4,\,5)^3}{216}} = \frac{9 \times 4,5}{6}.$$

En effectuant ces calculs, on trouve :

$$c = 1^m,\,80 \qquad \text{et } h = 6^m,\,75.$$

2. *Calculer le volume d'un parallélipipède rectangle dont la surface est égale à* 3 *mètres carrés et dont les dimensions sont proportionnelles aux trois nombres* 4, 6 *et* 9.

Je calcule d'abord la surface et le volume du parallélipipède rectangle dont les dimensions sont 4 mètres, 6 mètres et 9 mètres. La surface est composée de six rectangles parmi lesquels deux ont pour dimensions 4 mètres et 6 mètres; deux autres ont pour dimensions 4 mètres et 9 mètres; enfin les dimensions des deux derniers sont 6 mètres et 9 mètres. Donc la surface totale de ce parallélipipède est égale à 4×6×2 + 4×9×2 + 6×9×2 ou à 228 mètres carrés. Quant à son volume, il est égal à 4×6×9 ou à 216 mètres cubes.

Cela posé, je fais remarquer que ce parallélipipède est semblable au parallélipipède cherché, parce qu'ils ont leurs faces semblables chacune à chacune et leurs angles polyèdres homologues égaux (II); par conséquent leurs volumes sont proportionnels aux cubes de leurs arêtes homologues et leurs surfaces proportionnelles aux carrés des mêmes arêtes (IV). Dès lors, si je désigne par V le volume inconnu et par A son arête homologue à 4 mètres, j'aurai (IV) :

$$\frac{V}{216} = \frac{A^3}{64}$$

et

$$\frac{3}{228} = \frac{A^2}{16}.$$

La dernière de ces égalité donne, toute réduction faite :

$$A = \frac{2}{\sqrt{19}},$$

et la première devient par la substitution de cette valeur de A,

$$\frac{V}{216} = \frac{8}{64\,(\sqrt{19})^3}.$$

J'en conclus

$$V = \frac{27}{(\sqrt{19})^3}$$

ou

$$V = 0^{\text{m. c.}}, 326012.$$

PROBLÈMES.

1. Calculer, à un centimètre près, les dimensions d'un parallélipipède rectangle, sachant qu'elles sont proportionnelles aux nombres $\frac{2}{3}$, $\frac{4}{5}$, $\frac{3}{4}$ et que son volume est égal à 2 mètres cubes.

2. Si, par chaque sommet d'un tétraèdre, on mène un plan parallèle à la face opposée, on forme un second tétraèdre. Démontrer qu'il est semblable au premier et déterminer le rapport de leurs volumes.

3. Calculer, à un centimètre près, le côté d'un cube qui soit le double du cube dont le côté est égal à 1ᵐ, 75.

QUATORZIÈME ET QUINZIÈME LEÇONS.

Programme : Cône droit à base circulaire. — Sections parallèles à la base. — Surface latérale du cône, du tronc de cône à bases parallèles. — Volume du cône, du tronc de cône à bases parallèles*.

DÉFINITIONS.

1. Lorsqu'une ligne droite ou courbe se meut dans l'espace, le lieu des positions qu'elle y occupe successivement est une surface. Aussi on donne à cette ligne le nom de *génératrice* de la surface, et celui de *directrices* aux lignes qui dirigent le mouvement de la géneratrice.

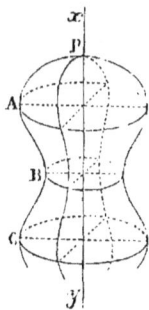

Toute surface qui n'est pas plane ni formée par la réunion de surfaces planes est appelée *surface courbe*.

On distingue parmi les surfaces courbes celles qu'on nomme *surfaces de révolution*. Une surface de révolution est engendrée par la rotation d'une ligne quelconque ABC autour d'une droite fixe xy à laquelle elle est liée d'une manière invariable. — La droite xy est l'*axe* de la surface.

2. On désigne sous le nom de *cône* tout corps qui a une face plane terminée par une ligne courbe BCD et qui est limité dans tout autre sens par la surface courbe que décrit une

---

* L'aire du cône (ou du cylindre) sera considérée, sans démonstration, comme la limite vers laquelle tend l'aire de la pyramide inscrite (ou du prisme inscrit), à mesure que ses faces diminuent indéfiniment.

ligne droite AB, assujettie à passer toujours par un point fixe
A et à tourner autour de ce point en s'ap-
puyant constamment sur la courbe BCD.

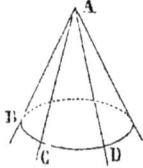

La face BCD sert de *base* au cône qui a
pour *sommet* le point A et pour *hauteur* la
distance de son sommet à sa base. On appelle
surface convexe du cône la portion de sa surface décrite par la génératrice AB.

Un cône est *circulaire* s'il a pour base un cercle. — Un cône
circulaire est *droit* ou *oblique*, selon que la droite qui joint le
centre de sa base à son sommet est perpendiculaire ou oblique
à la base.

La génératrice SA de la surface convexe d'un cône droit
SOA à base circulaire, le rayon OA de sa base et
sa hauteur SO sont les trois côtés d'un triangle
rectangle, puisque la droite SO est perpendiculaire à la base. Si l'on fait tourner ce triangle
autour de son côté SO, le rayon OA décrit le
cercle OA et la droite SA engendre la surface
convexe du cône, qui dès lors est une surface
de révolution ayant pour axe la droite SO. On peut donc dire
qu'*un cône droit à base circulaire est engendré par la rotation
d'un triangle rectangle autour de l'un des côtés de son angle
droit*. L'hypoténuse de ce triangle a reçu le nom d'*apothème*
du cône.

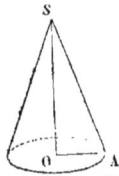

Deux cônes droits à base circulaire sont *semblables*, si leurs
hauteurs sont proportionnelles aux rayons de leurs bases,
c'est-à-dire s'ils sont engendrés par des triangles rectangles
semblables.

3. On appelle *apothème* d'une pyramide régulière SABCDE,
la perpendiculaire SG menée de son sommet
S sur un côté quelconque AB de sa base
ABCDE. Cette droite SG a une longueur constante ; en effet, d'après la définition de la
pyramide régulière, les arêtes latérales SA,
SB, SC,.... s'écartent également de la perpendiculaire SF tracée du sommet sur la

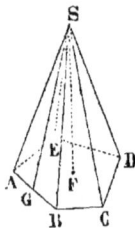

base; elles sont donc égales (1, VI). De là résulte l'égalité des triangles isocèles SAB, SBC, SCD,... qui composent la surface latérale de la pyramide, car ils ont les trois côtés égaux chacun à chacun. Les hauteurs de ces triangles, c'est-à-dire les perpendiculaires menées du point S sur les divers côtés de la base ABCDE, sont donc égales entre elles.

Une pyramide est *inscrite* dans un cône lorsqu'elle a le même sommet et que sa base est inscrite dans celle du cône. On dit réciproquement que le cône est *circonscrit* à la pyramide.

Si l'on inscrit dans un cône droit à base circulaire une pyramide dont la base soit un polygone régulier, cette pyramide est régulière; car la droite qui joint le centre de sa base à son sommet est perpendiculaire à la base, puisqu'elle coïncide avec l'axe du cône.

THÉORÈME I.

Toute section faite dans un cône droit à base circulaire par un plan parallèle à sa base est un cercle.

Soit le cône engendré par la rotation du triangle rectangle

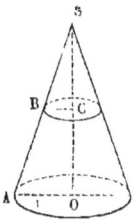

SOA autour du côté SO de l'angle droit SOA; je trace d'un point quelconque B de la génératrice SA la droite BC perpendiculaire à l'axe SO. Pendant la rotation du triangle SOA la droite BC décrit un plan perpendiculaire à SO (1, III, c), et le point B dont la distance au point C est constante trace sur ce plan une circonférence de cercle qui a le point C pour centre. Par conséquent, toute section BC, faite dans le cône droit SAO à base circulaire par un plan perpendiculaire à l'axe ou parallèle à la base du cône (3, VI), est un cercle qui a son centre sur l'axe.

Remarque I. — Ce théorème est un cas particulier de celui-ci, dont la démonstration est identique à la précédente : *Toute section faite dans une surface de révolution par un plan perpendiculaire à l'axe, est un cercle.*

On désigne sous le nom de *parallèle d'une surface de révolution* toute section perpendiculaire à l'axe.

Remarque II. — Si l'on coupe un cône circulaire droit SOA par un plan CB parallèle à sa base OA, la portion du cône comprise entre la base et la section est appelée *cône tronqué* ou *tronc de cône à bases parallèles.*

Les cercles OA, CB sont les deux *bases* du tronc de cône; il a pour *apothème* la partie AB de l'apothème SA du cône comprise entre ses bases.

THÉORÈME II.

La surface latérale d'une pyramide régulière a pour mesure le produit du périmètre de sa base par la moitié de son apothème.

Soit SABCDE une pyramide régulière qui a le polygone régulier ABCDE pour base, le point S pour sommet et la droite SG pour apothème; sa surface latérale est égale à la somme des triangles isocèles et égaux SAB, SBC, SCD,...; or, chacun de ces triangles a pour mesure la moitié du produit de sa base par sa hauteur qui est égale à l'apothème SG (P, 30, V).

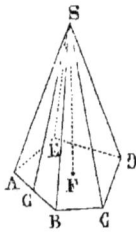

On a donc :

$$SAB = AB \times \frac{SG}{2}$$

$$SBC = BC \times \frac{SG}{2}$$

$$SCD = CD \times \frac{SG}{2}$$

. . . .

et par suite :

$$SAB + SBC + SCD + \ldots = (AB + BC + CD + \ldots) \times \frac{SG}{2}.$$

Donc la surface latérale de la pyramide régulière SABCDE a pour mesure le produit du périmètre AB + BC + CD + . . . de sa base par la moitié de son apothème SG.

Remarque. — Si l'on inscrit dans un cône droit SOK à base circulaire une pyramide régulière quelconque, par exemple la pyramide quadrangulaire SABCD dont l'apothème est SL, et qu'ensuite on double indéfiniment le nombre des côtés de sa base, l'apothème SL croît sans pouvoir égaler l'apothème SK du cône dont il s'approche indéfiniment. La surface latérale de la pyramide augmente par suite et diffère de moins en moins de celle du cône; il en est de même des volumes de ces deux corps. Aussi *je considérerai l'apothème, la surface convexe et le volume du cône comme les limites vers lesquelles tendent respectivement l'apothème, la surface latérale et le volume d'une pyramide régulière inscrite, à mesure que ses faces diminuent indéfiniment, et je regarderai comme acquise au cône toute propriété démontrée pour une pyramide régulière inscrite indépendamment du nombre et de la grandeur de ses faces.*

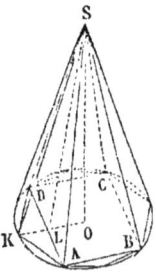

THÉORÈME III.

La surface convexe d'un cône droit à base circulaire a pour mesure le produit de la circonférence de sa base par la moitié de son apothème.

J'inscris dans le cône droit SOK à base circulaire une pyramide régulière quelconque, par exemple la pyramide quadrangulaire SABCD, puis les pyramides régulières dont les bases ont 8, 16… côtés. Les surfaces latérales de ces pyramides vont en croissant et ont pour limite la surface convexe du cône SOK qui leur est circonscrit; or chacune d'elles a pour mesure le produit du périmètre de sa base par la moitié de son apothème, quels que soient le nombre et la grandeur des faces qui la composent; donc la surface convexe du cône SOK a aussi pour mesure le produit de la circonférence de sa base par la moitié de son apothème (II, Rem.).

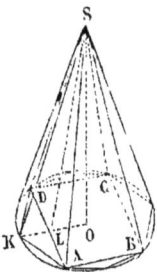

Corollaire I. — Soient A l'apothème d'un cône droit à base circulaire et R le rayon de sa base; sa surface convexe a pour mesure :

$$\pi R \times A.$$

Pour avoir la mesure de sa surface totale, il faut ajouter à la quantité $\pi R \times A$ la mesure de la base du cône, c'est-à-dire πR^2, et l'on a :

$$\pi R (A + R).$$

Corollaire II. — *La surface convexe d'un cône droit SBC à base circulaire a pour mesure le produit de son apothème par la circonférence du parallèle ED également distant du sommet et de la base.*

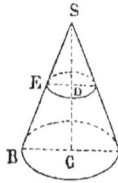

Car le rayon DE de ce parallèle est égal à la moitié du rayon BC de la base, et l'on a par suite (**27, IV**) :

$$\tfrac{1}{2} \text{ cir. } BC \times SB = \text{ cir. } DE \times SB.$$

THÉORÈME IV.

La surface convexe d'un tronc de cône droit à bases parallèles a pour mesure le produit de la demi-somme des circonférences de ses bases par son apothème.

Soit ABED un tronc de cône égal à la différence des deux cônes circulaires droits SAC, SDF dont les bases AB, DE sont parallèles. Par l'extrémité A de la génératrice SA, je trace sur cette droite une perpendiculaire quelconque AG que je prends égale à la circonférence AC de la base inférieure du cône tronqué. Je tire ensuite la droite SG et je mène par le point D où la génératrice SA coupe la base supérieure du tronc la droite DH parallèle à AG. Je dis d'abord que cette droite est égale à la circonférence du cercle DE.

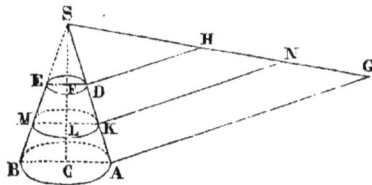

En effet, la droite SC étant l'axe du cône SAC, les triangles SAC, SDF sont rectangles et semblables; on a donc :

$$\frac{SD}{SA} = \frac{DF}{AC} = \frac{cir. DF}{cir. AC}.$$

Les triangles SDH, SAG sont aussi rectangles et semblables; on a dès lors :

$$\frac{SD}{SA} = \frac{DH}{AG},$$

et par suite :

$$\frac{cir. DF}{cir. AC} = \frac{DH}{AG}.$$

Or la droite AG est par hypothèse égale à cir. AC; donc la droite DH est aussi égale à cir. DF.

Je remarque en second lieu que la surface convexe du cône SAC a pour mesure $\frac{1}{2}$ cir. CA $\times$ SA (III) ; elle est donc équivalente à la surface du triangle rectangle SAG qui est mesurée par $\frac{1}{2}$ AG $\times$ SA. De même, la surface convexe du cône SDF est équivalente au triangle rectangle SDH; par conséquent, la surface convexe du cône tronqué ABED est équivalente à la surface du trapèze AGHD. Or l'aire de ce trapèze est égale à

$$AD \times \left(\frac{AG + DH}{2}\right) \text{ (P, 31, VI)}; \text{ donc la surface convexe du}$$

tronc de cône ABED a pour mesure le produit de son apothème AD par la demi-somme des circonférences AC, DF de ses bases.

COROLLAIRE. — Si l'on mène par le milieu K de l'apothème AD la droite KN parallèle à AG et le plan KL parallèle aux bases du cône tronqué, la droite KN est égale à la circonférence KL. Or, le trapèze a pour mesure AD$\times$KN (P, 31, VI, c); donc *la surface convexe d'un tronc de cône droit ABED dont les bases sont parallèles a pour mesure le produit de son apothème AD par la circonférence du parallèle KL également éloigné de ses bases.*

THÉORÈME V.

Le volume d'un cône droit à base circulaire est égal au tiers du produit de sa base par sa hauteur.

J'inscris dans le cône droit SOK à base circulaire une pyramide régulière quelconque, par exemple la pyramide quadrangulaire SABCD, puis les pyramides régulières dont les bases ont 8, 16,... côtés. Les volumes de ces pyramides vont en croissant, et ont pour limite le volume du cône SOK qui leur est circonscrit ; or chacun d'eux a pour mesure le tiers du produit de sa base par sa hauteur, quels que soient le nombre et la grandeur de ses faces latérales ; donc le volume du cône SOK a aussi pour mesure le tiers du produit de sa base par sa hauteur (II, Rem.).

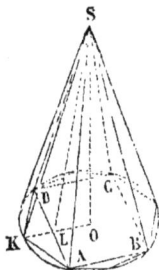

COROLLAIRE I. — Soient R le rayon de la base et H la hauteur d'un cône droit à base circulaire ; son volume est égal à

$$\tfrac{1}{3} \pi R^2 \times H.$$

COROLLAIRE II. — Les volumes de deux cônes droits à bases circulaires sont proportionnels à leurs bases si leurs hauteurs sont égales. — Lorsque deux cônes droits à bases circulaires ont leurs bases égales, leurs volumes sont proportionnels à leurs hauteurs.

THÉORÈME VI.

Un tronc de cône droit, à bases parallèles, est équivalent à trois cônes droits ayant pour hauteur commune la hauteur du tronc et pour bases respectives la base inférieure du tronc, sa base supérieure et la moyenne proportionnelle à ces deux bases.

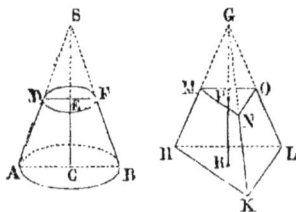

Soit ABFD le tronc de cône égal à la différence des deux cônes droits SAB, SDF dont les bases AB, DF sont parallèles ; je construis sur le plan de la base inférieure du cône tronqué une pyramide triangulaire GHKL dont la base HKL soit équivalente au cercle AC et la hauteur GR égale à la hauteur SC du cône SAB. Je dis d'abord que le plan de la base supérieure du cône tronqué détermine dans la pyramide une section MNO équivalente au cercle DE.

En effet, les bases du tronc de cône étant parallèles, le plan SCA coupe la base supérieure du tronc de cône suivant une droite ED parallèle à CA et le rapport des rayons CA, ED égale celui des hauteurs SC, SE ; on a donc :

$$\frac{\text{cercle AC}}{\text{cercle DE}} = \frac{AC^2}{DE^2} = \frac{SC^2}{SE^2}.$$

Il résulte aussi du parallélisme des plans MNO, HKL, que (10, I, c)

$$\frac{HKL}{MNO} = \frac{GR^2}{GP^2};$$

or les droites GR et SC sont par hypothèse égales entre elles, ainsi que les droites GP et SE ; par conséquent, on a :

$$\frac{\text{cercle AC}}{\text{cercle DE}} = \frac{HKL}{MNO}.$$

Mais le triangle MNO a été construit de telle sorte qu'il est équivalent au cercle AC ; donc le triangle HKL est aussi équivalent au cercle DE.

Je remarque en second lieu que le cône SAC a pour mesure $\frac{1}{3}$ cercle AC$\times$SC ; il est donc équivalent à la pyramide GHKL qui a pour mesure $\frac{1}{3}$ HKL$\times$GR. De même, le cône SDE et la pyramide GMNO sont équivalents ; donc le tronc de cône ABFD est équivalent au tronc de pyramide MNOHKL. Le volume de cette pyramide tronquée est égal à (10, VI) :

$$\tfrac{1}{3}\, PR\, (HKL + MNO + \sqrt{HKL \times MNO}) ;$$

par conséquent le tronc de cône a pour mesure :

$$\tfrac{1}{3}\, CE\, (\text{cercle AC} + \text{cercle DE} + \sqrt{\text{cercle AC} \times \text{cercle DE}}),$$

c'est-à-dire qu'il est équivalent à la somme de trois cônes ayant pour hauteur commune la hauteur CE du tronc et pour bases respectives les cercles AC et DE, ainsi que la moyenne proportionnelle à ces deux cercles.

Corollaire. — Soient R, r et H les rayons des bases et la hauteur du cône tronqué ; on a :

$$\tfrac{1}{3}\, \pi H\, (R^2 + r^2 + Rr)$$

pour l'expression de son volume.

15

PROBLÈMES.

1. Les surfaces convexes de deux cônes semblables sont proportionnelles aux carrés des rayons de leurs bases, et leurs volumes proportionnels aux cubes des mêmes rayons.

2. Diviser la surface latérale d'un cône droit à base circulaire en deux parties équivalentes par un plan parallèle à sa base.

3. La surface totale d'un cône droit à base circulaire est égale à 10 mètres carrés et le rayon de sa base égal à $1^m, 2$; calculer, à un centimètre près, l'apothème et la hauteur du cône.

4. Si l'on fait tourner successivement un triangle rectangle autour de chaque côté de son angle droit, les volumes des deux cônes qu'il engendre sont inversement proportionnels à leurs axes.

5. Si l'on considère un tonneau comme la somme de deux troncs de cônes réunis par leur plus grande base, quelle est, à un centilitre près, la capacité d'un tonneau qui a $1^m, 32$ de longueur et dont les diamètres de la bonde et du fond sont égaux respectivement à $0^m, 88$ et $0^m, 64$.

L'hypothèse précédente donne :

$$\tfrac{1}{3} \pi \, \mathrm{H} \, (\mathrm{R}^2 + \mathrm{R}r + r^2)$$

pour la mesure du tonneau, H étant sa longueur, R le rayon de la bonde et r le rayon du fond. Le volume ainsi calculé est trop petit. En remplaçant le produit $\mathrm{R}r$ par R^2, on obtient la formule :

$$\tfrac{1}{3} \pi \, \mathrm{H} \, (2\,\mathrm{R}^2 + r^2)$$

proposée par *Oughtred* et employée en Angleterre pour le *jaugeage* des tonneaux.

6. Le côté c d'un triangle équilatéral étant donné, calculer la surface totale et le volume du cône engendré par la rotation de ce triangle autour de sa hauteur. — Déterminer, à un centimètre près, 1° la valeur de c pour laquelle la surface totale du cône égale un mètre carré ; 2° celle pour laquelle le volume est d'un mètre cube. — (On dit qu'un cône est *équilatéral*, lorsque la section faite par un plan passant par l'axe est un triangle équilatéral.)

SEIZIÈME LEÇON.

PROGRAMME : Cylindre droit à base circulaire. — Mesure de la surface latérale et du volume. — Extension aux cylindres droits à base quelconque.

DÉFINITIONS.

1. On appelle *cylindre* un corps qui a deux faces curvilignes
égales, ABC, A'B'C' semblablement pla-
cées dans des plans parallèles, et qui est
limité dans tout autre sens par la surface qu'engendre la droite AA' assujettie à se mouvoir parallèlement à une
droite fixe MN, en s'appuyant sur les
deux courbes ABC, A'B'C'.

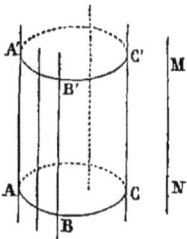

Les faces ABC, A'B'C' sont les *bases* du
cylindre et le reste de sa surface a reçu le nom de *surface
convexe*. Il a pour *hauteur* la distance de ses deux bases.

Un cylindre est *droit* ou *oblique*, selon que la génératrice
de sa surface convexe est perpendiculaire ou oblique à ses
bases.

2. Un cylindre est *circulaire* s'il a des cercles
pour bases.

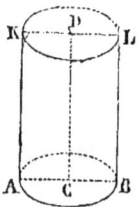

Dans un cylindre circulaire ABLK la droite CD
qui joint les centres C et D des deux bases est
parallèle à la génératrice. En effet, soient AK et
BL deux positions dans lesquelles la génératrice
du cylindre rencontre un même diamètre AB
de sa base inférieure. Le plan déterminé par
les deux parallèles AK, BL coupe les bases du cylindre suivant

deux droites parallèles AB et KL ; donc le quadrilatère ABLK est un parallélogramme et le côté KL, opposé et égal au côté AB, est un diamètre de la base supérieure. Dès lors la droite CD qui joint les milieux des diamètres AB et KL est parallèle aux droites AK et BL.

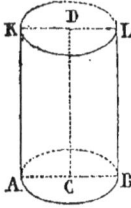

3. Une génératrice quelconque AK d'un cylindre droit ABLK à base circulaire et la droite CD qui joint les centres des deux bases étant perpendiculaires aux plans des bases, le quadrilatère AKDC que ces droites forment avec les rayons CA, DK menés par leurs extrémités est un rectangle. Si l'on fait tourner ce rectangle autour de son côté CD, l'un des rayons CA, DK décrit la base supérieure du cylindre et l'autre sa base inférieure, tandis que la droite AK engendre sa surface convexe. On peut donc dire que *le cylindre droit à base circulaire est le corps engendré par la rotation d'un rectangle autour de l'un de ses côtés.* Par conséquent, la surface convexe de ce cylindre est une surface de révolution.

4. Deux cylindres droits à base circulaire sont *semblables* si leurs hauteurs sont proportionnelles aux rayons de leurs bases, c'est-à-dire s'ils sont engendrés par des rectangles semblables.

5. Un prisme est *inscrit* dans un cylindre lorsque ses bases sont inscrites dans les bases correspondantes du cylindre.—On dit réciproquement que le cylindre est *circonscrit* au prisme.

THÉORÈME I.

La surface latérale d'un prisme droit a pour mesure le produit de sa hauteur par le périmètre de sa base.

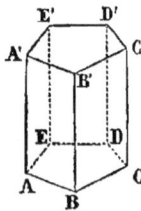

Soit le prisme droit qui a pour bases les polygones égaux ABCDE, A'B'C'D'E' ; sa surface latérale est la somme des rectangles AB', BC', CD',.... qui ont pour hauteur la hauteur AA' du prisme et pour bases les côtés AB, BC, CD,.... de la base ABCDE de ce polyèdre ; or, l'aire de chacun de ces rectangles est égale au produit de sa base par sa hauteur (P, 30, III), donc la surface latérale du prisme a pour mesure :

$$(AB + BC + CD + \ldots) \times AA',$$

c'est-à-dire le produit du périmètre $AB + BC + CD + \ldots$ de sa base par sa hauteur AA'.

Remarque. — Si l'on inscrit dans un cylindre droit ABC′D′ à base circulaire un prisme régulier quelconque, par exemple le prisme ABCDA′B′C′D′ à base carrée, et qu'ensuite on double indéfiniment le nombre des côtés de sa base, la surface totale de ce prisme augmente, tout en restant moindre que celle du cylindre circonscrit dont elle s'approche sans cesse. Il en est de même du volume du prisme, qui diffère de moins en moins de celui du cylindre. Aussi *je considérerai la surface convexe d'un cylindre droit à base circulaire et son volume comme les limites vers lesquelles tendent respectivement la surface latérale et le volume d'un prisme inscrit dont le nombre des côtés de la base croît indéfiniment, et je regarderai comme acquise au cylindre toute propriété démontrée pour le prisme indépendamment du nombre et de la grandeur des côtés de sa base.*

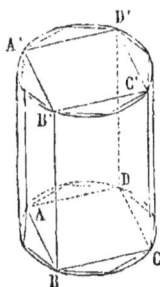

THÉORÈME II.

La surface convexe d'un cylindre droit à base circulaire a pour mesure le produit de sa hauteur par la circonférence de sa base.

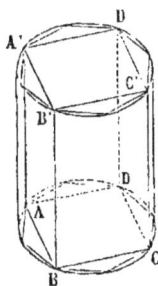

J'inscris dans le cylindre droit ABC′D′ à base circulaire un prisme régulier quelconque, par exemple le prisme ABCDA′B′C′D′ à base carrée, puis les prismes réguliers dont les bases ont 8, 16,.... côtés. Les surfaces latérales de ces prismes vont en croissant, et ont pour limite commune la surface convexe du cylindre ABC′D′ qui leur est circonscrit (I, Rem.). Or, chacune d'elles a pour mesure le produit de sa hauteur par le périmètre de sa base, quels que soient le nombre et la grandeur des faces qui la composent; donc la surface convexe du cylindre ABC′D′ a aussi pour mesure le produit de sa hauteur AA′ par la circonférence de sa base ABC.

COROLLAIRE. — Soient H la hauteur de ce cylindre et R le rayon de sa base, la mesure de sa surface convexe est égale à

$$2 \pi R \times H.$$

Pour avoir l'expression de la surface totale de ce cylindre, il faut ajouter à $2 \pi R \times H$ la mesure $2 \pi R^2$ de ses bases (P, 34, II) et l'on trouve :

$$2 \pi R (H + R).$$

THÉORÈME III.

Le volume d'un cylindre droit à base circulaire est égal au produit de sa base par sa hauteur.

J'inscris dans le cylindre droit ABC′D′ à base circulaire

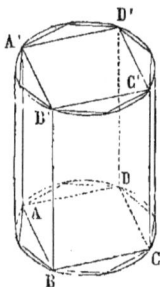

un prisme régulier quelconque, par exemple le prisme ABCDA′B′C′D′ à base carrée, puis les prismes réguliers dont les bases ont 8, 16,.... côtés. Les volumes de ces prismes vont en croissant et ont pour limite commune le volume du cylindre ABC′D′ qui leur est circonscrit (I, Rem.). Or, chacun d'eux a pour mesure le produit de sa hauteur par sa base, quels que soient le nombre et la grandeur de ses faces latérales; donc le volume du cylindre est aussi égal au produit de sa hauteur par le cercle qui lui sert de base.

COROLLAIRE I. — Soient R le rayon de la base d'un cylindre et H sa hauteur ; le volume de ce corps est égal à

$$\pi R^2 \times H.$$

COROLLAIRE II. — Un cône droit à base circulaire est le tiers d'un cylindre droit de même base et de même hauteur (14, V).

COROLLAIRE III. — *Un tronc de cône droit à bases parallèles est équivalent à la somme d'un cylindre et d'un cône droits, à bases circulaires qui ont la même hauteur que le tronc, et dont les bases ont respectivement pour rayons la demi-somme et la demi-différence des rayons des bases du tronc.*

Si R et r sont les rayons des bases du cône tronqué et que H soit sa hauteur, on sait que son volume V est égal à (14, VI) :

$$\tfrac{1}{3}\,\pi\,H\,(R^2 + Rr + r^2).$$

Or, en vertu de l'identité facile à vérifier

$$R^2 + Rr + r^2 = 3\left(\frac{R+r}{2}\right)^2 + \left(\frac{R-r}{2}\right)^2,$$

on peut mettre l'expression de V sous la forme suivante :

$$V = \pi\left(\frac{R+r}{2}\right)^2 \times H + \tfrac{1}{3}\,\pi\left(\frac{R-r}{2}\right)^2 \times H.$$

On voit alors que V est égal à la somme des volumes d'un cylindre et d'un cône droits, à bases circulaires, qui ont la même hauteur H que le cône tronqué et dont les rayons des bases sont égaux respectivement à $\dfrac{R+r}{2}$ et $\dfrac{R-r}{2}$.

Lorsque la différence des rayons R et r sera assez petite pour que le volume $\tfrac{1}{3}\,\pi\left(\dfrac{R-r}{2}\right)^2 \times H$ du cône soit négligeable relativement au volume $\pi\left(\dfrac{R+r}{2}\right)^2 \times H$ du cylindre, on calculera de préférence le volume du cône tronqué par la formule approximative

$$V = \pi\left(\frac{R+r}{2}\right)^2 \times H.$$

On fait une application continuelle de cette formule pour le *cubage* des troncs d'arbres qui ne sont pas équarris. En effet, on considère un tronc d'arbre non équarri comme équivalent à un cylindre droit de même hauteur, qui aurait pour base la section faite parallèlement aux bases du tronc par le milieu de sa longueur.

La même formule a été employée au *jaugeage* des tonneaux. Dans cette hypothèse, H désigne la longueur du tonneau, R le rayon de la bonde et r celui du fond. Le volume ainsi calculé est beaucoup trop petit; on se sert maintenant en France d'un autre mode de jaugeage proposé par *Dez*, ancien professeur à l'École militaire. Il consiste à considérer un tonneau comme équivalent à un cylindre ayant pour hauteur la longueur du tonneau et pour rayon de sa base l'excès du rayon de la bonde sur les $\frac{3}{8}$ de la différence des rayons de la bonde et du fond. On a par conséquent :

$$V = \pi \left(R - \frac{3(R - r)}{8} \right)^2 \times H.$$

THÉORÈME IV.

1° *La surface convexe d'un cylindre droit dont la base n'est pas circulaire a pour mesure le produit du périmètre de sa base par sa hauteur.*

2° *Le volume de ce cylindre est égal au produit de sa hauteur par sa base.*

Les démonstrations des deux parties de ce théorème sont identiques à celles des théorèmes II et III ; mais les bases des prismes inscrits dans le cylindre ne sont plus des polygones réguliers.

PROBLÈMES.

1. Calculer à un millimètre près les dimensions du litre qu'on emploie pour les liquides, sachant qu'il a la forme d'un cylindre droit à base circulaire et que sa hauteur est le double du diamètre de sa base.

2. Calculer, à un millimètre près, les dimensions du litre, du décalitre et de l'hectolitre qu'on emploie pour les matières sèches, sachant qu'ils ont la forme de cylindres droits à base circulaire et que la hauteur de chacun d'eux est égale au diamètre de sa base.

3. Inscrire dans un cône droit à base circulaire un cylindre droit dont la surface convexe soit égale à un cercle donné. — Maximum de cette surface.

4. La hauteur d'un cône droit à base circulaire est égale à 7^m, 20 et le rayon de sa base égal à 1^m, 80. Calculer le tronc de

cône que l'on obtient en coupant le cône proposé par un plan parallèle à sa base, à la distance d'un centimètre de cette base.

5. Laquelle des deux formules proposées par *Oughtred* et par *Dez* pour le jaugeage des tonneaux donne le plus grand volume?

6. Les surfaces convexes de deux cylindres semblables sont proportionnelles aux carrés des rayons de leurs bases, et leurs volumes proportionnels aux cubes des mêmes rayons.

7. Calculer le rayon intérieur d'un tube de verre parfaitement cylindrique, sachant qu'il pèse 90 grammes lorsqu'il est vide, et 150 grammes lorsqu'on y introduit une colonne de mercure ayant 9 centimètres de longueur. (La densité du mercure est égale à 13,568.)

8. Mener un plan parallèle à la base d'un cylindre droit et circulaire, de manière qu'il divise sa surface convexe en deux parties dont la moyenne proportionnelle soit égale à la base.

DIX-SEPTIÈME ET DIX-HUITIÈME LEÇONS.

PROGRAMME : Sphère. — Sections planes, grands cercles, petits cercles. — Pôles d'un cercle. — Étant donnée une sphère, trouver son rayon. — Plan tangent.

DÉFINITIONS.

1. On appelle *sphère* le corps engendré par la rotation d'un demi-cercle AMB autour de son diamètre AB.

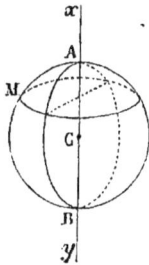

Il résulte de cette définition que la sphère est terminée par une surface de révolution dont tous les points sont également éloignés du centre C de la génératrice AMB ; aussi on donne au point C le nom de *centre de la sphère*.

On nomme *rayon* toute droite menée du centre d'une sphère à un point quelconque de sa surface. — Tous les rayons sont égaux.

Les droites qui passent par le centre d'une sphère et se terminent aux points où elles rencontrent sa surface s'appellent *diamètres*. — Tous les diamètres sont égaux, car chacun d'eux est le double d'un rayon.

2. Un plan est *tangent* à une sphère, lorsqu'il n'a qu'un point commun avec elle. Ce point est appelé *point de contact*.

3. Deux *sphères* sont *tangentes* en un point, lorsqu'elles ont le même plan tangent en ce point.

THÉORÈME I.

Toute section faite dans une sphère par un plan est un cercle.

Je suppose d'abord que le plan donné passe par le centre O de la sphère OA ; il rencontre alors sa surface en des points également éloignés du point O. Donc la section est un cercle qui a le même centre et le même rayon que la sphère.

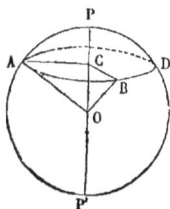

Si le plan ne passe pas par le centre et qu'il coupe la surface de la sphère suivant la courbe ABD, je trace du point O la perpendiculaire OC sur le plan de cette courbe. Les rayons OA, OB, etc., de la sphère, menés aux différents points A, B, etc., du contour de la section, sont obliques au plan ABD et égaux entre eux ; donc ils s'écartent également de la perpendiculaire OC (1, VI), et la courbe ABD qui a tous ses points également distants du point C est une circonférence de cercle. Son rayon CA est moindre que le rayon OA de la sphère.

Remarque. — Les cercles qui ont le même centre et par suite le même rayon que la sphère se nomment *grands cercles.* — Tous les grands cercles sont égaux.

Tout cercle qui ne passe pas par le centre de la sphère se nomme *petit cercle,* parce que son rayon est moindre que celui de la sphère.

On appelle *pôles d'un cercle* ABD les extrémités P et P' du diamètre de la sphère perpendiculaire à ce cercle. Cette dénomination provient de ce que le diamètre PP' peut être considéré comme l'axe de la surface de révolution qui termine la sphère. — Deux cercles paralèlles ont les mêmes pôles (3, VIII).

On donne le nom de zone à la portion de surface sphérique comprise entre deux cercles parallèles. La zone a pour *bases* les deux cercles et pour *hauteur* la perpendiculaire qui mesure la distance de ses bases. — Si l'un des cercles est nul, la zone n'a qu'une base ; on l'appelle parfois *calotte sphérique.*

COROLLAIRE 1. — *On peut tracer une circonférence de grand cercle par deux points de la surface d'une sphère.*

Car, si l'on mène un plan par le centre de la sphère et les deux points donnés, ce plan coupe la surface de la sphère suivant la circonférence d'un grand cercle.

Lorsque le centre et les deux points de la sphère ne sont pas en ligne droite, ils ne déterminent qu'un plan (1, I), et l'on ne peut tracer par suite qu'une circonférence de grand cercle par les deux points donnés. Ces points sont, dans l'hypothèse contraire, les extrémités d'un même diamètre par lequel on peut mener une infinité de grands cercles.

COROLLAIRE II. — *Tout grand cercle ABD divise la sphère AC et sa surface en deux parties égales.*

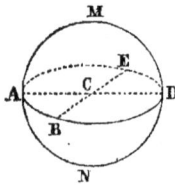

En effet, si l'on pose les zones ABDEM, ABDEN sur un même plan et qu'ensuite on fasse coïncider leurs bases qui sont égales au cercle CA, ces zones coïncideront aussi, puisque tous leurs points sont également éloignés du centre C commun à la sphère et à leurs bases.

COROLLAIRE III. — *Deux grands cercles se divisent mutuellement en deux parties égales.*

Car la droite suivant laquelle ils se coupent passe par le centre de la sphère, c'est-à-dire par le centre de chacun des deux cercles.

THÉORÈME II.

1° *Deux petits cercles également éloignés du centre de la sphère sont égaux.*

2° *De deux petits cercles inégalement éloignés du centre de la sphère, le plus grand est le plus rapproché du centre.*

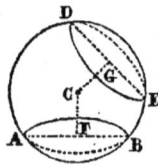

Le plan mené par le centre C de la sphère CA et par les centres F, G de deux petits cercles FA, GD, coupe la sphère suivant le grand cercle ABED et les deux petits cercles suivant leurs diamètres AB, DE qui sont des cordes de ce grand cercle. Par conséquent, 1° si les distances CF, CG sont égales, le diamètre AB est égal au diamètre DE (P, 13, I) et les deux petits cercles sont égaux ; 2° si la distance CG est moindre que CF, le diamètre DE est plus grand que le diamètre AB (P, 13, I). Le cercle GD est par suite plus grand que le cercle FA.

Remarque. — Les réciproques des deux parties de ce théorème sont évidentes.

THÉORÈME III.

Tous les points de la circonférence ACB *d'un cercle de la sphère sont également éloignés de chacun des pôles* P, P' *de ce cercle.*

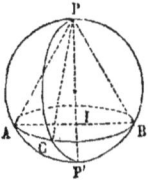

En effet, le pied I de la perpendiculaire tracée du pôle P sur le plan ABC étant le centre de la circonférence IB, les droites PA, PB, PC, etc., menées du pôle aux différents points A, B, C, etc., de cette courbe sont égales, parce qu'elles s'écartent également de la perpendiculaire PI (1, VI). Les points de la circonférence ABC sont donc à la même distance du pôle P. Je prouverais de même qu'ils sont également éloignés de l'autre pôle P'.

Remarque. — Cette propriété du pôle d'un cercle de la sphère est analogue à celle du centre de ce cercle; aussi, en se servant d'un compas à branches courbes, on trace les arcs de cercle sur la sphère avec la même facilité que sur un plan. On prend la distance des pointes du compas égale à celle du pôle à l'un des points de la circonférence que l'on veut décrire; on place ensuite l'une des pointes du compas au pôle donné et l'on trace la circonférence avec l'autre pointe.

J'appellerai par analogie *rayon sphérique* d'un cercle de la sphère la distance du pôle de ce cercle à l'un des points de sa circonférence et, des deux pôles d'un petit cercle, je ne considérerai désormais que celui qui est situé sur le même hémisphère que ce cercle.

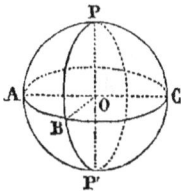

COROLLAIRE 1. — *Le rayon sphérique d'un grand cercle est égal à la corde du quart de ce cercle.*

Soit P l'un des pôles du grand cercle ABC de la sphère OA; l'angle droit POA dont le sommet est situé au centre de la circonférence du grand cercle PAP' intercepte un arc PA égal au quart de cette circonférence. Or la corde de cet arc est le rayon sphérique du grand cercle ABC ; donc, etc.

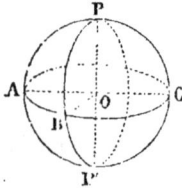

COROLLAIRE II. — *On peut obtenir le pôle d'un grand cercle ABC de la sphère OA, 1° en prenant deux points quelconques A, B sur la circonférence ABC et décrivant, de ces points comme pôles, deux arcs de grands cercles dont l'intersection sera le point P ; 2° en traçant un grand cercle APC perpendiculaire au cercle ABC et prenant, à partir du point A, un arc AP égal au quart de la circonférence APC.*

En effet, 1° les angles POA, POB étant droits d'après la construction, la droite PO est perpendiculaire aux deux rayons OA, OB et par suite au plan OAB (1, III) ; donc le point P est le pôle du cercle ABC.

2° Les deux plans APC, ABC sont perpendiculaires par hypothèse. Or la droite OP, située dans le premier de ces plans, est perpendiculaire à leur intersection AC ; donc elle est perpendiculaire au second et le point P est le pôle du cercle ABC.

COROLLAIRE III. — *Deux grands cercles sont perpendiculaires lorsque le pôle de l'un est sur la circonférence de l'autre.*

Car le second passe par le diamètre de la sphère perpendiculaire au premier (6, I).

THÉORÈME IV.

Le plan, perpendiculaire à l'extrémité d'un rayon de la sphère, est tangent à cette sphère.

Réciproquement, *tout plan tangent à une sphère est perpendiculaire au rayon mené au point de contact.*

1° Je trace par l'extrémité A du rayon OA de la sphère O le plan BAC perpendiculaire à cette droite, et je dis qu'il est tangent à la sphère.

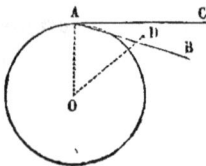

En effet, la distance OD du centre O à un point quelconque D du plan BAC, autre que le point A, est plus grande que le rayon OA perpendiculaire à ce plan

(1, VI); donc le point D est extérieur à la sphère et le plan BAC n'a par suite que le point A commun avec la surface de la sphère.

Réciproquement, *si le plan BAC touche la sphère OA au point A, il est perpendiculaire au rayon* OA.

Car tout point D du plan BAC, autre que le point A, étant par hypothèse extérieur à la surface de la sphère, le rayon OA est la ligne la plus courte qu'on puisse mener du centre O au plan BAC ; donc il est perpendiculaire à ce plan (1, VI).

COROLLAIRE I. — Par un point de la surface d'une sphère, on ne peut mener qu'un plan tangent à cette surface (1, V).

COROLLAIRE II. — *Le point de contact de deux sphères tangentes est situé sur la droite qui joint leurs centres.*

Car la perpendiculaire au plan tangent menée par le point de contact passe par chacun des centres.

PROBLÈME I.

Déterminer la longueur du rayon d'une sphère.

Je prends deux points quelconques M et N sur la sphère

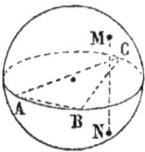

donnée, et de chacun d'eux comme pôle, avec un rayon sphérique plus grand que la moitié de la corde MN, je trace deux arcs de cercles qui se coupent en un point A également éloigné de M et ·N ; je détermine de même deux autres points B,C également éloignés des points M et N. Le centre de la sphère et les points A, B, C, sont dans un même plan perpendiculaire au milieu de la droite MN , puisque chacun d'eux est situé à la même distance des extrémités M et N de cette droite (1, VII) ; par conséquent, la section que ce plan fait dans la sphère est un grand cercle.

Je mesure ensuite les cordes AB, BC, AC et je construis un triangle avec ces trois droites. Le rayon du cercle circonscrit à ce triangle est égal au rayon de la sphère.

PROBLÈME II.

Tracer une circonférence de grand cercle par deux points A et B de la surface d'une sphère.

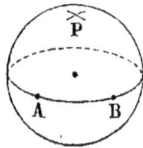

Des points A et B comme pôles, je décris deux arcs de grands cercles. Ces arcs se rencontrent au point P, l'un des deux pôles du grand cercle qui passe par les points A et B (III, c. 2). Je trace ensuite du point P comme pôle la circonférence de grand cercle AB.

COROLLAIRE. — Si les points donnés A et B sont les extrémités d'un diamètre de la sphère, le problème proposé a une infinité de solutions; car les arcs de grands cercles décrits des points A et B comme pôles coïncident, et tout point de la circonférence CDE dont ces arcs font partie est le pôle d'un grand cercle passant par les points A et B.

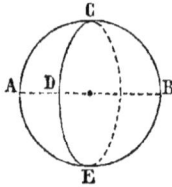

PROBLÈME III.

Tracer par un point A de la surface d'une sphère un grand cercle perpendiculaire à un grand cercle donné CBD.

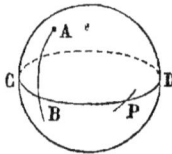

Du point A comme pôle, je trace un arc de grand cercle jusqu'à la rencontre de la circonférence CBD et je décris de leur point d'intersection P comme pôle la circonférence de grand cercle AB. Ce cercle est perpendiculaire au cercle donné, puisque son pôle P se trouve sur la circonférence CBD (III, c, 3).

PROBLÈME IV.

Diviser un arc de grand cercle en deux parties égales.
Je détermine sur la sphère deux points C et D qui soient

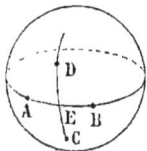

également éloignés des extrémités de l'arc donné AB, et je joins ces deux points par un arc de grand cercle (Prob. II). Le plan de cet arc est perpendiculaire au milieu de la corde AB (1, VIII), il divise donc l'arc AB en deux parties égales.

COROLLAIRE. — L'arc CD divise aussi en deux parties égales chacun des arcs de petits cercles qu'on peut mener par les deux points A et B. Car tous ces arcs ont pour corde la droite AB.

Remarque.— La construction précédente sert aussi à tracer un arc de grand cercle DC perpendiculaire au milieu de l'arc de grand cercle qui joint deux points donnés A et B.

PROBLÈME V.

Tracer le petit cercle déterminé par trois points A, B, C de la surface d'une sphère.

Je trace les arcs de grands cercles DE, FG, respectivement perpendiculaires aux milieux des arcs AB, BC (Prob. IV, Rem). Ces arcs se rencontrent en un point P également distant des trois points A, B et C. Je décris ensuite du point P comme pôle, avec le rayon sphérique PA, une circonférence de cercle qui passe par les trois points donnés.

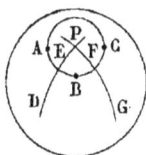

COROLLAIRE. — Cette construction sert à trouver le pôle d'un petit cercle donné.

REMARQUE SUR LES POSITIONS RELATIVES DE DEUX SPHÈRES.

Deux sphères, comme deux cercles, peuvent avoir l'une par rapport à l'autre cinq positions différentes auxquelles correspondent les cinq théorèmes suivants :

1° *Si deux sphères qui n'ont aucun point commun sont extérieures l'une à l'autre, la distance de leurs centres est plus grande que la somme de leurs rayons.*

2° *Si deux sphères se touchent extérieurement, la distance de leurs centres est égale à la somme de leurs rayons.*

16

3° *Lorsque deux sphères se coupent, la distance de leurs centres est moindre que la somme de leurs rayons et plus grande que la différence des mêmes rayons.*

La ligne d'intersection des deux sphères est une circonférence de cercle.

4° *Lorsque deux sphères se touchent intérieurement, la distance de leurs centres est égale à la différence de leurs rayons.*

5° *Si deux sphères qui n'ont aucun point commun sont intérieures l'une à l'autre, la distance de leurs centres est moindre que la différence de leurs rayons.*

La démonstration directe de ces théorèmes est identique à celle que j'ai donnée pour les théorèmes correspondants du cercle (P, 14). Je ferai remarquer néanmoins que ces théorèmes sont évidents, si l'on considère les deux sphères comme engendrées par la rotation de deux cercles, situés dans le même plan, autour de la droite qui passe par leurs centres.

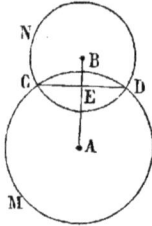

Lorsque les sphères se coupent, le plan mené par leurs centres A, B et par un point quelconque C de leur intersection détermine deux grands cercles AM, BN dont les circonférences se rencontrent au point C. Cela posé, si l'on fait tourner le plan ABC autour de la droite AB comme axe, chacune des circonférences AM, BN engendre la surface sphérique qui lui correspond, et le point C décrit un parallèle commun à ces deux surfaces de révolution. Par conséquent, les sphères AM, BN se coupent suivant ce parallèle.

Les réciproques des cinq théorèmes précédents sont évidentes.

PROBLÈMES.

1. Quel est le lieu des centres des sections faites dans une sphère par des plans passant 1° par une droite donnée ; 2° par un point donné ?

2. La somme des aires des cercles suivant lesquels les trois faces d'un angle trièdre tri-rectangle coupent une sphère est constante pour une position donnée du sommet de cet angle trièdre.

La somme des carrés des distances du sommet de l'angle trièdre aux six points où les trois arêtes de cet angle rencontrent la surface de la sphère est aussi constante.

3. Quel est le lieu des points de l'espace tels que le rapport des distances de chacun d'entre eux à deux points fixes soit constant?

4. Quel est le lieu des points de l'espace également éclairés par deux lumières d'inégale intensité?

5. Les tangentes menées à une sphère par un point extérieur sont égales. — Le lieu de ces tangentes est une surface conique de révolution, et celui des points de contact est une circonférence située dans un plan perpendiculaire à la droite qui joint le centre de la sphère au point donné.

6. Trouver un point tel qu'on voit de ce point trois sphères données sous le même angle.

7. Quel est le lieu des centres des sphères qui coupent deux sphères données suivant des grands cercles?

8. Quel est le lieu des centres des sphères qui coupent trois sphères données suivant des grands cercles?

9. Mener par une droite donnée un plan tangent à une sphère.

10. Les plans qui touchent deux sphères extérieurement rencontrent au même point la droite menée par leurs centres. — Il en est de même des plans qui touchent deux sphères intérieurement.

11. Mener par un point donné un plan tangent à deux sphères.

12. Mener un plan tangent à trois sphères. — Les trois droites, menées par les centres de ces sphères considérées deux à deux, rencontrent le plan tangent en trois points situés sur une même droite.

13. Mener par une droite un plan qui coupe deux sphères de manière que les rayons des sections soient proportionnnels à ceux des sphères.

14. Mener par un point un plan qui coupe trois shpères de manière que les rayons des sections soient proportionnels à ceux des sphères.

DIX-NEUVIÈME LEÇON.

PROGRAMME : Mesure de la surface engendrée par une ligne brisée régulière, tournant autour d'un axe mené dans son plan et par son centre.— Aire de la zone ; de la sphère entière.

DÉFINITIONS.

1. On appelle *ligne brisée régulière* une ligne brisée, plane et convexe, dont les côtés sont égaux et les angles égaux.

Toute ligne brisée régulière peut être inscrite dans le cercle et lui être circonscrite, comme le périmètre d'un polygone régulier dont elle diffère en ce que son angle au centre n'est pas généralement une partie aliquote de quatre angles droits.

Une ligne brisée régulière a un *centre*, un *rayon* et un *apothème* qui sont le centre et les rayons des cercles circonscrit et inscrit. On donne aussi le nom de *diamètre* à toute droite menée par son centre.

Pour inscrire une ligne brisée régulière dans un arc de cercle, il suffit évidemment de diviser cet arc en un nombre quelconque de parties égales et de tracer les cordes des arcs partiels.

2. La portion de plan comprise entre une ligne brisée régulière et les deux rayons extrêmes de cette ligne se nomme *secteur polygonal régulier*.

THÉORÈME I.

La surface engendrée par une droite limitée AB *qui tourne autour d'une droite indéfinie* xy, *située dans le même plan, a pour mesure le produit de la longueur de sa génératrice* AB *par la circonférence que décrit le milieu* M *de cette ligne.*

La droite AB peut avoir trois positions différentes par rapport à l'axe xy.

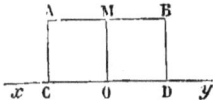

1° Je suppose AB parallèle à xy et je trace par les points A, B, M, les perpendiculaires AC, BD, MO sur l'axe. Dans sa révolution autour de xy, le rectangle ABDC engendre un cylindre droit à base circulaire dont la ligne AB décrit la surface convexe. On a donc (16, II) :

$$\text{surf. AB} = \text{AB} \times \text{cir. OM.}$$

2° Si la droite AB n'a aucun point commun avec l'axe, sans lui être parallèle, je trace encore les perpendiculaires AC, BD, MO sur xy. Le trapèze ABDC, en tournant autour de xy, engendre un tronc de cône droit à bases parallèles dont la ligne AB décrit la surface convexe. Par conséquent, on a aussi (14, IV, c) :

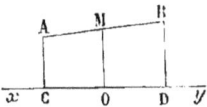

$$\text{surf. AB} = \text{AB} \times \text{cir. OM.}$$

3° Lorsque l'une des extrémités de AB, par exemple A, est située sur l'axe xy, la perpendiculaire BD détermine un triangle rectangle ABD qui engendre un cône droit en tournant autour de xy, et la ligne AB décrit la surface convexe de ce cône. On a donc encore (14, III, c) :

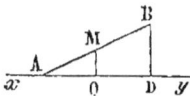

$$\text{surf. AB} = \text{AB} \times \text{cir. OM.}$$

THÉORÈME II.

La surface engendrée par une ligne brisée régulière BCDE, *tournant autour d'un diamètre* xy *qui ne la coupe pas, a pour mesure le produit de la circonférence inscrite dans la ligne brisée par la projection* KP *de cette ligne sur l'axe.*

Soient O le centre et OG l'apothème de la ligne brisée régulière BCDE ; cette ligne, en tournant autour de son diamètre xy, décrit une surface qui est égale à la somme des surfaces engendrées par ses côtés BC, CD, DE.

Je mène par le milieu G du côté BC la droite GH perpendiculaire à l'axe xy, et j'ai, d'après le théorème précédent :

$$surf.\ BC = 2\,\pi\,GH \times BC.$$

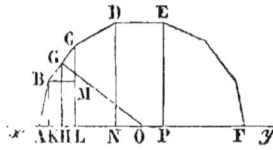

Pour transformer cette mesure, je trace les droites BK, CL perpendiculaires à l'axe xy et la droite BM parallèle au même axe. Les triangles rectangles BCM, GOH sont semblables, parce qu'ils ont leurs côtés perpendiculaires chacun à chacun (P, 21, V); il en résulte :

$$\frac{BC}{BM} = \frac{GO}{GH},$$

et par suite

$$BC \times GH = BM \times GO.$$

Je remplace, dans l'expression de $surf.$ BC, le produit BC×GH par la quantité égale OG×BM et je trouve :

$$surf.\ BC = 2\,\pi\,OG \times BM,$$

ou bien, à cause de l'égalité des droites BM et KL,

$$surf.\ BC = KL \times cir.\ OG.$$

Soient LN, NP, les projections des côtés CD, DE sur l'axe de rotation ; je démontrerais par un raisonnement analogue au précédent, que l'on a :

$$surf.\ CD = LN \times cir.\ OG,$$
$$surf.\ DE = NP \times cir.\ OG.$$

En ajoutant ces égalités membre à membre, et remarquant que la somme $surf.$ BC + $surf.$ CD + $surf.$ DE n'est autre que $surf.$ BCDE, je trouve :

$$surf.\ BCDE = (KL + LN + NP) \times cir.\ OG,$$

ou $$surf.\ BCDE = KP \times cir.\ OG.$$

COROLLAIRE 1. — *La surface engendrée par un demi-polygone régulier ABCEF d'un nombre pair de côtés, tournant autour de son diamètre AF, a pour mesure le produit de la circonférence inscrite dans ce polygone par le diamètre du cercle circonscrit.*

Car la projection du demi-périmètre ABCEF sur l'axe est le diamètre AF du cercle circonscrit au polygone.

COROLLAIRE II. — L'égalité

$$surf.\ BC = KL \times cir.\ OG$$

précédemment démontrée conduit à ce théorème : *La surface décrite par une droite BC qui tourne autour d'un axe xy situé dans le même plan a pour mesure la projection KL de la génératrice BC sur l'axe, multipliée par la circonférence dont le rayon est la perpendiculaire GO menée par le milieu de la génératrice sur cette droite jusqu'à la rencontre de l'axe.*

THÉORÈME III.

Une zone a pour mesure le produit de sa hauteur par la circonférence d'un grand cercle.

Je considère la zone engendrée par l'arc de cercle BD tournant autour du diamètre AM; soit EF sa hauteur que je détermine en traçant des extrémités de l'arc BD les perpendiculaires BE, DF sur l'axe AM. J'inscris ensuite dans l'arc BD la ligne brisée régulière BCD dont l'apothème est OI. La surface que décrit cette ligne en tournant autour de AM est évidemment moindre que la zone BD qui l'enveloppe de toutes parts, et leur différence diminue de plus en plus, si je double indéfiniment le nombre des côtés de la ligne inscrite dans l'arc BD; la zone BD est donc la limite vers laquelle tend la surface décrite par la ligne brisée BCD, lorsque le nombre des côtés de cette ligne croît indéfiniment. Or, quel que soit ce nombre, la surface engendrée par la ligne brisée régulière BCD a pour mesure le produit de la projection EF de cette ligne sur l'axe par la circonférence inscrite OI (II); par conséquent la zone a aussi pour mesure le produit de sa hauteur EF par la circonférence du cercle OA, c'est-à dire par la circonférence d'un grand cercle de la sphère dont la zone BD fait partie.

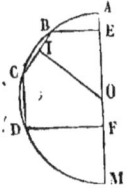

COROLLAIRE I.— Soient H la hauteur de la zone et R le rayon de la sphère, on a :

$$zone = 2\pi R \times H.$$

Corollaire II. — *Deux zones d'une même sphère sont proportionnelles à leurs hauteurs.*

THÉORÈME IV.

La surface d'une sphère a pour mesure le produit de son diamètre par la circonférence d'un grand cercle.

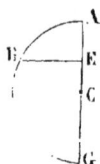

Soit la sphère engendrée par le demi-cercle ABG tournant autour de son diamètre AG; la demi-circonférence ABG étant la somme des deux arcs AB, BG, la réunion des deux zones engendrées par ces arcs forme la surface de la sphère. Or on a (III) :

$$zone \; AB = AE \times cir. \; CA,$$
$$zone \; BG = EG \times cir. \; CA;$$

en additionnant ces égalités membre à membre, je trouve :

$$surf. \; sph. \; CA = (AE + EG) \times cir. \; CA,$$

et par suite

$$surf. \; sph. \; CA = AG \times cir. \; CA.$$

Corollaire I. — Soient R le rayon d'une sphère, D son diamètre et S sa surface, on a :

$$S = 2 \, R \times 2 \, \pi \, R = 4 \, \pi \, R^2.$$

Il résulte de cette valeur de S que *la surface de la sphère est égale à quatre fois l'aire d'un grand cercle* (P, 34, II).

On a aussi :

$$S = D \times \pi \, D = \pi \, D^2.$$

Corollaire. — *Les surfaces de deux sphères sont proportionnelles aux carrés de leurs rayons ou de leurs diamètres.*

PROBLÈMES.

1. Si l'on inscrit dans un demi-cercle un demi-polygone régulier d'un nombre pair de côtés et qu'on lui circonscrive un demi-polygone semblable, la surface de la sphère engendrée par le demi-cercle tournant autour de son diamètre est moyenne proportionnelle entre les surfaces engendrées par les polygones.

2. Toute zone à une base est équivalente à un cercle ayant pour rayon la corde de l'arc qui engendre la zone. Ce théorème est-il applicable à une zone à deux bases ?

3. Exprimer la surface d'une sphère en fonction de la circonférence d'un grand cercle. — Évaluer en myriamètres carrés la surface de la terre supposée sphérique.

4. Circonscrire à une surface un cône droit dont la surface convexe soit le double de la base.

5. Inscrire dans une sphère un cylindre droit dont la somme des deux bases soit le double de la surface latérale.

6. Inscrire dans une sphère un cône dont la surface convexe soit équivalente à celle de la calotte spérique, se terminant au même cercle. (Concours de seconde scientifique, 1854.)

7. Couper une sphère par un plan tel que la section soit équivalente à la différence des deux zônes dans lesquelles ce plan partage la surface de la sphère.

8. Couper une sphère par un plan tel que l'aire d'un grand cercle soit moyenne proportionnelle entre les deux zones que ce plan détermine.

9. Couper une sphère par deux plans parallèles et également éloignés du centre de la sphère, de manière que la somme des aires des deux sections soit égale à l'aire de la zone comprise entre les deux plans.

10. Inscrire dans une sphère un cône dont la base soit équivalente à la moitié de la surface convexe.

Remarque. — La plupart des problèmes précédents exigent la connaissance des équations du second degré.

VINGTIÈME LEÇON.

Programme : Mesure d'un volume engendré par un triangle, tournant autour d'un axe mené dans son plan, par un de ses sommets. — Application au secteur polygonal régulier tournant autour d'un axe mené dans son plan et par son centre. — Volume du secteur sphérique; de la sphère entière.

DÉFINITIONS.

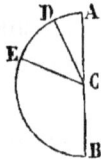

1. Le volume engendré par un secteur circulaire DCE tournant autour du diamètre AB qui lui est extérieur s'appelle *secteur sphérique*. Il a pour *base* la zone que décrit l'arc DE du secteur circulaire.

2 Un polyèdre est *circonscrit* à une sphère, lorsque chacune de ses faces est tangente à la sphère. On dit réciproquement que la sphère est *inscrite* dans le polyèdre.

Au contraire, un polyèdre est *inscrit* dans une sphère, lorsque tous ses sommets sont des points de la surface sphérique. La sphère est alors *circonscrite* au polyèdre.

THÉORÈME I.

Le volume du corps engendré par la révolution d'un triangle ABC *autour d'une droite* xy, *située dans le plan de ce triangle et passant par son sommet* A *sans traverser sa surface, est égal au tiers de la distance du sommet* A *au côté opposé* BC, *multiplié par la surface que décrit ce côté en tournant autour de l'axe* xy.

Le triangle ABC peut avoir trois positions différentes par rapport à l'axe *xy*.

1º Je suppose le côté AB situé sur l'axe et je trace du sommet opposé C la droite CE perpendiculaire à ce côté. Le volume engendré par la révolution du triangle ABC est égal à la somme ou à la différence des cônes droits engendrés par les triangles rectangles ACE, BCE tournant autour de xy, selon que la perpendiculaire CE est intérieure ou extérieure au triangle ABC. Or on a (14, V) :

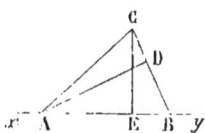

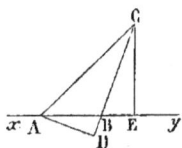

$$\text{cône ACE} = \tfrac{1}{3}\,\pi\,CE^2 \times AE,$$
$$\text{cône BCE} = \tfrac{1}{3}\,\pi\,CE^2 \times BE.$$

Par conséquent, on a aussi :

$$\text{vol. ABC} = \tfrac{1}{3}\,\pi\,CE^2 \times AB.$$

Cela posé, je trace du sommet A la perpendiculaire AD sur le côté opposé BC et je remplace dans l'expression précédente du volume ABC le produit CE × AB par le produit AD × BC qui lui est égal, car chacun de ces produits exprime le double de l'aire du triangle ABC (P, 30, V). Il en résulte que :

$$\text{vol. ABC} = \tfrac{1}{3}\,\pi\,CE \times BC \times AD.$$

Or, la surface convexe du cône CBE a pour mesure $\pi\,CE \times BC$ (14, III) ; on a donc :

$$\text{vol. ABC} = \text{surf. BC} \times \tfrac{1}{3}\,AD.$$

2º Si aucun des côtés AB, AC ne coïncide avec l'axe, le côté BC opposé au sommet A peut rencontrer l'axe ou lui être parallèle. Je suppose d'abord que le prolongement de BC rencontre xy au point F. Le triangle ABC égale dès lors la différence des triangles ACF, ABF, et le volume qu'il engendre en tournant autour de l'axe xy est aussi la différence des volumes engendrés par les triangles ACF, ABF. Or on a :

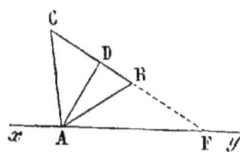

$$\text{vol. ACF} = \text{surf. CF} \times \tfrac{1}{3}\,AD,$$
$$\text{vol. ABF} = \text{surf. BF} \times \tfrac{1}{3}\,AD.$$

Il en résulte donc :

$$\text{vol. ABC} = \text{surf. BC} \times \tfrac{1}{3}\,AD.$$

3º Lorsque le côté BC est parallèle à l'axe, je trace de ses extrémités les perpendiculaires BH, CG sur *xy*, et je fais remarquer que le volume engendré par le triangle ABC tournant autour de *xy* est la somme ou la différence des volumes engendrés par les triangles ABD, ACD, selon que la perpendiculaire AD est intérieure ou extérieure au triangle ABC. Or, le cône engendré par le triangle rectangle ABH est égal au tiers du cylindre engendré par le rectangle ADBH (16, III, c); donc le triangle ABD engendre, dans sa révolution autour de l'axe *xy*, un volume égal aux deux tiers du même cylindre ADBH. Je démontrerais de même que le volume produit par la rotation du triangle ACD autour de *xy* est égal aux deux tiers du cylindre produit par la rotation du rectangle ADCG autour du même axe; par conséquent le triangle ABC engendre un volume égal aux deux tiers de la somme ou de la différence des cylindres engendrés par les rectangles ADCG, ADBH, c'est-à-dire égal aux deux tiers du cylindre engendré par le rectangle BCGH. On a dès lors :

$$vol.\ ABC = \tfrac{2}{3}\,\pi\,AD^2 \times BC.$$

Mais la surface convexe du cylindre BCGH a pour mesure $2\,\pi\,AD \times BC$ (16, II); on a donc :

$$vol.\ ABC = surf.\ BC \times \tfrac{1}{3}\,AD.$$

COROLLAIRE. — Si le triangle ABC est isocèle et que la droite MN soit la projection du côté BC sur l'axe *xy*, on a (19, II, c) :

$$surf.\ BC = MN \times cir.\ AD,$$

et, par suite,

$$vol.\ ABC = \tfrac{2}{3}\,\pi\,AD^2 \times MN.$$

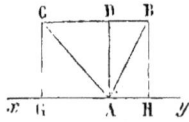

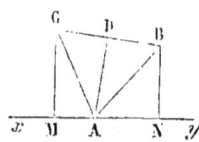

Par conséquent, *le volume engendré par un triangle isocèle qui tourne autour d'un axe situé dans son plan et passant par son sommet sans traverser sa surface, est égal aux deux tiers de la projection de sa base sur l'axe, multipliés par l'aire du cercle qui a pour rayon la hauteur de ce triangle.*

THÉORÈME II.

Le volume du corps engendré par un secteur polygonal régu-

lier OBCDE *qui tourne autour de son diamètre xy, extérieur à sa surface, est égal au produit de la surface que décrit le périmètre* BCDE *du secteur polygonal par le tiers de son apothème.*

Soient O le centre et OG l'apothème de la ligne brisée régulière BCDE; je trace les rayons OC, OD qui décomposent le secteur polygonal OBCDE en triangles isocèles. Dans sa révolution autour de l'axe *xy*, le secteur OBCDE engendre un volume égal à la somme des volumes engendrés par les triangles isocèles OBC, OCD, ODE. Or on a (I) :

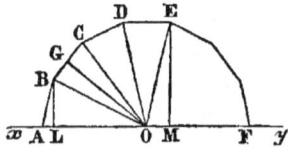

$$\text{vol. OBC} = \text{surf. BC} \times \tfrac{1}{3}\,\text{OG},$$
$$\text{vol. OCD} = \text{surf. CD} \times \tfrac{1}{3}\,\text{OG},$$
$$\text{vol. ODE} = \text{surf. DE} \times \tfrac{1}{3}\,\text{OG};$$

En ajoutant ces égalités membre à membre, on trouve :

$$\text{vol. OBCDE} = (\text{surf. BC} + \text{surf. CD} + \text{surf. DE}) \times \tfrac{1}{3}\,\text{OG}$$

ou

$$\text{vol. OBCDE} = \text{surf. BCDE} \times \tfrac{1}{3}\,\text{OG}.$$

COROLLAIRE I. — Soit LM la projection de la ligne brisée régulière BCDE sur l'axe *xy*, on a (19, II) :

$$\text{surf. BCDE} = \text{LM} \times \text{cir. OG}$$

et par suite

$$\text{vol. OBCDE} = \tfrac{2}{3}\,\pi\,\text{OG}^1 \times \text{LM}.$$

Par conséquent, *le volume engendré par le secteur polygonal régulier* OBCDE *tournant autour de son diamètre xy, extérieur à sa surface, est égal aux deux tiers du produit de la projection de la ligne brisée régulière* BCDE *par l'aire du cercle inscrit dans cette ligne.*

COROLLAIRE II. — *Le volume engendré par un demi-polygone régulier* ABCDEF *d'un nombre pair de côtés tournant autour de son diamètre* AF *est égal aux deux tiers du cercle inscrit par le diamètre du cercle circonscrit.*

Car la projection AF du périmètre ABCDEF sur l'axe n'est autre que le diamètre du cercle circonscrit au polygone.

THÉORÈME III.

Le volume d'un secteur sphérique est égal au produit de la zone qui lui sert de base par le tiers du rayon de la sphère.

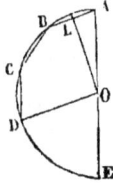

Je considère le secteur sphérique engendré par le secteur circulaire AOD tournant autour du diamètre AE, et j'inscris la ligne brisée régulière ABCD dans l'arc AD. Le volume engendré par le secteur polygonal régulier OABCD, tournant autour de l'axe AE, est moindre que celui du secteur sphérique qui lui est circonscrit, et la différence de ces volumes diminue de plus en plus, si je double indéfiniment le nombre des côtés de la ligne brisée régulière ABCD; le secteur sphérique AOD est donc la limite vers laquelle tend le volume engendré par le secteur polygonal lorsque le nombre des côtés de ce secteur croît indéfiniment. Or, quel que soit ce nombre, le volume engendré par le secteur polygonal OABCD est égal à la surface que décrit la ligne brisée ABCD, multipliée par le tiers de son apothème OL (II). Par conséquent, le volume du secteur sphérique AOD est aussi égal à la zone que décrit l'arc AD en tournant autour du diamètre AE, multipliée par le tiers du rayon OA de cet arc, c'est-à-dire par le tiers du rayon de la sphère dont le secteur sphérique AOD fait partie.

Corollaire.— Soient R le rayon de la sphère et H la hauteur de la zone qui sert de base au secteur sphérique, on a (19, III) :

$$zone\ H = 2\,\pi\,R \times H$$

et par suite

$$sect.\ sph.\ H = \tfrac{2}{3}\,\pi\,R^{2} \times H.$$

Donc *un secteur sphérique a aussi pour mesure les deux tiers du produit de la hauteur de la zone qui lui sert de base par l'aire d'un grand cercle de la sphère.*

THÉORÈME IV.

Le volume d'une sphère est égal au produit de sa surface par le tiers de son rayon.

Soit la sphère engendrée par le demi-cercle ABD, tournant autour de son diamètre AD ; je trace un rayon quelconque CB et je considère la sphère comme la somme des secteurs sphériques engendrés par les deux secteurs circulaires ACB, BCD. Or on a (III) :

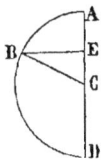

$$\text{sect. sph. ACB} = zone \text{ AB} \times \tfrac{1}{3}\,\text{CA,}$$
$$\text{sect. sph. BCD} = zone \text{ BD} \times \tfrac{1}{3}\,\text{CA.}$$

Il en résulte évidemment :

$$\text{sphère CA} = (zone \text{ AB} + zone \text{ BD}) \times \tfrac{1}{3}\,\text{CA,}$$

ou

$$\text{sphère CA} = surf. \; sph. \text{ CA} \times \tfrac{1}{3}\,\text{CA.}$$

COROLLAIRE. — En désignant par R le rayon de la sphère, par D son diamètre et par V son volume, on a :

$$V = 4\,\pi\,R^2 \times \frac{R}{3} = \frac{4}{3}\,\pi\,R^3,$$

et

$$V = \pi\,D^2 \times \frac{D}{6} = \frac{1}{6}\,\pi\,D^3.$$

COROLLAIRE II. — *Les volumes de deux sphères sont proportionnels aux cubes de leurs rayons ou de leurs diamètres.*

THÉORÈME V.

Le volume d'un polyèdre circonscrit à une sphère est égal au produit de sa surface par le tiers du rayon de la sphère.

Car si l'on mène un plan par le centre de la sphère et par chacune des arêtes du polyèdre, on le décompose en pyramides qu'on peut considérer comme ayant pour bases les différentes faces du polyèdre et pour hauteur commune le rayon de la sphère. Or chacune de ces pyramides a pour mesure le produit de sa base par le tiers de sa hauteur (10, V); donc, etc.

COROLLAIRE. — *Les volumes de deux polyèdres circonscrits à la même sphère, ou à des sphères égales, sont proportionnels à leurs surfaces.*

PROBLÈMES.

1. Si l'on joint par une ligne droite les milieux de deux côtés d'un triangle et qu'ensuite on le fasse tourner autour du troisième côté, quel sera le rapport des volumes engendrés par les deux parties de ce triangle?

2. Exprimer le volume d'une sphère en fonction de la circonférence d'un grand cercle.

Calculer le volume et le poids de la terre supposée sphérique, sachant que sa densité moyenne est égale à 4 ½ d'après *Cavendish*.

3. La surface du cylindre circonscrit à une sphère est moyenne proportionnelle à la surface de la sphère et à celle du cône équilatéral circonscrit.

La même relation existe entre les volumes de ces trois corps.

4. Les diamètres de la terre, de la lune et du soleil étant proportionnels aux nombres $1, \dfrac{3}{11}$ et 112, quels sont les volumes de la lune et du soleil, si l'on prend celui de la terre pour unité?

5. Démontrer que, si l'on fait tourner un parallélogramme successivement autour de deux côtés non parallèles, les volumes engendrés seront en raison inverse de ces côtés. (Concours de logique littéraire, 1854).

6. Couper une sphère par un plan qui divise en deux parties équivalentes le secteur sphérique ayant pour base la plus petite des deux zones dans lesquelles ce plan décompose la surface de la sphère.

GÉOMÉTRIE

NOTIONS
SUR QUELQUES COURBES USUELLES

COURS DE RHÉTORIQUE SCIENTIFIQUE.

PREMIÈRE, DEUXIÈME, TROISIÈME ET QUATRIÈME LEÇONS.

PROGRAMME : Définition de l'ellipse par la propriété des foyers. — Tracé de la courbe par points et d'un mouvement continu.

Axes. — Sommets. — Rayons vecteurs.

Définition générale de la tangente à une courbe.

Les rayons vecteurs menés des foyers à un point de l'ellipse font, avec la tangente en ce point et d'un même côté de cette ligne, des angles égaux.

Mener la tangente à l'ellipse 1° par un point pris sur l'ellipse; 2° par un point extérieur. — Normale à l'ellipse.

DÉFINITIONS.

1. Deux *points a* et *a'* sont *symétriques par rapport à une droite xy*, lorsque la droite *aa'* qui les joint est perpendiculaire à *xy* et divisée par elle en deux parties égales.

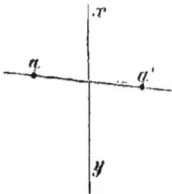

On appelle *axe de symétrie d'une ligne courbe*, ou simplement *axe*, une droite par rapport à laquelle les points de cette courbe sont symétriques deux à deux.

17

2. Deux *points a* et *a'* sont *symétriques par rapport à un troisième c,* lorsque la droite *aa'* qui les joint est divisée par le point *c* en deux parties égales.

On nomme *centre de symétrie d'une ligne courbe,* ou simplement *centre,* un point par rapport auquel les points de cette courbe sont symétriques deux à deux. — Si une ligne courbe a un centre, les cordes qui passent par ce point sont divisées par lui en deux parties égales. En effet, chacune de ces droites coupe la courbe en deux points symétriques par rapport au centre.

Lorsqu'une courbe a un axe et un centre, l'axe passe par le centre; car il divise en deux parties égales la corde menée par le centre perpendiculairement à sa direction.

3. Toute droite menée par le centre d'une ligne courbe se nomme *diamètre.*

4. On appelle *tangente à une ligne courbe,* en un point donné B, la limite BE des positions que prend une sécante BC, lorsqu'on la fait tourner autour du point B de manière qu'un second point d'intersection C se rapproche du premier, jusqu'à se confondre avec lui. — Le point B se nomme *point de contact.*

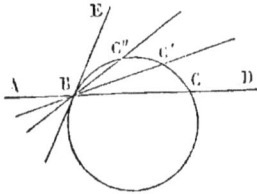

Si la courbe considérée ne peut être coupée qu'en deux points par une ligne droite, sa tangente n'a qu'un point commun avec elle. Mais il est faux de dire que, réciproquement, une droite qui n'a qu'un point commun avec une courbe lui soit tangente, même lorsque la courbe ne peut être coupée qu'en deux points par une ligne droite. Nous en trouverons un exemple dans l'étude de la parabole.

5. On désigne sous le nom de *normale* la perpendiculaire menée par un point quelconque d'une ligne courbe sur la tangente en ce point.

6. L'*ellipse* est une courbe plane telle que la somme des

distances de chacun de ses points à deux points fixes F et F'
est constante.

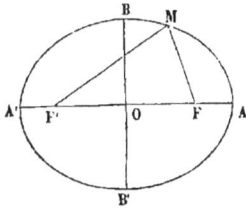

On appelle *foyers* les deux points
fixes F, F' et *rayons vecteurs* les
droites MF, MF' qui joignent un
point quelconque M de l'ellipse à ses
foyers.— La distance FF' se nomme
excentricité de l'ellipse.

Deux ellipses qui ont les mêmes
foyers sont dites *homofocales*.

PROBLÈME I.

*Décrire par points ou d'un mouvement continu une ellipse
dont les foyers et la somme des rayons vecteurs d'un point
quelconque sont donnés.*

1° *Tracé par points.*

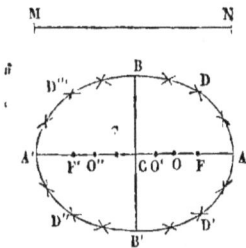

Soient F, F' les foyers de l'ellipse
qu'il s'agit de tracer et MN une droite
égale à la somme des rayons vecteurs
d'un point quelconque de cette courbe.
Je prends sur la droite FF', de chaque
côté du milieu C de cette ligne, les
longueurs CA, CA' égales à la moitié
de MN; les distances FA, F'A' sont par
suite égales entre elles et les points A, A' appartiennent à
l'ellipse, car chacune des sommes FA + F'A, FA' + F'A' est
égale à AA' ou MN. Pour construire d'autres points de cette
courbe, je divise la distance AA' en deux parties quelconques
OA, OA' et je décris des points F, F' comme centres, avec les
rayons OA, OA', deux arcs de cercles. Si ces arcs se coupent,
leurs points d'intersection D, D' appartiendront à l'ellipse,
puisque la somme des rayons vecteurs de chacun de ces points
est égale à OA + OA' ou MN. Afin d'éviter des essais
inutiles, je vais déterminer entre quelles limites il faut
prendre le point O pour que les cercles OA, OA' se coupent
constamment.

La somme AA' ou 2 CA des rayons OA, OA' de ces cercles est, par hypothèse, plus grande que la distance FF' ou 2 CF' de leurs centres ; il suffit donc que les rayons satisfassent à l'inégalité

$$OA' - OA < 2\ CF'$$

pour qu'il y ait intersection (P, 14, IV). En remarquant qu'on a aussi

$$OA' + OA = 2\ CA,$$

et ajoutant ces deux relations membre à membre, on trouve

$$2\ OA' < 2\ CF' + 2\ CA,$$

ou $OA' < AF'$,

et par suite $OA > AF$.

Donc la droite AF est le *minimum* des rayons vecteurs de l'ellipse et la droite AF' leur *maximum*. Par conséquent le point O doit toujours être compris entre les deux foyers F, F'.

Cela posé, je prends un second point O' sur la droite FF' et je décris des points F, F' comme centres avec les rayons O'A, O'A' deux arcs de cercles qui font connaître par leur intersection deux autres points de l'ellipse. Après avoir déterminé de cette manière un assez grand nombre de points de cette courbe, je les unis par un trait continu qui différera d'autant moins de l'ellipse que ces points seront plus nombreux et par suite plus rapprochés les uns des autres.

Remarque. — On peut abréger la construction précédente, en déterminant quatre points de l'ellipse avec les mêmes rayons.

En effet, après avoir tracé du point F comme centre avec le rayon OA et du point F' comme centre avec le rayon OA' deux arcs de cercles qui se coupent aux points D et D', je décris du point F comme centre avec le rayon OA' et du point F' comme centre avec le rayon OA deux autres arcs de cercles dont les intersections D'' et D''' sont encore des points de l'ellipse. Le système des deux rayons OA, OA' sert donc à déterminer les quatre points D, D', D'' et D''' de cette courbe.

Lorsqu'on applique ce mode de construction, il suffit de considérer les positions du point O sur l'une des moitiés de FF',

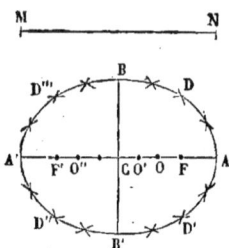

par exemple CF; car, si l'on prend sur la droite CF′ une longueur CO″ égale à CO, les segments O″A′, O″A de la ligne AA′
sont égaux respectivement à OA et OA′. Les points O″ et O qui
sont symétriques par rapport au milieu C de FF′ donnent donc
le même système de rayons.

2° *Tracé d'un mouvement continu.*

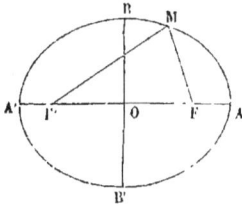

On attache aux foyers F, F′ les extrémités d'un fil FMF′ flexible et
inextensible dont la longueur soit
égale à la somme des rayons vecteurs d'un point quelconque de
l'ellipse. On tend d'abord ce fil d'un
côté de la droite FF′, par exemple
au-dessus, en appliquant contre lui une pointe ou un crayon ;
puis on fait glisser la pointe sur le plan de manière que le fil
soit toujours tendu. L'arc de courbe ABA′ que l'on trace ainsi
est une portion d'ellipse, car la somme des distances de chacun
de ses points aux deux foyers F, F′ est constamment égale à la
longueur du fil. Pour décrire l'autre portion A′B′A de l'ellipse,
on tend le fil de l'autre côté de la droite FF′ et l'on recom-
mence à faire glisser la pointe le long du fil. Il résulte évidemment de ce mode de construction que l'ellipse est une
courbe fermée.

On ne se sert de cette seconde méthode que pour tracer de
grandes ellipses sur le terrain, sur des planches ou des feuilles
de carton. Mais on préfère la première pour décrire de petites
ellipses sur le papier, à cause de la ténuité du fil qu'il faut
alors employer et de la difficulté d'en fixer les extrémités aux
foyers.

Remarque. — Si, la longueur AA′ du fil restant la même,
les foyers F, F′ se rapprochent jusqu'à se confondre, l'ellipse
devient une circonférence de cercle ayant le point O pour
centre et la droite AA′ pour diamètre. Car la distance du
point O à la pointe avec laquelle on décrit l'ellipse est alors
constante et égale à la moitié de la longueur du fil ; on peut
donc considérer la circonférence d'un cercle comme une
ellipse dont les deux foyers sont réunis au centre.

THÉORÈME I.

L'ellipse a deux axes de symétrie et un centre situé à l'inter-section de ses axes.

En effet, soient D un point quelconque de l'ellipse et D', D'', D''' les trois points de cette courbe ayant les mêmes rayons vecteurs que le point D. Je dis 1° que les points D et D' sont symétriques par rapport à la droite FF'; 2° que les points D et D''' sont symétriques par rapport à la droite BB' perpendiculaire au milieu de FF'; 3° que D et D'' sont symétriques par rapport au point d'inter-section C des droites FF' et BB'.

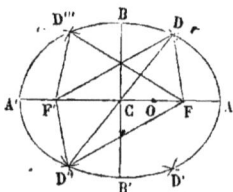

1° Les circonférences décrites des points F, F' comme centres avec les rayons OA, OA', se coupent en deux points D, D' symétriquement placés par rapport à la droite FF'; car cette droite est perpendiculaire au milieu de leur corde com-mune DD' (P, 14, I). Donc les points de l'ellipse sont deux à deux symétriques par rapport à FF' qui est par conséquent un axe de symétrie de cette courbe.

2° Les triangles DFF', D''FF' ont par hypothèse les côtés égaux chacun à chacun; il en résulte que l'angle DFF' opposé au côté DF' égale l'angle D''F'F opposé au côté D''F. Cela posé, je fais tourner la partie BAB' de l'ellipse autour de la droite BB', et je la rabats sur l'autre partie BA'B'. Le point F vient s'appliquer sur le point F', parce que les angles BCF, BCF' sont droits et que le point C est le milieu de la distance FF'. La droite FD prend ensuite la direction de F'D''', à cause de l'égalité des angles CFD, CF'D'''. Or ces droites ont par hypo-thèse la même longueur, donc leurs extrémités D et D''' coïn-cident; ce qui exige évidemment que les points D, D''' soient symétriquement placés par rapport à la droite BB'. Par con-séquent l'ellipse, dont les points sont deux à deux symé-triques par rapport à BB', a cette droite pour axe de symétrie.

3° Le quadrilatère DFD''F' a ses côtés opposés égaux par

hypothèse, donc il est un paralélogramme et ses diagonales DD'', FF' se divisent mutuellement en deux parties égales. J'en conclus que si l'on mène par le point d'intersection C des axes AA', BB' de l'ellipse une corde quelconque DD'', ce point la divise en deux parties égales ; il est donc le centre de l'ellipse.

Remarque I. — On appelle *sommets* de l'ellipse les quatre points d'intersection A, A', B, B' de cette courbe avec ses deux axes de symétrie.

La droite BB' est moindre que AA'. En effet, on a dans le triangle rectangle BCF :

$$BC < BF.$$

Or, le point B étant également distant des deux foyers F, F', son rayon vecteur BF est égal à la moitié de AA' ; il en résulte donc

$$BC < \frac{AA'}{2},$$

et par suite 2 BC ou BB' $<$ AA'.

La droite AA' s'appelle pour cette raison le *grand axe* de l'ellipse et la droite BB' le *petit axe*. On désigne ordinairement les longueurs AA', BB', FF' par 2 a, 2 b, 2 c ; les trois quantités a, b, c sont liées par la relation

$$a^2 = b^2 + c^2,$$

car elles représentent les trois côtés du triangle rectangle BCF.

Remarque II. — Lorsque les longueurs 2 a, 2 b, des axes d'une ellipse sont données, on peut construire cette courbe par points ou d'un mouvement continu.

On prend sur deux droites rectangulaires, à partir de leur intersection C les longueurs CA, CA' égales à a et les longueurs CB, CB' égales à b. Les droites AA', BB' sont les axes de l'ellipse cherchée. Pour en construire les foyers, on décrit de l'extrémité B du petit axe BB' avec un rayon égal à CA, moitié de AA', un arc de cercle qui coupe le grand axe AA' aux points F et F'. L'ellipse peut alors être construite par l'une des deux méthodes précédentes, car on connaît ses foyers et la somme

2 a des rayons vecteurs d'un point quelconque de cette courbe.

THÉORÈME II.

Si un point est extérieur ou intérieur à l'ellipse, la somme de ses distances aux deux foyers est plus grande ou moindre que le grand axe.

Soit d'abord un point N extérieur à l'ellipse; je tire les droites NF, NF' et la droite MF qui joint le foyer F au point d'intersection M de la courbe et de la droite NF'. La ligne brisée NF + NM est plus grande que la ligne droite MF; en augmentant chacune de ces lignes de la même longueur MF', je trouve

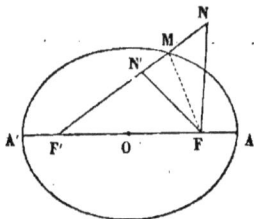

$$NF + NF' > MF + MF'.$$

Or, le point M étant sur l'ellipse, la somme MF + MF' de ses rayons vecteurs est égale au grand axe 2 a; j'ai donc *à fortiori*

$$NF + NF' > 2 a.$$

Je suppose, en second lieu, le point N' situé à l'intérieur de l'ellipse et je trace les droites N'F, N'F'. Le prolongement de N'F' rencontre la courbe au point M que je joins au foyer F par la droite MF. La ligne droite N'F est moindre que la ligne brisée MN' + MF; en augmentant chacune de ces lignes de la même longueur N'F', j'ai

$$N'F' + N'F < MF' + MF.$$

Or, le point M étant sur l'ellipse, la somme MF' + MF de ses rayons vecteurs est égale au grand axe 2 a; j'ai donc *à fortiori*

$$N'F' + N'F < 2 a.$$

COROLLAIRE. — Les réciproques des deux parties de ce théorème sont évidentes. Elles donnent le moyen de distinguer les points situés à l'intérieur d'une ellipse de ceux qui se trouvent à l'extérieur, lorsque cette courbe n'est pas tracée, et qu'elle est seulement déterminée par ses axes.

THÉORÈME III.

Les rayons vecteurs menés des foyers à un point d'une ellipse font des angles égaux avec la tangente en ce point et d'un même côté de cette ligne.

Soient F, F′ les foyers d'une ellipse et MT sa tangente au point M, je dis que les angles FMT, F′MT′ sont égaux.

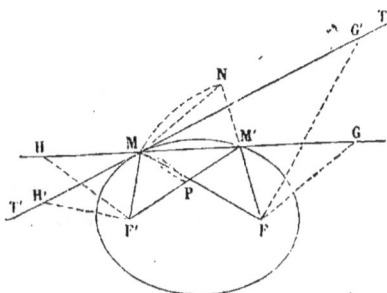

Pour le démontrer, je trace par le point M une sécante quelconque MM′; je décris ensuite du point F comme centre avec le rayon FM un arc de cercle qui coupe le prolongement de FM′ au point N, et du point F′ comme centre avec le rayon F′M un autre arc qui rencontre F′M′ au point P. Les droites M′N, M′P sont égales; car, les points M et M′ appartenant à l'ellipse, j'ai :

$$MF + MF′ = M′F + M′F′,$$

et, en retranchant des deux membres de cette égalité la même quantité MF′ + M′F, je trouve

$$MF − M′F = M′F′ − MF′,$$

ou
$$M′N = M′P.$$

Cela posé, je mène du foyer F la parallèle FG à la corde MN et du foyer F′ la parallèle F′H à la corde MP ; ces droites rencontrent la sécante MM′ aux points G, H, et déterminent deux triangles M′FG, M′F′H qui ont deux côtés proportionnels chacun à chacun. En effet, les triangles M′FG, M′MN qui ont les angles égaux chacun à chacun sont semblables et donnent

$$\frac{M′G}{M′F} = \frac{M′M}{M′N};$$

il résulte aussi de la similitude des triangles M′F′H, M′PM, que

$$\frac{M′H}{M′F′} = \frac{M′M}{M′P}.$$

Or les seconds rapports de ces égalités sont identiques, puisque M′N est égale à M′P ; donc on a :

$$\frac{M′G}{M′F} = \frac{M′H}{M′F′}.$$

Je remarque maintenant que si la sécante MM′ tourne

autour du point M de manière que le point M' se rapproche indéfiniment de M, la droite MP tend à devenir tangente au cercle décrit du point F' comme centre avec le rayon F'M et j'en conclus que la direction de la droite F'H, parallèle à MP, a pour limite la perpendiculaire F'H' menée par le foyer F' sur le rayon vecteur F'M. Je prouverais de même que la perpendiculaire FG' menée par le foyer F sur le rayon vecteur FM est la limite de la direction de FG. Les droites F'H', FG', rencontrant la tangente MT aux points H' et G', les triangles rectangles MFG', MF'H' sont les limites respectives des triangles M'FG, M'F'H et l'on a :

$$\frac{MG'}{MF} = \frac{MH'}{MF'}.$$

Ces triangles rectangles ont dès lors les hypoténuses proportionnelles à deux autres côtés et sont semblables (P, 23, II, c). Donc l'angle FMT est égal à l'angle F'MT'.

COROLLAIRE. — *Tous les points de la tangente à l'ellipse, excepté le point de contact M, sont situés hors de cette courbe.*

Je prolonge l'un des rayons vecteurs du point de contact M, par exemple F'M, d'une longueur MG égale à l'autre rayon vecteur FM et je trace la droite FG. D'après la propriété de la tangente, l'angle FMT est égal à l'angle F'MA ou à son opposé au sommet GMT ; donc les triangles MIG, MIF sont égaux comme ayant un angle égal, compris entre deux côtés égaux chacun à chacun. La tangente AT est par suite perpendiculaire au milieu de FG.

Cela posé, je dis que tout point A de cette tangente est situé hors de l'ellipse. En effet, le point A étant également distant des deux points F et G, on a évidemment

$$AF + AF' = AG + AF'.$$

Mais la ligne brisée AG + AF' est plus grande que la droite F'G dont la longueur est égale au grand axe de l'ellipse; on a donc

$$AF + AF' > 2\,a.$$

Le point A est par suite hors de la courbe (II, c).

Remarque. — La démonstration du corollaire précédent conduit à deux conséquences importantes. En effet, 1° la projection I du foyer F sur la tangente AT étant située au milieu de FG, la droite OI qui joint le centre de l'ellipse au point I est parallèle à F'G et égale à sa moitié *a*. J'en conclus que *le lieu des projections des foyers d'une ellipse sur les tangentes à cette courbe est la circonférence de cercle décrite sur le grand axe comme diamètre.*

Je remarque 2° que, la droite MG étant égale à MF et la droite F'G égale au grand axe 2 *a*, si je décris un cercle du foyer F' comme centre avec un rayon égal à 2 *a*, tout point M de l'ellipse est également distant de ce cercle et de l'autre foyer F.

Si l'on appelle *cercle directeur* de l'ellipse chacun des cercles qui ont les foyers de cette courbe pour centres et son grand axe pour rayon, il résulte de ce qui précède que le cercle directeur d'une ellipse peut servir à tracer cette courbe par points lorsqu'on connaît ses foyers et son grand axe. En effet, si l'on décrit le cercle directeur qui a le foyer F' pour centre et qu'on joigne un point quelconque G de sa circonférence à l'autre foyer F, la perpendiculaire AT menée par le milieu de la droite FG sur cette ligne coupe le rayon F'G en un point M qui appartient évidemment à l'ellipse demandée. Ce procédé est plus long que le précédent (Prob. I), mais il fait connaître la tangente en chaque point de la courbe; car la droite AT est tangente à l'ellipse.

On peut déduire de cette nouvelle construction que *si, d'un point F pris à l'intérieur d'un cercle F'G on mène des droites aux points de sa circonférence, les perpendiculaires menées à ces lignes par leurs milieux toucheront une même ellipse, ayant* pour foyers le point F et le centre F' du cercle donné, et pour grand axe le rayon F'G de ce cercle.

THÉORÈME IV.

La normale en un point quelconque M de l'ellipse divise en deux parties égales l'angle des rayons vecteurs de ce point.

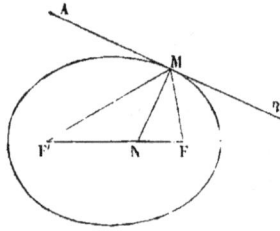

Soient AB la tangente et MN la normale au point M de l'ellipse FF'M; les angles FMB, F'MA que la tangente fait avec les rayons vecteurs du point de contact M étant égaux (III), leurs compléments FMN, F'MN le sont aussi. Donc la normale MN divise l'angle FMF' en deux parties égales.

PROBLÈME II.

Mener une tangente à l'ellipse par un point pris sur cette courbe.

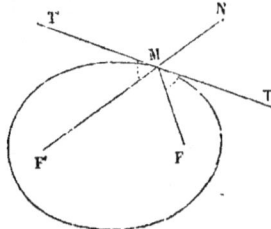

Soient F et F' les foyers d'une ellipse; pour tracer la tangente au point M de cette courbe, je divise en deux parties égales l'angle FMN que le rayon vecteur FM fait avec le prolongement MN de l'autre rayon vecteur F'M. La bissectrice TT' de cet angle est la tangente demandée (III). En effet, l'angle FMT est égal par hypothèse à l'angle NMT et par suite à l'angle F'MT', puisque NMT et F'MT' sont opposés au sommet.

PROBLÈME III.

Mener une tangente à l'ellipse par un point P extérieur à cette courbe.

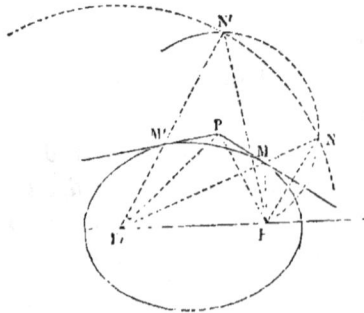

Je décris l'un des cercles directeurs de l'ellipse, par exemple celui qui a pour centre le foyer F', et je trace ensuite du point P comme centre, avec un rayon égal à la distance du point P à l'autre foyer F, un second cercle qui coupe le premier en deux points N et N', parce que le point P est extérieur à l'ellipse. En effet, 1° la distance PF' des deux centres est moindre que la ligne brisée PF+FF' et, *à fortiori*, moindre que la somme PF+2 *a* des rayons ; 2° le point P étant extérieur à l'ellipse, la somme PF'+PF est plus grande que 2 *a* (II) ; par conséquent, la distance PF' des centres est plus grande que la différence 2 *a*—PF des rayons.

Les points N et N' étant ainsi déterminés, je trace du point P les droites PM, PM' respectivement perpendiculaires à FN et FN' ; ces droites sont les tangentes demandées (III, Rem.). Pour avoir leurs points de contact M et M' avec l'ellipse, il suffit de tirer les rayons F'N, F'N' du cercle directeur (III, Rem.).

Corollaire.— *Les deux tangentes* PM, PM', *menées à l'ellipse par un point extérieur* P, *font des angles égaux* MPF, M'PF' *avec les droites qui joignent le point* P *aux foyers* F, F' ; 2° *la droite* FP *divise en deux parties égales l'angle* MFM' *des rayons vecteurs menés d'un même foyer* F *aux deux points de tangence.*

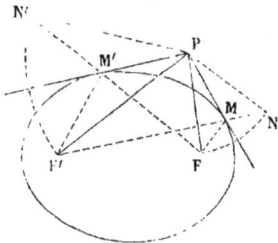

Je prolonge le rayon vecteur F'M d'une longueur MN égale à FM et le rayon vecteur FM' d'une longueur M'N' égale à F'M'. Je tire ensuite les droites PN, PN' et je fais remarquer que les triangles PMF, PMN sont égaux comme ayant un angle égal compris entre deux côtés égaux chacun à chacun. Il en résulte que le côté PF est égal au côté PN et que l'angle PFM est égal à l'angle PNM. Je démontrerais de même l'égalité des droites PF', PN' et celle des angles PF'M', PN'M'. Les triangles PF'N, PFN' ont par suite les côtés égaux chacun à chacun, puisque chacune des droites F'N et FN' est égale au grand axe de l'ellipse ; ces triangles sont donc égaux. J'en conclus 1° que l'angle FPN' est égal à l'angle NPF' ; en retranchant de chacun de ces angles leur partie commune FPF' et divisant par deux les restes égaux F'PN', FPN, je trouve que l'angle F'PM' est

égal à l'angle FPM; il résulte 2° de l'égalité des triangles
PF'N, PFN', que les angles PFN', PNF' sont égaux; or, PNF'
est égal à PFM; donc l'angle PFN' est aussi égal à PFM, et la
droite FP divise l'angle MFM' en deux parties égales.

PROBLÈME IV.

*Mener à une ellipse une tangente parallèle à une droite
donnée AB.*

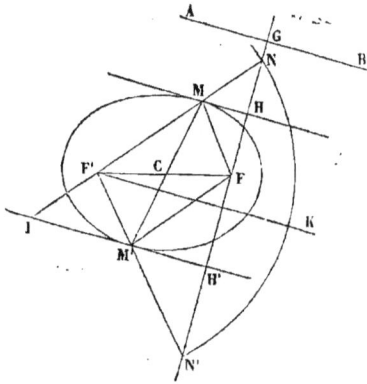

Je décris l'un des cercles
directeurs de l'ellipse, par
exemple celui qui a pour
centre le foyer F' et je mène
de l'autre foyer F la droite
FH perpendiculaire à AB.
Cette droite coupe le cercle
directeur en deux points N
et N', puisque le point F est
intérieur à ce cercle. Je
trace ensuite la droite MH
perpendiculaire au milieu
de FN et la droite M'H' perpendiculaire au milieu de FN'. Ces
droites sont tangentes à l'ellipse (III, Rem.) et parallèles à AB.
Je détermine leurs points de contact avec l'ellipse, en tirant
les rayons F'N, F'N' du cercle directeur (III, Rem.).

COROLLAIRE. — *Les points de contact M, M' des deux tangentes parallèles MH, M'H' sont symétriques par rapport au
centre C de l'ellipse.*

Je mène par le point F' la droite F'K parallèle à AB, c'est-
à-dire perpendiculaire à la corde NN' du cercle directeur, et
je prolonge le rayon vecteur MF' jusqu'au point I où il rencontre la tangente M'H'. La droite F'K divise l'angle MF'M' en
deux parties égales; or les angles MF'K, MIM' sont égaux
comme correspondants et les angles M'F'K, F'M'I égaux comme
alternes internes; donc l'angle MIM' est égal à F'M'I, ou bien à
FM'H', puisque la droite M'H' est tangente à l'ellipse. Je
remarque alors que les angles MIM', FM'H' sont correspondants
par rapport aux droites F'M, FM' et j'en conclus que ces droites

sont parallèles. Pour une raison analogue la droite MF est parallèle à M'F'; par conséquent le quadrilatère MFM'F' est un parallélogramme et ses diagonales MM', FF' se divisent mutuellement en deux parties égales. Les points M, M' sont donc symétriques par rapport au centre C de l'ellipse.

THÉORÈME V.

Le produit des distances FP, F'P' *des deux foyers* F *et* F' *d'une ellipse à une tangente quelconque* PP' *est constant.*

Sur le grand axe AA' de l'ellipse comme diamètre, je décris une circonférence qui passe par les projections P et P' des foyers sur la tangente PP' (III, Rem.). Je prolonge ensuite la droite P'F' jusqu'au point P'' où elle rencontre la circonférence et je tire la droite PP''. L'angle inscrit PP'P'' étant droit, la corde PP'' est un diamètre du cercle; donc elle passe par le centre C et les triangles CFP, CF'P'' sont égaux, parce qu'ils ont un angle, opposé au sommet, compris entre deux côtés égaux chacun à chacun. J'en conclus l'égalité des deux côtés PF, P''F', et par suite celle des produits PF × P'F', P''F' × P'F'. Or, ce dernier est égal à A'F' × AF' d'après une propriété du cercle (P, 23, VI), on a donc :

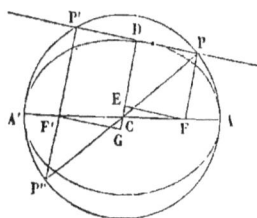

$$PF \times P'F' = (a - c)(a + c) = a^2 - c^2 = b^2.$$

COROLLAIRE. — Si je mène de chaque foyer une parallèle à la tangente PP' jusqu'à la rencontre de la perpendiculaire tracée du centre sur cette tangente, les triangles rectangles FCE, F'CG sont égaux comme ayant l'hypoténuse égale et un angle égal chacun à chacun. Il en résulte 1° que les côtés CG, CE sont égaux; 2° que la droite F'P' est égale à la somme des lignes CD, CG, et la droite FP égale à la différence des mêmes lignes. Par conséquent, on a :

$$F'P' \times FP = (CD + CG)(CD - CG) = CD^2 - CG^2.$$

De là ce théorème : *La différence des carrés des distances du centre d'une ellipse à une tangente et à sa parallèle menée par un foyer est constante.*

THÉORÈME VI.

Le lieu des sommets des angles droits circonscrits à l'ellipse est un cercle concentrique à cette courbe.

Soit MOM' un angle droit circonscrit à l'ellipse FF'; je trace

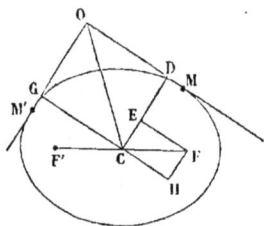

du centre C une parallèle à chaque côté de cet angle, jusqu'à la rencontre de la parallèle menée par le foyer F à l'autre côté. En appliquant successivement aux deux tangentes OM, OM' le théorème qui précède, j'ai

$$CD^2 - CE^2 = b^2,$$

et
$$CG^2 - CH^2 = b^2.$$

Si j'ajoute membre à membre ces deux égalités je pourrai remplacer $CD^2 + CG^2$ par CO^2 et $CE^2 + CH^2$ par CF^2 ou c^2, puisque les quadrilatères CDOG, CEFH sont des rectangles, et j'aurai :

$$CO^2 - c^2 = 2\,b^2.$$

J'en conclus :
$$CO^2 = c^2 + 2\,b^2,$$

ou
$$CO^2 = a^2 + b^2.$$

Donc la distance du sommet de l'angle MOM' au centre de l'ellipse est constante, et le lieu de ce point est la circonférence décrite du point C comme centre avec un rayon égal à $\sqrt{a^2 + b^2}$.

PROBLÈMES.

1. Construire une ellipse dont on connaît les deux foyers et un point.

2. Quel est le lieu des points également distants de deux circonférences dont l'une est intérieure à l'autre?

3. Construire une ellipse dont on connaît la longueur des axes, un foyer et un point.

4. Tout diamètre divise l'ellipse en deux parties égales.

5. Le carré d'un diamètre quelconque est égal au carré du

petit axe, augmenté du carré de la différence des deux rayons vecteurs qui vont à l'une des extrémités de ce diamètre.

6. Tout diamètre de l'ellipse est plus grand que le petit axe, et moindre que le grand axe.

Toute corde de l'ellipse est moindre que le grand axe.

7. Construire une ellipse, étant donnés les deux foyers et une tangente.

8. Construire une ellipse, étant donnés un foyer et trois tangentes.

9. Tracer une ellipse dont on connaît un foyer, deux tangentes et l'un des deux points de contact.

10. Tracer une ellipse dont on connaît un foyer, une tangente et deux points.

11. Construire une ellipse dont on connaît la longueur du grand axe, le centre et deux tangentes.

12. Construire une ellipse dont on connaît un sommet, un foyer et une tangente.

13. Le lieu géométrique des points d'intersection des diagonales d'un trapèze dont la base inférieure est fixe et dont la base supérieure est constante, ainsi que la somme des deux côtés non parallèles, est une ellipse. (*Nouvelles Annales de mathématiques*, tome II.)

14. Etant donnés un cercle et un point dans son intérieur, si sur chacun des diamètres de ce cercle on décrit une ellipse qui ait ce diamètre pour grand axe et qui passe par ce point, quel sera le lieu géométrique des foyers de ces ellipses?

15. Soient MT, MT' deux tangentes menées par le point M à une ellipse dont les foyers sont F, F'; si l'on prend sur ces tangentes des longueurs MO, MO' respectivement égales aux distances MF, MF', la droite OO' sera égale au grand axe de l'ellipse. (*Nouvelles Annales,* tome VII.)

16. Le carré de la distance du foyer F de l'ellipse à une tangente et le carré de la moitié du petit axe sont dans le même rapport que les rayons vecteurs FM, F'M du point de contact M de la tangente.

17. Si un angle est circonscrit à une ellipse, la portion d'une

18

tangente mobile, comprise entre les côtés de cet angle, est vue de chaque foyer sous un angle constant.

18. Le rectangle des segments interceptés par le grand axe d'une ellipse et une tangente mobile sur les deux tangentes menées aux extrémités du grand axe est constant.

19. Le lieu du sommet d'un angle droit circonscrit à deux ellipses homofocales est un cercle concentrique aux ellipses. (Ce théorème est de M. *Chasles*.)

20. Si deux sphères extérieures l'une à l'autre sont inscrites dans le même cône, tout plan tangent intérieurement à ces sphères coupe la surface du cône suivant une ellipse qui a pour foyer les points de contact du plan tangent.

Démontrer le même théorème pour deux sphères inscrites dans un cylindre et remarquer en outre que le petit axe de l'ellipse est constamment égal au diamètre du cylindre.

CINQUIÈME ET SIXIÈME LEÇONS.

Programme : Définition de la parabole par la propriété du foyer et de la directrice.— Tracé de la courbe par points et d'un mouvement continu. — Axe. — Sommet. — Rayon vecteur.

La tangente fait des angles égaux avec la parallèle à l'axe et le rayon vecteur, menés par le point de contact.

Mener la tangente à la parabole 1° par un point pris sur la courbe ; 2° par un point extérieur. — Normale. Sous-normale.

Le carré de la corde perpendiculaire à l'axe est proportionnel à la distance de cette corde au sommet.

DÉFINITIONS.

La *Parabole* est une courbe plane qui a chacun de ses points également éloigné d'un point fixe et d'une droite fixe. — Le point fixe se nomme *foyer*, et la droite fixe, *directrice*.

On appelle *rayon vecteur* d'un point de la parabole la droite qui joint ce point au foyer.

PROBLÈME I.

Décrire par points ou d'un mouvement continu une parabole dont la directrice et le foyer sont donnés.

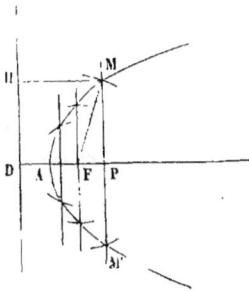

1° *Tracé par points.* Soient DH la directrice et F le foyer de la parabole qu'il s'agit de construire par points ; je trace du foyer la perpendiculaire FD sur la directrice, et je fais remarquer que le milieu A de la droite DF est le seul point de cette droite également éloigné du foyer et de la directrice; il appartient donc à la parabole et la droite DF n'a pas d'autre point commun avec cette courbe.

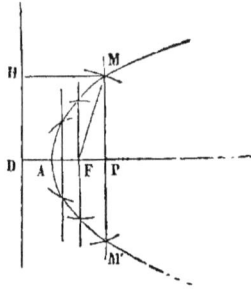

Pour déterminer un autre point de la parabole, je prends sur la droite DF une longueur quelconque DP plus grande que DA, et j'élève par le point P la perpendiculaire MM' sur la droite DF. Je décris ensuite du foyer comme centre, avec un rayon égal à DP un arc de cercle qui coupe la droite MM' aux deux points M et M', car la distance FP de cette droite au centre F est moindre que DP ou que le rayon du cercle. Je dis que chacun des points M, M' appartient à la parabole. En effet, si je mène du point M la perpendiculaire MH sur la directrice, il est évident que MH est égale à DP ou à MF; le point M est donc également distant de la directrice et du foyer. Il en est de même du point M'. En faisant varier la grandeur de DP, et par suite la position de la sécante MM', j'obtiendrai autant de points de la parabole que je voudrai; je les unirai ensuite par un trait continu qui représentera d'autant mieux la parabole que ces points seront plus nombreux.

Il résulte de cette construction que la parabole est composée de deux branches AM, AM' qui partent du point A et vont en s'éloignant indéfiniment du foyer et de la directrice; car la distance DP de la directrice et de sa parallèle MM' peut croître à partir de DA au delà de toute limite, sans que le cercle décrit du point F comme centre avec le rayon DP cesse de couper la droite MM'.

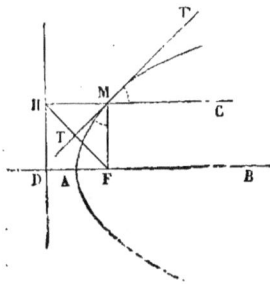

Remarque.—Au lieu de déterminer les points de la parabole en coupant cette courbe par des parallèles à la directrice, on peut employer aussi des perpendiculaires à cette droite. En effet, si je mène d'un point quelconque H de la directrice la perpendiculaire HC sur cette ligne et que je tire ensuite la droite HF, la perpendiculaire TT′, élevée au milieu de la droite HF, rencontrera la droite HC en un point M situé sur la parabole ; car les distances MF et MH sont égales. Il résulte de cette construction que *la parabole n'est coupée qu'en un seul point par une perpendiculaire à la directrice.*

2° *Tracé d'un mouvement continu.* La parabole ayant deux branches infinies, il est évident qu'on ne peut décrire d'un mouvement continu qu'une portion très-petite de cette courbe dans le voisinage du foyer. Voici comment on opère : on place le bord d'une règle sur la directrice DE et l'on applique contre cette règle le plus petit côté HK de l'angle droit d'une équerre GHK ; on prend ensuite un fil dont la longueur soit égale à l'autre côté GH de l'angle droit, puis on attache l'une de ses extrémités au sommet G de l'équerre et l'autre au foyer F de la parabole. On fait alors glisser l'équerre le long de la règle, en appliquant contre l'équerre, avec une pointe ou un crayon, le fil que l'on tient toujours tendu. L'arc de courbe que la pointe décrit de cette manière est un arc de parabole. En effet, la longueur GM + MF du fil étant égale par hypothèse au côté GH ou GM + MH de l'équerre, on a constamment l'égalité

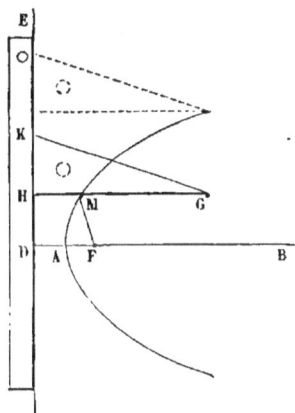

$$MF = MH,$$

de sorte que le point M est également distant de la directrice et du foyer.

Après avoir tracé la branche AM par ce mode de construction, il faut retourner l'équerre et recommencer l'application du même procédé pour décrire l'autre branche AM′.

COROLLAIRE. — *La parabole a pour axe de symétrie la perpendiculaire menée de son foyer sur sa directrice.*

En effet, considérons deux points quelconques M, M′ de la parabole, déterminés par l'intersection de la droite MM′

parallèle à la directrice et du cercle ayant le foyer F pour centre et la droite DP pour rayon. La perpendiculaire FP menée du centre de ce cercle sur la corde MM′ divise cette corde en deux parties égales (P, 12, I); donc les points M et M′ sont symétriques par rapport à la droite DF, et cette droite est un axe de symétrie de la parabole.

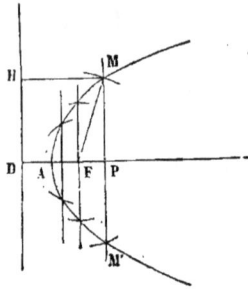

Le point A où cet axe coupe la parabole est le *sommet* de cette courbe.

On appelle *paramètre* de la parabole la droite FD qui mesure la distance du foyer à la directrice. Cette seule droite détermine la parabole.

THÉORÈME I.

· *Les points extérieurs à la parabole sont moins éloignés de la directrice que du foyer; les points intérieurs sont au contraire plus éloignés de la directrice que du foyer.*

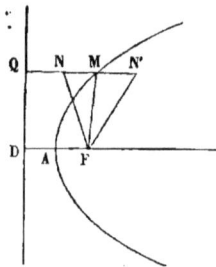

1° Soit N un point extérieur à la parabole; je mène, par ce point et parallèlement à l'axe, la droite MQ qui coupe la courbe au point M et la directrice au point Q. Je tire ensuite les droites FM et FN. Le rayon vecteur MF ou la droite MN + NQ qui lui est égale, parce que le point M appartient à la parabole, est moindre que la ligne brisée MN + NF. Il faut donc qu'on ait

$$NQ < NF.$$

2° Soit N′ un point intérieur; je mène la droite N′Q parallèle à l'axe. Cette droite rencontre la directrice au point Q et la parabole au point M dont je trace le rayon vecteur FM. La ligne brisée N′M + MF est plus grande que la droite N′F; or les droites MF, MQ sont égales parce que le point M est situé sur la parabole; on a donc

$$N′M + MQ < N′F$$

ou $$N′Q < N′F.$$

THÉORÈME II.

La parabole peut être considérée comme la limite vers laquelle tend une ellipse dont l'un des foyers s'éloigne indéfiniment de l'autre, supposé fixe avec le sommet voisin.

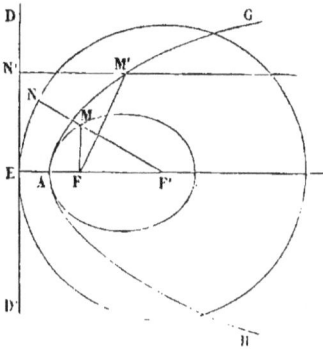

Soient F et F' les foyers d'une ellipse dont le grand axe est AA'; du point F' comme centre je décris le cercle directeur F'E, et je suppose que, les points A, F restant fixes, le foyer F' s'éloigne indéfiniment de l'autre foyer F. L'ellipse se change alors en une courbe ouverte GAH, ayant deux branches infinies AG, AH, et le cercle directeur se confond avec sa tangente DD' au point E où il coupe la droite AF; car la distance AE est égale à AF et, par suite, constante. Or, quelle que soit la position du point F', tout point M de l'ellipse est également distant du point F et du cercle directeur F'E (Courbes usuel., 1, III, c); par conséquent, chaque point M' de la courbe GAH, limite de l'ellipse, est aussi également distant du point F et de la droite DD', limite du cercle directeur. La courbe GAH est donc une parabole.

COROLLAIRE. — Le théorème précédent sert à déduire les propriétés de la parabole des propriétés déjà connues de l'ellipse. Si ces dernières dépendent explicitement des axes a, b, de l'ellipse et de l'excentricité c, on désigne par p le paramètre EF de la parabole et l'on a :

$$a = c + \frac{p}{2},$$

$$b^2 = a^2 - c^2 = p\left(c + \frac{p}{4}\right).$$

En remplaçant dans la relation donnée les quantités a, b, par leurs valeurs qui précèdent, et supposant ensuite $c = \infty$, on trouvera la propriété correspondante de la parabole.

THÉORÈME III.

La tangente à la parabole fait des angles égaux avec la parallèle à l'axe et le rayon vecteur, menés par le point de contact.

Ce théorème est une conséquence évidente de ce que la parabole (Voir la figure précédente.) est la limite d'une ellipse dont le foyer F′ s'éloigne indéfiniment de l'autre foyer F, supposé fixe avec le sommet voisin A; car le rayon vecteur MF′ d'un point quelconque M de l'ellipse tend à devenir parallèle à l'axe AF. Néanmoins je vais donner la démonstration directe de ce théorème.

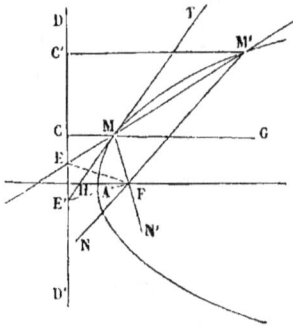

Soient F le foyer et DD′ la directrice d'une parabole; je dis que la droite MT qui la touche au point M fait des angles égaux avec le rayon vecteur MF et la droite MG, menée parallèlement à l'axe par le point M. Pour le démontrer, je tire du point M une sécante quelconque MM′, qui rencontre la directrice au point E, et je fais remarquer que la droite EF divise en deux parties égales l'angle MFN extérieur au triangle FMM′. En effet, des points M et M′ je trace les droites MC, M′C′ perpendiculaires à la directrice, et j'ai :

$$\frac{\text{EM}}{\text{EM}'} = \frac{\text{MC}}{\text{M}'\text{C}'}.$$

Or, les droites MC, MF sont égales, ainsi que les droites M′C′, M′F′, parce que les points M et M′ sont situés sur la parabole; donc

$$\frac{\text{EM}}{\text{EM}'} = \frac{\text{MF}}{\text{M}'\text{F}'},$$

ce qui exige que la droite EF soit la bissectrice de l'angle MFN extérieur au triangle MFF′ (P, 20, IV).

Je suppose maintenant que le point M′ se rapproche indéfiniment du point M, l'angle MFN augmente et a pour limite deux angles droits; par conséquent, la bissectrice de cet angle tend à devenir perpendiculaire au rayon vecteur FM. De là je conclus que la tangente MT et la perpendiculaire FE', menée par le foyer F sur le rayon FM du point de contact, rencontrent la directrice au même point E'. Les triangles rectangles MFE', MCE' ont dès lors l'hypoténuse ME' commune et les côtés MC, MF égaux l'un à l'autre; donc ils sont égaux et l'angle E'MF est égal à E'MC, ou à son opposé au sommet TMG.

Corollaire I. — *Le point de contact M de la tangente MT et le point H où cette droite coupe l'axe de la parabole sont également éloignés du foyer.*

En effet, l'angle FMH est égal à l'angle GMT, puisque la droite MT est tangente à la parabole. Or, les angles GMT, MHF sont égaux comme correspondants, donc l'angle FMH est égal à MHF et le côté FH du triangle FHM égal au côté FM.

Corollaire II. — *La tangente au sommet de la parabole est perpendiculaire à l'axe.*

THÉORÈME IV.

Tous les points de la tangente MT à la parabole sont extérieurs à cette courbe, excepté le point de contact M.

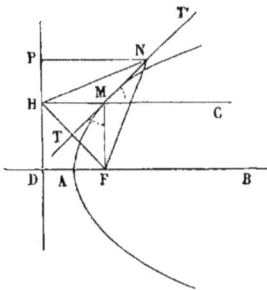

Je trace du point M la droite MC parallèle à l'axe FD, jusqu'à la rencontre de la directrice en H, et je tire la droite FH. Le triangle FHM est isocèle et la tangente MT divise en deux parties égales l'angle du sommet FMH (III); donc cette droite est perpendiculaire au milieu de la base FH.

Cela posé, d'un point quelconque N de la tangente je mène la perpendiculaire NP et l'oblique NH à la directrice; je tire la droite NF. Il est évident que NP est moindre que NH; or les droites NH, NF sont égales comme obliques également éloignées de la perpendiculaire TT′, donc NP est aussi moindre que NF. Par suite, le point N est extérieur à la parabole (I).

COROLLAIRE I. — *Le lieu des projections du foyer d'une parabole sur les tangentes est la tangente au sommet.*

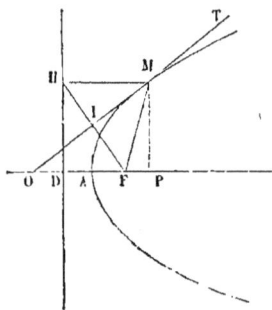

Ce théorème résulte évidemment de ce que la parabole est la limite d'une ellipse dont l'un des foyers s'éloigne indéfiniment de l'autre, supposé fixe avec le sommet voisin (1, III). Voici la démonstration directe de ce théorème :

Soit MT une tangente quelconque à la parabole ; je trace par le point de contact M une parallèle à l'axe et je la prolonge jusqu'au point H où elle coupe la directrice. La tangente MT divise en deux parties égales l'angle FMH, par conséquent elle est perpendiculaire au milieu I de la base FH du triangle isocèle MFH et le point I est la projection du foyer F sur la droite MT. Or la tangente au sommet A de la parabole est parallèle à la directrice DH et divise la droite FD en deux parties égales ; donc elle divise aussi en deux parties égales la droite FH, c'est-à-dire qu'elle passe par le point I.

Remarque. — Si l'on projette sur l'axe de la parabole la partie MO de la tangente, comprise entre l'axe et le point de contact, la projection PO se nomme *sous-tangente*.

COROLLAIRE II. — *Le sommet A de la parabole divise en deux parties la sous-tangente* OP.

En effet, la perpendiculaire FI menée du sommet F du triangle isocèle OFM (III, c) divise la base OM en deux parties égales ; donc le point I est le milieu de OM. Par suite, la droite AI qui est parallèle à MP passe par le milieu de OP, c'est-à-dire que le sommet A divise la sous-tangente OP en deux parties égales.

PROBLÈME II.

Mener une tangente à la parabole par un point M *pris sur cette courbe.*

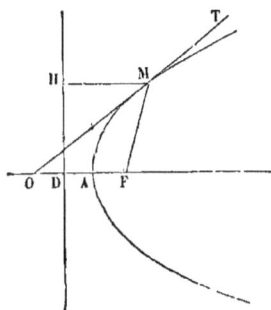

1° Je mène par le point M la droite MH parallèle à l'axe jusqu'à la rencontre de la directrice en H, et je divise l'angle FMH en deux parties égales. La bissectrice MO est la tangente demandée (III).

2° Je prends sur l'axe, à partir du foyer F et dans le sens FA, la longueur FO égale au rayon vecteur FM du point de contact et je tire la droite MO. Cette ligne est tangente à la parabole puisqu'elle fait des angles égaux avec l'axe et le rayon vecteur du point de contact (III, c).

Cette seconde construction est plus simple que la première.

PROBLÈME III.

Mener une tangente à la parabole par un point P extérieur à cette courbe.

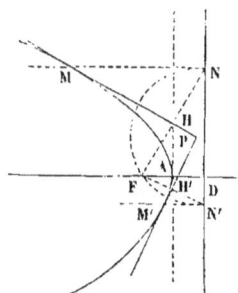

Je décris du point P comme centre, avec un rayon égal à PF, un cercle qui coupe la directrice en deux points N et N'; car le point P, extérieur à la parabole, est plus éloigné du foyer que de la directrice (I). Je tire ensuite les droites FN, FN' et j'abaisse du point P les perpendiculaires PM, PM' sur ces droites.

Les lignes PM, PM' sont tangentes à la parabole. Pour avoir leurs points de contact, je tracerai des parallèles à l'axe par les points N et N'.

Remarque.— On peut mener par un point extérieur à la parabole deux tangentes à cette courbe.

Corollaire. — *Si d'un point P extérieur à la parabole on mène deux tangentes à cette courbe, 1° ces tangentes font des angles égaux avec la droite PF et la parallèle à l'axe, menée par le point P ; 2° la droite PF divise en deux parties égales l'angle formé par les rayons vecteurs des deux points de contact.*

C'est une conséquence évidente de la propriété correspondante de l'ellipse (1, III, c). La démonstration directe de cette propriété n'offre aucune difficulté.

PROBLÈME IV.

Mener à la parabole une tangente parallèle à une droite donnée.

Je trace du foyer la perpendiculaire FH sur la droite donnée, jusqu'à la rencontre de la directrice en H, et j'élève la perpendiculaire TT′ au milieu de la droite FH. Cette perpendiculaire est tangente à la parabole (IV, c) ; j'obtiendrai son point de contact M, en menant par le point H la parallèle HC à l'axe.

Remarque. — On ne peut mener à la parabole qu'une tangente parallèle à une droite donnée.

THÉORÈME V.

La normale à la parabole, en un point donné M, divise en deux parties égales l'angle que forment la parallèle à l'axe et le rayon vecteur, menés par ce point.

Je mène par le point M la tangente MT et la perpendiculaire MN sur cette tangente. Les angles FMO, KMT que la droite MT fait avec le rayon vecteur FM et la parallèle MK à l'axe, menée par le point M, étant égaux, leurs compléments FMN, KMN le sont aussi. Donc la normale MN divise l'angle FMK en deux parties égales.

COROLLAIRE I. — Si l'on projette sur l'axe de la parabole la portion

MN de la normale, comprise entre l'axe et la courbe, la projection PN se nomme *sous-normale*.

Dans la parabole, la sous-normale PN est constante et égale au paramètre FD.

Les angles FMN, FNM du triangle FMN sont égaux, car chacun d'eux est égal à l'angle KMN; donc les côtés FN et FM de ce triangle sont aussi égaux. Or, on a successivement:

$$FM = MH = PD.$$

Par conséquent, les droites FN et PD sont égales; en supprimant leur partie commune FP, on trouve:

$$PN = FD.$$

CoRollaire II. — *Le carré d'une corde MM′ perpendiculaire à l'axe de la parabole est proportionnel à la distance DP de cette corde au sommet A.*

On a $MM'^2 = 4\,MP^2$, puisque le point P est le milieu de MM′. Or, le triangle MNO étant rectangle, la perpendiculaire MP menée du sommet M de l'angle droit est moyenne proportionnelle entre les deux segments PN, PO de l'hypoténuse (P, 23, I), c'est-à-dire entre la sous-normale PN qui égale le paramètre p de la parabole (V, c) et la sous-tangente PO qui est le double de la distance AP du sommet à la corde MM′ (IV, c). Il en résulte donc:

$$MM'^2 = 8\,p \times AP,$$

et le rapport $\dfrac{MM'^2}{AP}$ est constant.

THÉORÈME VII.

Le lieu des sommets des angles droits circonscrits à la parabole est la directrice.

Ce théorème est une conséquence du théorème correspondant de l'ellipse (1, VI).

Il est d'abord évident que le cercle concentrique à l'ellipse et décrit avec le rayon $\sqrt{a^2 + b^2}$ se change en une droite perpendiculaire à l'axe focal, lorsque l'un des foyers de l'ellipse s'éloigne indéfiniment de l'autre, supposé fixe avec le sommet voisin. Je remarque ensuite que la distance du foyer fixe à cette droite est la limite vers laquelle tend la distance $\sqrt{a^2+b^2}-c$ du même foyer à la circonférence concentrique à l'ellipse, lorsqu'on suppose $c=\infty$ et a, b, c liées par les relations (II, c)

$$a = c + \frac{p}{2}, \qquad b^2 = p\left(c + \frac{p}{2}\right)$$

dans lesquelles p désigne la distance du foyer et du sommet fixes.

On a successivement :

$$\sqrt{a^2+b^2}-c = \frac{(\sqrt{a^2+b^2}-c)(\sqrt{a^2+b^2}+c)}{\sqrt{a^2+b^2}+} = \frac{2\,b^2}{\sqrt{a^2+b^2}+c},$$

et par suite,

$$\sqrt{a^2+b^2}-c = \frac{2\left(\dfrac{b^2}{c}\right)}{\sqrt{\dfrac{a^2}{c^2}+\dfrac{b^2}{c^2}+1}}.$$

Or, en supposant $c = \infty$ et remarquant qu'il résulte des valeurs précédentes de a et b que

$$\text{limite}\left(\frac{a}{c}\right) = 1, \quad \lim.\left(\frac{b^2}{c}\right) = p, \quad \lim.\left(\frac{b^2}{c^2}\right) = 0,$$

on trouve

$$\lim.(\sqrt{a^2+b^2}-c) = \frac{2\,p}{1+1} = p.$$

Donc le lieu des sommets des angles droits circonscrits à la parabole est la directrice.

Remarque. — La démonstration directe de cette proposition n'offre aucune difficulté; elle conduit à ces deux conséquences remarquables : 1° *La droite qui joint les points de contact des côtés de chaque angle droit passe par le foyer;* 2° *cette droite est perpendiculaire à celle qui joint le foyer au sommet de l'angle.*

PROBLÈMES.

1. Construire une parabole dont on connaît la directrice et deux points, ou le foyer et deux points.

2. Quel est le lieu des foyers des paraboles qui ont la même directrice et un point commun.

3. Quel est le lieu des points également distants d'une droite et d'une circonférence de cercle.

4. Quel est le lieu des foyers des paraboles qui ont la même directrice et une tangente commune. — Trouver le lieu des sommets des mêmes paraboles.

5. Construire une parabole dont on connaît la directrice et deux tangentes, ou le foyer et deux tangentes.

6. Les carrés des perpendiculaires menées du foyer sur deux tangentes à la parabole sont proportionnels aux rayons vecteurs des deux points de contact.

7. Inscrire un cercle dans un segment de parabole déterminé par une corde perpendiculaire à l'axe.

8. Quel est le lieu des points tels que la somme ou la différence des distances de chacun d'eux à un point fixe et à une droite fixe soit constante.

9. Si une sphère est inscrite dans un cône, tout plan tangent à cette sphère et parallèle à l'une des génératrices du cône coupe la surface conique suivant une parabole. Cette courbe a pour foyer le point de contact du plan tangent et pour directrice l'intersection du plan tangent et du plan de la circonférence suivant laquelle le cône touche la sphère.

SEPTIÈME ET HUITIÈME LEÇONS.

PROGRAMME : Définition de l'hélice, considérée comme résultant de l'enroulement du plan d'un triangle rectangle sur un cylindre droit à base circulaire.

La tangente à l'hélice fait avec l'arête du cylindre un angle constant.

Construire la projection de l'hélice et de la tangente sur un plan perpendiculaire à la base du cylindre.

DÉFINITIONS.

1. On appelle *surface développable* toute surface que l'on peut étendre sur un plan sans déchirure ni duplicature.

Une surface engendrée par le mouvement d'une ligne droite est développable, si deux positions consécutives quelconques de cette génératrice rectiligne sont comprises dans un même plan. Telles sont les surfaces cylindriques et les surfaces coniques.

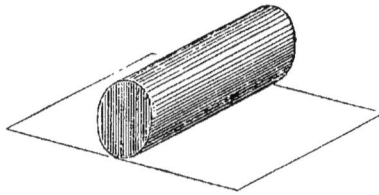

Si l'on pose un cylindre droit à bases circulaires sur un plan de manière qu'il le touche par sa surface convexe, il est évident qu'après avoir fendu cette surface suivant une position de sa génératrice rectiligne, et l'avoir détachée des deux bases du cylindre, elle s'étendra sur le plan en prenant la forme d'un rectangle qui aurait pour base une droite égale à la circonférence de la base du cylindre et pour hauteur la hauteur même de ce corps. On énonce orninairement ce fait de la manière suivante : *Le développement de la*

surface convexe d'un cylindre droit sur un plan est un rectangle qui a pour dimensions la hauteur du cylindre et la longueur de la circonférence de sa base.

2. On démontre dans le cours supérieur de mathématiques, et j'admettrai comme évident que *les tangentes menées par un point d'une surface courbe à toutes les lignes qu'on peut tracer par ce point sur cette surface sont comprises dans un même plan.* Ce plan s'appelle *plan tangent.*

Il résulte de cette définition que pour mener un plan tangent à une surface en un point donné M, il suffit de mener les tangentes à deux lignes tracées par ce point sur la surface et de faire passer un plan par ces deux tangentes. — Si la surface peut être engendrée par le mouvement d'une ligne droite, comme le cylindre et le cône, le plan tangent en un point quelconque de cette surface contient la génératrice rectiligne qui passe par ce point ; car cette ligne est elle-même sa tangente.

3. Soit ADQP le rectangle qu'on obtient en développant sur un plan la surface convexe du cylindre droit ADCB à base circulaire ; si l'on divise sa hauteur AD en parties égales AE, EF,... et, qu'après avoir pris sur le côté opposé PQ une longueur PR égale à AE et tiré la droite AR, ainsi que ses parallèles ES, FQ..., on enroule le rectangle ADQP sur le cylindre, les droites AR, ES, FQ, traceront sur la surface convexe du cylindre une courbe continue qu'on appelle *hélice.*

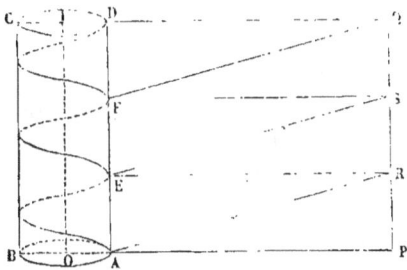

Cette courbe est continue, car l'arc formé par la droite AR vient aboutir au point E, où commence celui que ferme la droite ES ; et ainsi de suite.

Chacun des arcs AR, ES,... de l'hélice, qui ont leurs extrémités sur la même génératrice AD de la surface cylindrique et qui font le tour entier du cylindre se nomme *spire.* On appelle *pas de l'hélice* la portion constante AE de la géné-

19

ratrice AD, comprise entre les extrémités d'une spire. La longueur de la circonférence de la base du cylindre, la longueur d'une spire de l'hélice tracée sur ce cylindre et le pas de cette hélice sont les trois côtés du triangle rectangle APR dont l'enroulement sur le cylindre produit la spire AR. La connaissance de deux des éléments de ce triangle suffit donc à la détermination de l'hélice.

Il est important de remarquer que la droite AR et ses parallèles ES, FQ, font le même angle avec toutes les génératrices de la surface du cylindre. Cet angle n'est autre que ARP.

THÉORÈME I

Le plan tangent à une surface cylindrique ou conique en un point donné M, est aussi tangent à cette surface en tout autre point N de la génératrice rectiligne qui passe par le point M.

Pour démontrer ce théorème je trace par les points M et N sur la surface proposée, cylindrique ou conique, deux lignes quelconques MA, NB et leurs tangentes MS, NT. Je considère ensuite une seconde position de la génératrice rectiligne, dans laquelle cette droite rencontre les courbes MA, NB aux points M', N', et je remarque alors que les droites M'N', MN sont parallèles ou concourantes, selon que la surface proposée est cylindrique ou conique. Donc ces droites se trouvent constamment dans un même plan qui contient dès lors les sécantes MM', NN'. Si je fais tourner ce plan autour de MN jusqu'à ce que la génératrice ait passé de la position M'N' à la position MN, les sécantes MM', NN' deviennent simultanément les tangentes MS, NT. Donc ces tangentes sont comprises dans un même plan avec la droite MN et, par conséquent, le plan MNT tangent au point N coïncide avec le plan NMS tangent au point M.

COROLLAIRE. — Pour mener un plan tangent à un cylindre ou un cône, en un point donné M, il suffit de tracer par ce

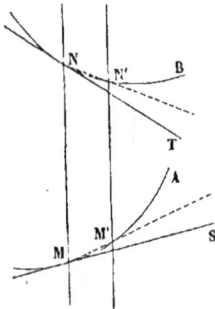

point la génératrice rectiligne de la surface cylindrique ou conique jusqu'à la rencontre de la base, et de mener ensuite la tangente à la base par le point d'intersection. Le plan déterminé par la génératrice et cette tangente sera le plan tangent demandé.

THÉORÈME II.

Par deux points donnés sur la surface d'un cylindre on ne peut faire passer qu'une hélice.

Car ces deux points ne déterminent qu'une ligne droite sur le développement de la surface du cylindre.

THÉORÈME III.

La distance d'un point M de l'hélice à la base du cylindre est proportionnelle à l'arc AM de cette courbe, compris entre la base du cylindre et le point M, et à la projection AN de cet arc sur la base.

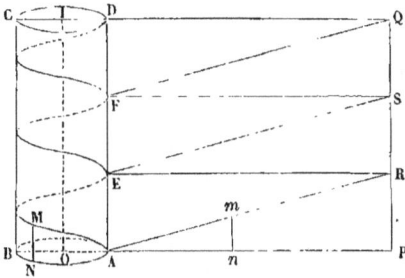

En effet, soit m la position du point M sur la droite AR, lorsqu'on développe la surface du cylindre sur le plan DAP; je trace du point m une parallèle à RP et je la prolonge jusqu'au point n où elle rencontre AP. La droite mn est égale à la distance MN du point M à la base du cylindre et la droite An égale à la projection de l'arc d'hélice AM sur cette base.

Cela posé, je conclus de la similitude des triangles rectangles ARP, Amn :

$$\frac{mn}{PR} = \frac{Am}{AR} = \frac{An}{AP}.$$

Or, les dénominateurs PR, AR, AP de ces rapports égaux sont constants, quelle que soit la position du point M, donc leurs numérateurs mn, Am, An sont directement proportionnels.

COROLLAIRE. — Si je désigne par l la longueur d'une spire, par h le pas de l'hélice et par R le rayon du cylindre, j'aurai :

$$mn = \frac{h}{l} \times Am$$

et
$$mn = \frac{h}{2 \pi R} \times An.$$

Remarque. — La projection An de l'arc d'hélice AM sur la base du cylindre est égale à l'arc de cercle AN, lorsque le point M se trouve sur la première spire. Dans l'hypothèse contraire, la droite An surpasse l'arc AN d'autant de circonférences que l'arc d'hélice AM fait de fois le tour entier du cylindre.

THÉORÈME IV.

La tangente à l'hélice fait avec l'arête du cylindre un angle constant.

La tangente en un point quelconque M d'une hélice AMM′ est située dans le plan tangent au cylindre mené par le point M (déf. 2). Pour tracer cette droite, il suffit donc de connaître l'angle qu'elle fait avec la génératrice MN de la surface cylindrique. Je dis que cet angle est égal à l'angle constant sous lequel la droite qui engendre l'hélice coupe toutes les génératrices du cylindre.

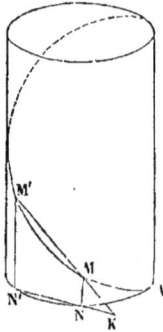

Par la droite MN je conduis un plan qui coupe la surface du cylindre suivant une seconde génératrice M′N′ ; soient M′ et N′ les points d'intersection de cette droite avec l'hélice et la circonférence de la base du cylindre. Je trace les sécantes MM′, NN′ qui se rencontrent au point K et je déduis de la similitude des triangles MNK, M′N′K′, l'égalité suivante :

$$\frac{NK}{MN} = \frac{N′K}{M′N′}$$

il résulte aussi d'une propriété de l'hélice que l'on a (III) :

$$\frac{arc\ AN}{MN} = \frac{arc\ AN′}{M′N′}.$$

En divisant ces égalités membre à membre, je trouve :

$$\frac{NK}{arc\ AN} = \frac{N′K}{arc\ AN′}$$

et par suite

$$\frac{NK}{arc\ AN} = \frac{N'K - NK}{arc\ AN' - arc\ AN},$$

ou bien

$$\frac{NK}{arc\ AN} = \frac{corde\ NN'}{arc\ NN'}.$$

Si, maintenant, je fais tourner le plan MNM'N' autour de la droite MN jusqu'à ce que la génératrice M'N' se confonde avec MN, les sécantes MM', NN' deviennent simultanément tangentes la première à l'hélice et la seconde à la circonférence de la base du cylindre. En même temps l'arc de cercle NN' et sa corde décroissent jusqu'à zéro. Or, on démontre en trigonométrie que le rapport du sinus à l'arc tend vers l'unité lorsque l'arc diminue jusqu'à zéro ; donc on a aussi :

$$lim.\frac{corde\ NN'}{arc\ NN'} = 1,$$

et par suite

$$lim.\ NK = arc\ AN.$$

Cela posé, soient MK la tangente au point M de l'hélice AM et NK sa projection sur le plan de la base ; la droite NK étant égale à la longueur de l'arc AN, si je prends sur le développement rectiligne AR de l'hélice une longueur Am égale à l'arc AM de cette courbe et que je mène la droite mn perpendiculaire à la base An du rectangle suivant lequel se développe la surface du cylindre, j'aurai

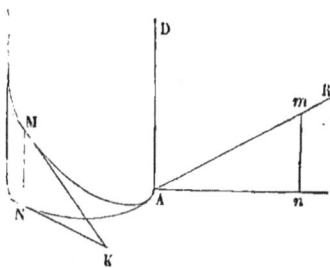

$$An = arc\ AN = NK.$$

Donc les triangles MNK, mAn, qui ont un angle droit compris entre deux côtés égaux chacun à chacun, sont égaux entre eux. L'angle KMN est égal par suite à l'angle Amn, c'est-à-dire à l'angle constant sous lequel la droite AR qui engendre l'hélice coupe toutes les génératrices du cylindre.

Remarque. — Si l'on convient de compter les arcs de l'hélice à partir du point A où cette courbe rencontre la base du cylindre et d'appeler *sous-tangente* la projection NK de la tangente MK sur cette base, il résulte de la démonstration précédente que *la sous-tangente* NK *d'un point quelconque* M *de l'hélice est égale à la projection* AN *de l'arc* AM *sur la base du cylindre.*

Construire la projection de l'hélice et de la tangente sur un plan perpendiculaire à la base du cylindre.

Dans la résolution de ce problème je ferai usage des principes suivants de géométrie descriptive :

1° *La droite qui joint les deux projections d'un même point de l'espace est perpendiculaire à la ligne de terre.*

2° *La distance d'un point à l'un des plans de projection est égale à la distance de sa projection sur l'autre plan à la ligne de terre*.*

Les spires d'une même hélice étant des courbes identiques, leurs projections sur un plan quelconque sont égales. Aussi je réduirai à la projection d'une seule spire l'épure demandée.

Soient le cercle *oa* la base du cylindre proposé et *a* l'origine de l'hélice ; je prends le plan de la base du cylindre pour plan horizontal de projection et je choisis le plan vertical de telle sorte que la ligne de terre *a′c′* soit parallèle au diamètre *ac* de la base. Le cylindre étant droit par hypothèse, il a pour projection horizontale le cercle *oa* et pour projection verticale le rectangle *a′c′c″a″* dont la base est égale au diamètre *ac* du cercle *oa* et dont la hauteur est égale au pas de l'hélice.

Cela posé, je fais remarquer que tout point M de l'hélice se projette horizontalement en un point *m* de la circonférence *oa* et que, si je trace du point *m* la perpendiculaire *mn* sur la

---

* Voir leur démonstration dans mes *Leçons nouvelles de Géométrie descriptive.*

ligne de terre, la projection verticale du même point M se trouve sur cette perpendiculaire, au-dessus de la ligne de terre et à une distance de cette ligne égale à Mm. Il s'agit donc de construire la longueur Mm. Or, on a (III) :

$$\frac{Mm}{arc\ am} = \frac{a'a''}{cir.\ oa};$$

par conséquent, la ligne Mm est une quatrième proportionnelle à trois lignes connues. En construisant cette droite et prenant nm' égale à sa longueur, j'aurai la projection verticale m' du point M.

On peut abréger beaucoup cette construction en remarquant que si l'on prend l'arc am égal à la moitié, au tiers, au quart... de la circonférence oa, la droite Mm sera la moitié, ou le tiers, ou le quart... du pas de l'hélice. De là résulte cette construction : Divisez la circonférence oa en un nombre quelconque de parties égales, par exemple seize ; divisez aussi le pas $a'a''$ de l'hélice en seize parties égales et menez par les divisions correspondantes h et m du pas et de la circonférence une parallèle et une perpendiculaire à la ligne de terre, ces deux droites se rencontreront en un point m' qui sera la projection verticale d'un point de l'hélice ayant le point m pour projection horizontale. En réunissant par un trait continu $a'm'a''$ les seize points ainsi obtenus, vous aurez la projection demandée.

Le tracé de cette projection se rectifie par la construction de la tangente à chacun des points déterminés par la méthode précédente. Pour construire les projections de la tangente à un point quelconque M de l'hélice, je mène la droite mt tangente à la base du cylindre au point m. Cette droite est la trace horizontale du plan tangent au point M, et par suite la projection horizontale de la tangente à l'hélice au même point M, car le plan tangent est perpendiculaire au plan horizontal de projection. Je prends ensuite la droite mt égale à l'arc am ; cette droite est la sous-tangente du point M (IV, Rem.) ; par conséquent, le point t est la trace horizontale de la tangente. Je projette le point t sur la ligne de terre et je tire la droite $m't'$; cette droite est la projection verticale de la tangente MT.

Il est facile de reconnaître 1° que la courbe $a'm'a''$ est symé-

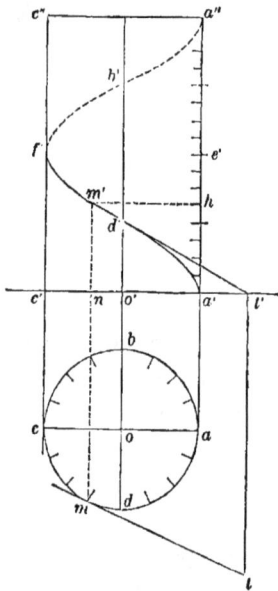

trique par rapport à la droite qui joint les milieux e', f' des côtés $a'a''$, $c'c''$ du rectangle $a'c'c''a''$; 2° qu'elle est tangente à ces côtés dans les points a', a'' et f'; 3° que la tangente au point d' qui divise en deux parties égales la moitié $a'f'$ de la courbe $a'm'a''$ coupe cette courbe, c'est-à-dire que l'arc $a'd'$ est au dessous de cette tangente et l'arc $d'f'$ au-dessus; et qu'il en est de même de la tangente au point b' par rapport à l'arc $f'a''$. 4° Que la distance d'un point quelconque m' de la courbe $a'm'a''$ à la projection verticale $b'd'$ de l'axe du cylindre est proportionnelle au cosinus de l'arc de cercle am.

PROBLÈMES.

1. Le plus court chemin de deux points de la surface d'un cylindre droit à base circulaire, mesuré sur cette surface elle-même, est l'arc d'hélice qui joint ces deux points.

2. Si par un point de l'espace on mène des parallèles aux tangentes de tous les points d'une spire d'hélice, ces droites formeront une surface conique de révolution.

3. Si l'on trace par un point d'une surface cylindrique à base circulaire deux hélices qui se coupent à angle droit, la circonférence de la base du cylindre est moyenne proportionnelle entre les pas de ces hélices.

FIN.

Imprimé chez Bonaventure et Ducessois, quai des Grands-Augustins, 55.

TABLE DES MATIÈRES

FIGURES PLANES.

Cours de Troisième scientifique.

[1] On admettra qu'on ne peut mener, par un point donné, qu'une seule parallèle à une droite.

[2] La proposition étant démontrée pour le cas où il y a entre les arcs une commune mesure, quelque petite qu'elle soit, sera, par cela même, considérée comme générale.

---

[1] La longueur de la circonférence de cercle sera considérée, sans démonstration, comme la limite vers laquelle tend le périmètre d'un polygone inscrit dans cette courbe, à mesure que ses côtés diminuent indéfiniment.

FIGURES DANS L'ESPACE.

Cours de Seconde scientifique.

---

[1] On appelle ainsi ceux qui sont compris sous un même nombre de faces semblables chacune à chacune, et dont les angles polyèdres homologues sont égaux.

NOTIONS SUR QUELQUES COURBES USUELLES.
Cours de Rhétorique scientifique.

FIN DE LA TABLE.

[1] L'aire du cône (ou du cylindre) sera considérée, sans démonstration, comme la limite vers laquelle tend l'aire de la pyramide inscrite (ou du prisme inscrit) à mesure que ses faces diminuent indéfiniment.

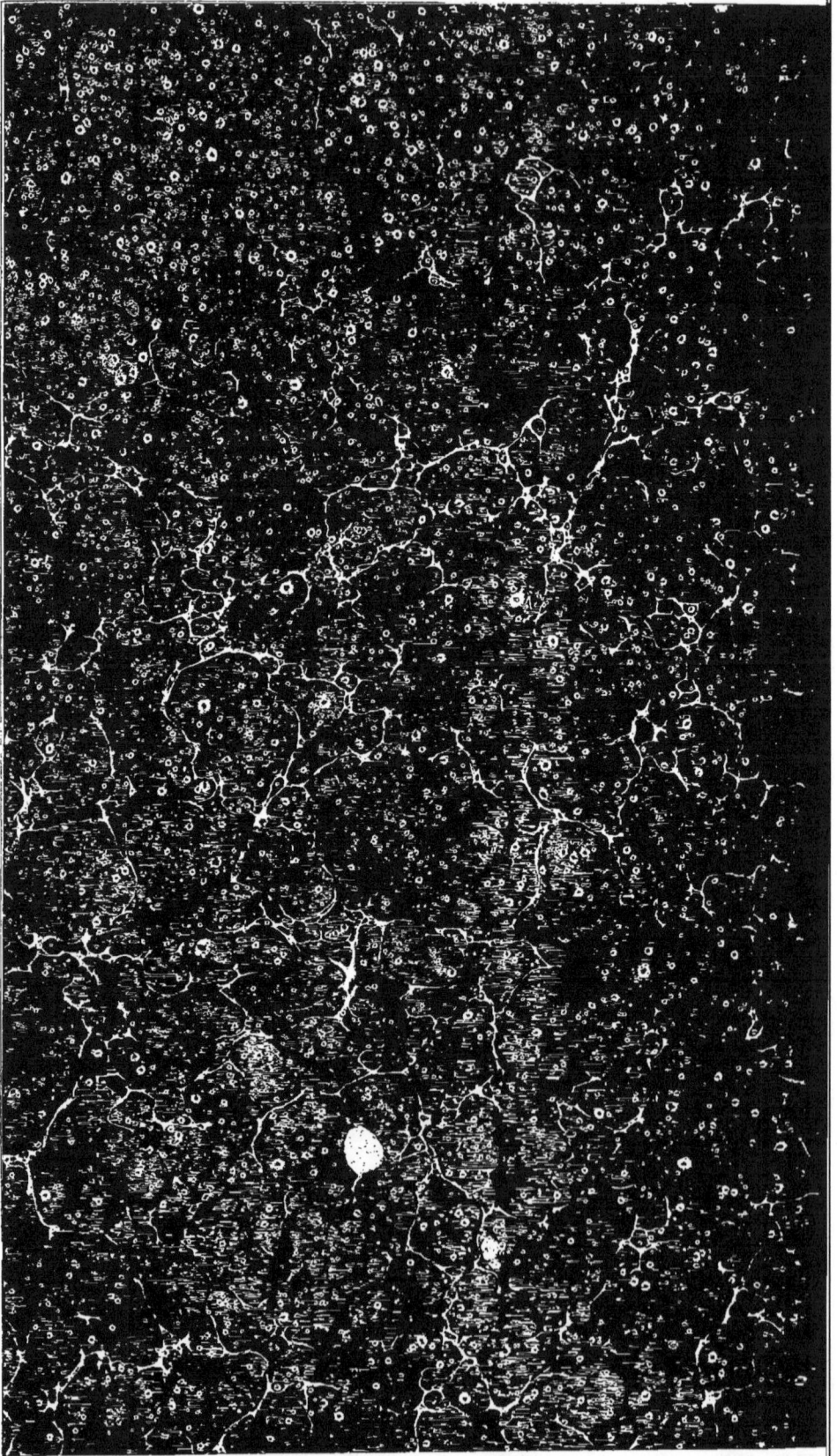

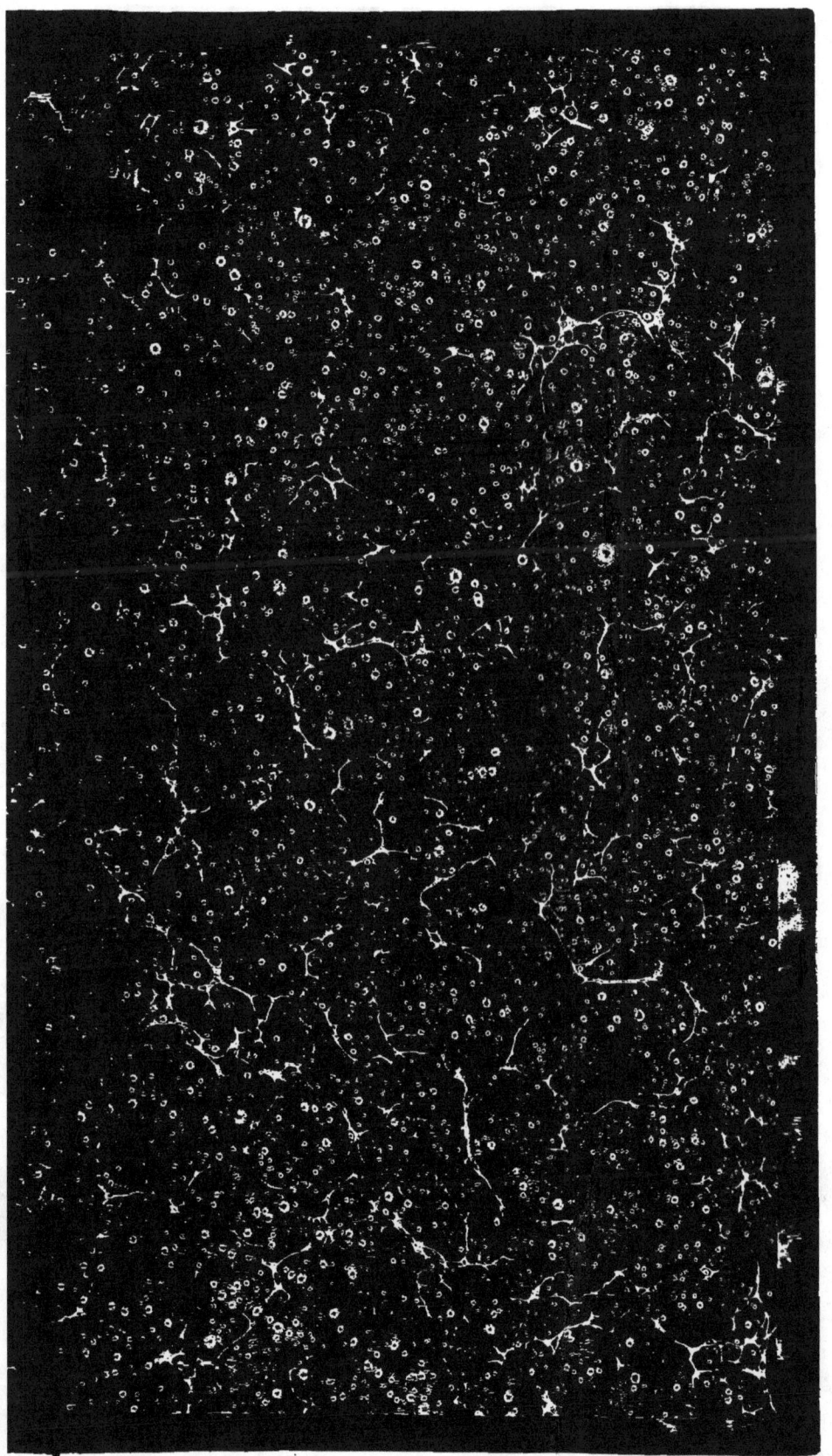